AF883451

L'HOMME
ET LES ANIMAUX
DOMESTIQUES

DU MÊME AUTEUR

La Vie pastorale à Bonneval-sur-Arc (Haute-Maurienne), Grenoble, Centre alpin et rhodanien d'ethnologie, 1975.

Techniques des nomades Baxtyâri d'Iran, Cambridge, Cambridge University Press & Paris, Éd. de la Maison des sciences de l'homme, 1981.

Le Cheval, force de l'homme, Paris, Gallimard, coll. « Découvertes », 1994 (prix de l'Académie vétérinaire de France); éd. revue : 2002.

L'Iran au XXe siècle. Entre nationalisme, islam et mondialisation (avec Bernard Hourcade et Yann Richard), Paris, Fayard, 1996; éd. revue et mise à jour : 2007.

Les Français et leurs animaux. Ethnologie d'un phénomène de société, Paris, Fayard, 1999; éd. poche : Paris, Hachette Littératures, coll. « Pluriel », 2005.

La plus belle histoire des animaux (avec Pascal Picq, Boris Cyrulnik et Karine Lou Matignon), Paris, Seuil, 2000 (prix Fernand Méry); éd. poche : Seuil, coll. « Points », 2002.

Le Cheval, histoire d'une conquête..., Paris, Gallimard Jeunesse, coll. « Les Racines du Savoir », 2003.

Une histoire du cheval. Art, techniques, sociétés, Arles, Actes Sud, 2004 (prix Centauriades); éd. poche : 2007.

Direction d'ouvrages :

Pastoral production and society/Production pastorale et société (en collaboration), Cambridge, Cambridge University Press & Paris, Éd. de la Maison des sciences de l'homme, 1976.

Le Cuisinier et le philosophe. Hommage à Maxime Rodinson. Études d'ethnologie historique du Proche-Orient, Paris, Maisonneuve et Larose, 1982.

Le Fait ethnique en Iran et en Afghanistan, Paris, Éd. du CNRS, 1988.

Des chevaux et des hommes. Équitation et société, Lausanne, Favre, 1988.

Le Cheval. Romans et nouvelles (avec Jean-Louis Gouraud), Paris, Omnibus, 1995.

Dictionnaire de l'ethnologie et de l'anthropologie (en collaboration, sous la direction de Pierre Bonte et Michel Izard), Paris, PUF, 1991; éd. revue et augmentée : PUF, coll. « Quadrige », 2000.

Chevaux et cavaliers arabes dans les arts d'Orient et d'Occident (direction d'ouvrage), Gallimard/Institut du monde arabe, 2002.

Jean-Pierre Digard

L'HOMME ET LES ANIMAUX DOMESTIQUES

Anthropologie d'une passion

Le temps des sciences

FAYARD

Collection Le temps des sciences

Claude ALLÈGRE	L'écume de la Terre
Jean-Pierre CHANGEUX	L'homme neuronal
Gilles COHEN-TANNOUDJI et Michel SPIRO,	La matière-espace-temps. La logique des particules élémentaires
Yves COPPENS	Le singe, l'Afrique et l'homme
Antoine DANCHIN	L'œuf et la poule. Histoire du code génétique
Pierre DOUZOU	Le chaud et le froid. Les conflits du vivant
Pierre DOUZOU	Les Bricoleurs du septième jour
Pierre DOUZOU	Nouveaux regards entomologiques
Stephen Jay GOULD	Quand les poules auront des dents. Réflexions sur l'histoire naturelle
Claude HAGÈGE	L'homme de paroles
Émile HÉNOCQ	Un mal étrange : l'allergie
François JACOB	Le jeu des possibles. Essai sur la diversité du vivant
Marc JEANNEROD	Le cerveau-machine. Physiologie de la volonté
André LEROI-GOURHAN	Mécanique vivante. Le crâne des vertébrés du poisson à l'homme
André LEROI-GOURHAN	Le fil du temps. Ethnologie et préhistoire 1920-1970
André LWOFF	Jeux et combats
Paolo MAFFEI	La comète de Halley. Une révolution scientifique
Ernst MAYR	Histoire de la biologie. Diversité, évolution et hérédité
Philippe MEYER	L'homme et le sel
Philippe MEYER	La révolution des médicaments. Mythes et réalités
Claude OLIEVENSTEIN	Destin du toxicomane
Jean-Claude PECKER	Sous l'étoile Soleil
Jean-Jacques PETTER	Le propre du singe
David et Ann PREMACK	L'esprit de Sarah
Jacques RUFFIÉ	Traité du vivant
Emilio SEGRÉ	Les physiciens modernes et leurs découvertes. Des rayons X aux quarks
TRINH XUAN THUAN	La mélodie secrète
Daniel WIDLÖCHER	Les logiques de la dépression

© Librairie Arthème Fayard, 1990, 2009, pour la nouvelle édition.
ISBN : 978-2-213-64370-0

A mon père

Avertissement

Ce livre, épuisé depuis plusieurs années, a paru en 1990 dans la collection « Le temps des sciences ». Depuis, de nombreux travaux ont vu le jour sur les sujets dont il traite, inspirés ou non par lui ; les prendre en compte dans la présente édition aurait nécessité, en plusieurs endroits, des ajouts ou des remaniements. Toutefois, les thèses de 1990 n'ayant rien perdu, à ce jour, de leur originalité et de leur pertinence, il a été jugé préférable et encore utile de republier l'ouvrage dans sa teneur originale, en limitant les modifications à la correction des erreurs factuelles ou typographiques.

AVANT-PROPOS

La bête en compagnie
Est trahie,
Elle fuit vers les guérets ;
Chasseurs, sortons de la forêt,
Nos chiens vont la surprendre.
Car Miraut ne saurait s'y méprendre.
Quand les bêtes vont deux à deux,
La chasse, amis, n'en va que mieux.

Les animaux en compagnie, fanfare de vénerie,
marquis DE DAMPIERRE, vers 1723.

Les veneurs et leurs chiens le savent bien : les animaux se trahissent lorsqu'ils sont en compagnie d'autres animaux. Lorsqu'ils sont en compagnie d'humains, c'est ceux-ci que les bêtes (même les plus fidèles) trahissent, mettant ainsi le chercheur sur la trace des ressorts les plus secrets de l'action et de la pensée, bref de la nature même de l'homme. Suivre cette trace aussi loin que possible, tel est le but du présent ouvrage.

Le lecteur amateur ou curieux d'animaux y trouvera, espérons-le, son compte : de « nos amies les bêtes », il sera question de la première à la dernière ligne. Ce livre, pourtant, est moins un livre sur les animaux qu'un livre sur l'homme. Car ce qui intéresse avant tout l'ethnologue que je suis, à la différence du zoologiste ou de l'éthologiste, c'est ici l'homme « domesticateur », utilisateur et producteur d'animaux ; corollairement, l'animal n'intéresse l'ethnologue qu'à titre secondaire, que dans la mesure où il est objet et moyen de l'action de l'homme, et où il peut ainsi servir de *révélateur* de tout ce que l'homme investit, en technique, en intelligence, en sensibilité, en organisation sociale, dans cette action de domestication.

Pourquoi donc chercher à percer l'homme, précisément à travers les animaux domestiques ? Parce que la domestication animale (avec, bien sûr, d'autres activités, mais sans doute encore plus qu'elles) est *constitutive* de l'homme. Historiquement, d'abord. Le maître de la préhistoire française, André Leroi-Gourhan, considérait « la domestication des animaux [...], avec l'agriculture, comme le critère d'entrée des sociétés humaines dans leur morphologie actuelle et [...], de ce fait, [comme] un des points les plus importants de l'étude des hommes[1] ». Durant les quelque dix millénaires qui nous séparent des premières domestications, c'est à des animaux élevés et sélectionnés par lui que l'homme a dû une grande partie de sa nourriture (lait, viande), de ses vêtements (laine, fourrure), de ses habitations (tentes en peaux ou en laine, yourte de feutre) et de son confort (chauffage et éclairage à la graisse), de ses moyens de travail (moteurs animaux) et de transport (montures, attelage, bât), etc.

Le monde compte, encore aujourd'hui, environ 600 millions de moutons, presque autant de bovins, 200 millions de porcs, 80 millions de chevaux. Songeons à ce que serait notre vie sans eux, sans le lait de nos petits déjeuners et des biberons de nos enfants, sans la viande de nos repas, sans le cuir de nos chaussures, de nos sacs, de nos sièges, sans la laine de nos habits, de nos tapis, de nos matelas, tous objets de consommation courante, qui représentent, à l'échelle nationale et internationale, un marché énorme. Songeons aussi à ce que seraient nos loisirs, par exemple sans les courses de chevaux, qui, rien qu'en France, intéressent quelque 10 millions de parieurs et « pèsent » 6 milliards de francs. Et sans nos animaux de compagnie : dans notre pays (qui détient presque le record mondial dans ce domaine), ils sont 35 millions, répartis dans 55 % des foyers, dont 9 millions de chiens et 7,5 millions de chats, qui consomment à eux seuls autant de viande que tous nos voisins espagnols réunis et représentent 1 % du budget des ménages, soit 20 milliards de francs par an...

Mais ce n'est pas tout. L'homme ne s'investit pas dans la culture des plantes de la même manière ni avec la même intensité (presque émotionnelle) que dans la domestication des animaux. Entre les hommes et les animaux (ou du moins certains d'entre eux), la frontière apparaît souvent floue. Les uns et les autres sont en tout cas des êtres animés, qu'unissent de très anciens liens de compagnonnage. De même que Dieu créa, dit-on, l'homme à son image, l'homme se projette dans les animaux, modelant, par croisement, sélection ou dressage, leur matière vivante en fonction, non seulement de ses besoins matériels, mais aussi des représentations qu'il se forme de lui-même, des autres et du monde qui l'entoure – représentations qui sont parfois moins nettement formulées mais rarement moins essentielles que les besoins matériels. Ainsi, il n'est pas exagéré de dire que les animaux font partie des éléments constitutifs de l'identité de l'homme. Celui-ci se reconnaît en eux – le dicton populaire « Tel chien, tel maître » n'exprime pas autre chose –, et l'image d'être supérieur, détenteur d'un pouvoir absolu sur la vie et les êtres, qu'ils lui renvoient n'est certainement pas pour rien dans les sentiments véritablement passionnés que les animaux suscitent bien souvent chez l'homme.

Qu'ils déplorent leur disparition des campagnes ou leur prolifération dans les villes, nos contemporains se montrent rarement indifférents aux animaux domestiques. Pour des motivations complexes (que nous tenterons d'analyser), ceux-ci connaissent actuellement une nouvelle vogue, dont les manifestations sont partout visibles. Depuis quelques années, cette vogue gagne même la sphère intellectuelle et culturelle. Car, en même temps qu'ils se développent ou qu'ils s'affirment, les sensibilités nouvelles à l'égard des animaux, les usages récents que l'on fait d'eux (détection de la drogue, des explosifs, des séismes, expérimentation, zoothérapie) et les types inédits d'animaux domestiques (à des titres divers : hamster doré, poney Falabella d'Argentine, chien pitbull, aux États-Unis) – sensibilités, usages et types qui ne sont bien souvent, en réalité, que la résurgence, sous des formes différentes, de sensibilités, d'usages et de types anciens –, suscitent de plus en plus de curiosité et d'interrogations, teintés tantôt d'enthousiasme, tantôt d'inquiétude.

En témoignent en France plusieurs très sérieuses publications : de riches numéros spéciaux des revues *Critique*[2], *Le Débat*[3], *Autrement*[4], *Terrain*[5] et *L'Homme*[6], un excellent livre de l'historien Robert Delort[7], la traduction en français du dernier livre de l'historien britannique Keith Thomas[8] et la réédition – après cent vingt-cinq ans : c'est donc un événement ! – du classique *Acclimatation et domestication des animaux utiles* du naturaliste français Isidore Geoffroy Saint-Hilaire[9]. En témoignent encore diverses manifestations scientifiques d'importance : trois colloques internationaux sur *L'animal dans l'alimentation humaine : les critères de choix* (Liège, 26-29 novembre 1986[10]), sur *Homme, animal, société* (Toulouse, 11-16 mai 1987[11]) et sur *Les relations entre les hommes et les animaux* (Monaco, 15-18 novembre 1989), ainsi que la très suggestive exposition *Des animaux et des hommes* du musée d'ethnographie de Neuchâtel (30 mai 1987-7 janvier 1988[12]). En témoignent enfin, après *Les Oiseaux* d'Alfred Hitchcock (1963), les films *L'Ours* de Jean-Jacques Annaud (1988 : sept millions d'entrées en sept semaines), *Le Grand Bleu* de Luc Besson (1988) et *Baxter* de Jérôme Boivin (1989), qui montrent les animaux – ours, dauphins, « chien qui pense » – accédant au cinéma non plus comme figurants indifférents dans des histoires d'hommes, mais bel et bien comme acteurs véritables d'une intrigue dont ils occupent le centre. Et je ne tiens évidemment pas compte ici de la masse des publications et des manifestations spécialisées, à caractère plus ou moins technique ou commercial, qui s'adressent aux éleveurs, propriétaires ou simplement amateurs d'animaux domestiques en tous genres... Cette inflation témoigne donc d'un regain d'intérêt très large pour les animaux domestiques. Entraîne-t-elle automatiquement une connaissance plus exacte et surtout plus complète de l'acte de domestication et de ce tout qu'il implique ? Cela est moins sûr. En effet – et ce n'est pas là l'aspect le moins intéressant du phénomène –, l'engouement moderne pour les animaux domestiques repose sur des motivations (projection, compensation affective, recherche occulte d'une nature introuvable, etc.) que l'on se refuse généralement à admettre et qu'il ne fait donc pas bon étaler sur la place publique.

J'en veux pour preuve l'existence, en la matière, de trois littératures parallèles et en partie imperméables les unes aux autres. La première, due principalement aux vétérinaires, zootechniciens et autres praticiens de l'élevage, est purement technique (pathologie, reproduction, nutrition, etc.). La deuxième, journalistique, tout en « vulgarisant » les résultats les plus immédiatement utilisables de la première, vit surtout de l'exploitation du filon sentimental du style « nos amies les bêtes ». Quoique d'essences très différentes, ces deux littératures font somme toute bon ménage et se nourrissent l'une de l'autre (que deviendraient les vétérinaires sans les « amis des animaux », et réciproquement ?). La troisième, dont relèvent les quelques ouvrages cités plus haut, est celle des sciences humaines : archéologie, histoire, ethnologie, sociologie, etc. Face aux deux premières, pléthoriques, cette dernière littérature apparaît nettement minoritaire ; surtout, elle a bien du mal à faire entendre sa voix : il suffit, pour s'en convaincre, de lire, par exemple, les stupidités que les associations et les revues d'élevage continuent de distiller sur l'origine des races domestiques actuelles, au mépris le plus total des acquis de l'histoire et de l'archéologie... Hostilité ou simple négligence ? Il n'est pas aisé de trancher. On sait cependant, pour en avoir fait maintes fois l'expérience, que les passions, domesticatrices ici, sportives ou politiques ailleurs – surtout lorsqu'elles alimentent des situations de monopole –, supportent mal d'être disséquées... Ce constat quelque peu désenchanté n'est pas, bien au contraire, un constat désespéré. Car c'est souvent à la difficulté des obstacles que l'on dresse sur son chemin que le chercheur reconnaît le plus sûrement la voie qu'il doit suivre.

Le lecteur l'aura certainement déjà compris : j'entends toujours l'expression « domestication animale » dans son acception la plus large, sans jamais, en tout cas, la restreindre au sens qu'on lui donne parfois de « première(s) domestication(s) ». Or les difficultés – puisque difficultés il y a – commencent avec la recherche de définitions opératoires. On découvre en effet que les spécialistes de chaque discipline, zoologistes, archéologues, zootechniciens, etc., n'ont pas tous, il s'en faut de beaucoup, les mêmes perceptions des animaux domestiques et de la domestication. On découvre aussi que ces différentes perceptions elles-mêmes se modifient dans le temps en fonction non seulement des progrès de la science, mais également de l'évolution des sensibilités à l'égard des animaux. C'est donc par un panorama des idées sur la domestication animale que ce livre commencera, panorama dont on essaiera de dégager les conditions d'une approche nouvelle, anthropologique notamment.

Dans la deuxième partie, consacrée plus spécifiquement aux animaux domestiques, on constatera que les mêmes problèmes de définition continuent de se poser. Pour tenter de les résoudre, on cherchera à dresser un « portrait-robot » de l'animal domesticable et à répertorier les degrés et les composantes de l'action qu'il faut exercer sur lui pour le domestiquer. On essaiera ensuite, par l'inventaire le plus large possible, d'établir une sorte de *Who's who?* Des animaux les plus sûrement domestiqués, mais aussi de tous ceux qui le furent et ne le sont plus, ou qui auraient pu l'être et ne l'ont pas été, ainsi que de tous les cas limites susceptibles de nous renseigner sur les marges du phénomène.

La troisième partie nous fera pénétrer au cœur des rapports hommes-animaux domestiques. On procédera là encore par inventaire, d'abord des utilisations des animaux domestiques, puis des moyens d'action sur l'animal dont l'homme dispose. De l'analyse du « pourquoi » et du « comment » de ces rapports, on verra progressivement émerger la notion de « système domesticatoire », seule capable de rendre compte de la déconcertante diversité des animaux domestiques et des formes de domestication.

Les rapports entre domestication animale et société feront l'objet de la quatrième et dernière partie du livre. On y découvrira notamment (au grand dam des technicistes de tout poil) que la domestication des animaux n'est pas seulement affaire de technique, et que même les secteurs de pointe de la production animale moderne se trouvent soumis malgré eux, comme les élevages les plus « primitifs », à la tyrannie aveugle de l'organisation sociale, des représentations et des normes culturelles. A travers l'analyse de cas précis, on essaiera de saisir l'articulation des composantes, techniques d'une part, sociales, culturelles et idéologiques d'autre part, des systèmes domesticatoires. On verra ainsi que les rapports des hommes avec les animaux ne sont pas, au total, si différents des rapports sociaux que les hommes entretiennent entre eux...

L'ambition du propos et l'ampleur de la tâche que je me suis fixées dans ce livre n'échapperont à personne. D'autres que moi auraient sans doute pu faire mieux, et je suis plus conscient que quiconque de mes propres lacunes. Quand on entreprend d'écrire un livre tel que celui-ci, c'est généralement parce qu'on n'a pas trouvé dans ceux des autres les réponses aux questions que l'on se pose. Ce n'est pas, en ce qui me concerne, faute d'avoir cherché. En près d'un quart de siècle de vie professionnelle, j'ai amassé sur le sujet des milliers de fiches, des dizaines de dossiers, et fait des lectures innombrables (et pourtant toujours insuffisantes) dont on retrouvera l'empreinte dans nombre des pages qui suivent. Mais plus encore qu'aux lectures, ce travail doit sa substance aux éleveurs, dresseurs, utilisateurs et marchands d'animaux qu'il m'a été donné de rencontrer, en France et ailleurs, depuis mon enfance. A commencer par celui à qui ce livre est dédié. A travers lui, c'est à tous ses semblables, à l'inépuisable patience, aux inégalables dons d'observation et au subtil sens de la vie et des êtres vivants qui les caractérisent, que je rends aussi hommage. D'ailleurs, si je suis devenu ethnologue (après avoir voulu être vétérinaire) et si j'ai, finalement, préféré les hommes aux animaux, c'est sans doute un peu à cause d'eux.

PREMIÈRE PARTIE

Les idées sur la domestication

Chaque fois que nous entendons dire : de deux choses l'une, empressons-nous de penser que, de deux choses, c'est vraisemblablement une troisième.

Jean ROSTAND, *Esquisse d'une histoire de la biologie.*

Chapitre premier

Heurs et malheurs de la notion de domestication

De l'idée au mot de domestication

A partir de la domestication du chien, attestée dans l'aire péri-arctique et en Europe centrale et occidentale entre 15 000 et 13 000 (?) ans av. J.-C, et au Moyen-Orient entre 10 000 et 8 000, les premières domestications d'animaux vont se succéder à un rythme soutenu durant les derniers millénaires de l'ère préhistorique : chèvre entre 7500 et 7000, mouton vers 6500, porc entre 6500 (?) et 6000, bœuf entre 6300 (en Syrie) et 6000 (au Pakistan), âne vers 3500, chat entre 3500 (en Méditerranée) et 2000 (en Égypte), dromadaire vers 3000 (?), cheval vers 3000 (peut-être même avant), etc.[1].

Il est raisonnable de penser que, dans le contexte culturel du Néolithique, marqué par de profondes innovations, notamment par l'« invention » de l'agriculture et de l'élevage, ceux de nos ancêtres qui réalisèrent ces premières domestications devaient avoir quelques solides idées pratiques et même théoriques sur la question, car, écrit justement Claude Lévi-Strauss, « pour transformer [...] une bête sauvage en animal domestique, faire apparaître chez [elle] des propriétés alimentaires ou technologiques qui, à l'origine, étaient complètement absentes ou pouvaient à peine être soupçonnées [...], il a fallu, n'en doutons pas, une attitude d'esprit véritablement scientifique, une curiosité assidue et toujours en éveil, un appétit de connaître pour le plaisir de connaître, car une petite fraction seulement des observations et des expériences (dont il faut bien supposer qu'elles étaient inspirées, d'abord et surtout, par le goût du savoir) pouvaient donner des résultats pratiques et immédiatement utilisables[2]. »

La même remarque s'applique *a fortiori* à tous les peuples qui, ensuite, de l'Ancien au Nouveau Monde, pratiquèrent, sous une forme ou sous une autre, à plus ou moins grande échelle, l'élevage des animaux. Tous savaient ce qu'étaient des animaux domestiques et possédaient des mots pour les désigner, individuellement et collectivement. Certains de ces peuples, notamment ceux du Moyen-Orient ancien (Égyptiens, Mésopotamiens, Perses, Hébreux, Hittites), semblent même avoir développé des élevages et des savoirs techniques pastoraux assez élaborés, dont témoignent abondamment, par exemple, les tablettes sumériennes, babyloniennes et assyriennes[3].

L'apport de l'Antiquité gréco-romaine apparaît en revanche assez modeste. Non que l'élevage n'y fût pas pratiqué[4]. Mais cette activité n'a pas suscité de réflexion comparable en quantité et en qualité à celle qui s'exerça alors dans tant d'autres domaines : on ne relève aucun ouvrage de synthèse notoire en langue grecque et les travaux des rares agronomes latins (Varron, Columelle) apparaissent relativement mineurs[5]. Les grands auteurs se révèlent aussi très décevants à cet égard. Uniquement préoccupés de l'altérité et de l'élévation de l'âme humaine, Platon (428-348 av. J.-C.) et les platoniciens méprisèrent les animaux et réprouvèrent comme « communs » les métiers qui plaçaient l'homme à leur contact. La contribution de la monumentale *Histoire des animaux* d'Aristote (384-322 av. J.-C.) à la connaissance des espèces domestiques représente au total assez peu de chose au regard de l'immensité de l'œuvre de ce philosophe encyclopédiste avant la lettre. La même remarque peut être faite à propos de l'*Histoire naturelle* en trente-sept livres, véritable encyclopédie des connaissances théoriques et pratiques de l'Antiquité, due au naturaliste romain Pline l'Ancien (23-79 ap. J.-C.). Quant à Hippocrate (460-377 av. J.-C.), dont le *Corpus hippocraticum* révolutionna la médecine humaine, il ne se risqua que très rarement, et encore avec réticence, dans le domaine vétérinaire[6]. Seuls quelques hippiatres romains, byzantins et grecs – tel Xénophon (430 ?-352 ? av. J.-C.) dont le traité *De l'équitation* reste un des monuments de la littérature équestre – mériteraient de retenir ici l'attention[7].

Sur les animaux domestiques en général (à la différence de l'agriculture), les Arabes eux-mêmes firent assez peu, sauf de rappeler à la mémoire de l'Europe l'héritage des Grecs et des Romains, enrichi de certains apports des Persans et des Hindous[8] : c'est ainsi que le naturaliste aristotélicien Albert de Bollstadt, dit Albert le Grand (1193-1280), n'ayant pas à sa disposition le texte original d'Aristote, se serait servi de la version arabe due à Michel Scott[9].

La vérité est que, de l'Antiquité gréco-romaine à la fin de la Renaissance occidentale – probablement sous l'influence (néfaste en l'occurrence) de la première –, le seul animal domestique auquel on s'intéressa quelque peu fut le cheval, en raison de son importance militaire majeure et de la valeur, économique et emblématique, qu'il revêtait pour les classes dominantes. De nombreux traités anatomiques et pratiques, de maréchalerie et de vénerie notamment, lui furent consacrés. Pour le reste, les *Bestiaires* médiévaux sont des compilations décousues d'anecdotes et de réflexions variées et plus ou moins fantaisistes, tirées le plus souvent d'Aristote et de ses commentateurs arabes, et, au moins jusqu'au XIIe siècle, « les auteurs sont toujours soucieux de trouver dans la nature des symboles religieux, des leçons morales » : l'éléphant et sa femelle, sous prétexte qu'ils n'avaient « aucun désir de copuler », représentaient Adam et Ève tels qu'ils étaient avant le péché originel ; le crocodile, qui guette longuement sa proie, apparaissait comme le symbole du Mal, etc.[10]. En réservant une plus large place aux observations personnelles, les ouvrages des derniers grands zoologistes aristotéliciens – Conrad Gesner (1516-1565), Aldrovandi (1522-1605) – marquèrent un progrès incontestable par rapport aux compilations médiévales antérieures[11] mais ne manifestèrent cependant pas d'évolution très notable dans la perception des animaux domestiques.

Quoi qu'il en soit, l'ancienneté de la notion d'animal domestique et du lexique correspondant ne fait guère de doute. Ce vocabulaire n'est cependant pas neutre. Ainsi, dans les langues sémitiques anciennes, on ne trouve, pour les animaux, ni l'adjectif « domestique » ni le verbe « domestiquer ». Les animaux utilisés par l'homme sont qualifiés soit de « familiers » (arabe *'alifa*, araméen *'allep*, hébreu *'allûp*), soit de « soumis » (sud-arabique et arabe *lamada*, araméen *lemidâ*, hébreu *lâmad*, ougaritique *lmd*, akkadien *lamâdu*[12]). De même, dans les langues indo-européennes anciennes (indo-iranien, italique et germanique), le bétail est désigné par un terme (*peku*) qui signifie originellement la « richesse » (cf. le latin *pecunia*). Un phénomène identique s'observe pour le grec *probata*[13]. Aujourd'hui encore, chez certains nomades d'Iran, c'est le même mot (*mâl*) qui désigne le cheptel, la richesse en général et le campement.

L'adjectif français « domestique » appliqué aux animaux – littéralement « de la maison », du latin *domesticus* (de *domus*, « maison ») – n'apparaît qu'au XIVe siècle. L'ancien français a possédé, pour parler des bêtes, une forme populaire *domesche*, « domestique » (opposé à « sauvage »), disparue à la même époque, mais qui a subsisté dans de nombreux patois au sens d'« apprivoisé[14] ». Les langues et les littératures occidentales conserveront longtemps une conception essentiellement *statique* de l'animal domestique. Inusités dans l'Antiquité, le verbe *domesticare* et le substantif *domesticatio* sont connus dans le latin du Moyen Age, au moins dans celui du naturaliste Albert le Grand qui les applique même aux plantes : « *Plantae quae domesticantur, domesticatio plantarum*[15]. » Le verbe « domestiquer » commence à apparaître en français au XVe siècle mais n'est admis au *Dictionnaire de l'Académie française* qu'en 1878 ; celui d' « apprivoiser » naît à peu près à la même époque que « domestiquer », d'abord sous la forme d' « apriver » ou « apprivoyer », au sens de « rendre privé », de l'ancien provençal *aprivadar* (du latin *privatus*, « privé »)[16].

La notion, à la fois synthétique et dynamique, de « domestication » n'apparaît, en France, dans le discours savant et, après celui-ci, dans l'usage courant qu'au milieu du XIXe siècle, sous l'influence d'Isidore Geoffroy Saint-Hilaire (1805-1861). Dans la dernière édition remaniée et augmentée (1861) d'un rapport publié pour la première fois en 1849, ce savant s'explique longuement sur l'introduction du terme « domestication » :

« La détermination et la recherche des espèces étrangères qui peuvent être utilement introduites en Europe, et surtout des espèces sauvages qu'il y aurait avantage à domestiquer, sont des œuvres d'un ordre si nouveau, ou mieux, ce qui revient au même, renouvelées de temps si anciens et si oubliés, qu'à peine y avait-il pour elles des noms dans la plupart des langues européennes, et particulièrement dans la nôtre. Consultez les livres qui en représentent le mieux l'état, et par lesquels elle est pour ainsi dire régie ; consultez l'ouvrage qu'on peut encore appeler aujourd'hui, comme ses premiers auteurs l'appelaient déjà, en 1637 ; "le magasin des phrases reçues", ouvrez la première édition du *Dictionnaire de l'Académie française* [1835], et même la plupart des vocabulaires publiés depuis ; et vous y chercherez en vain ces mots *acclimatation* et *domestication*, dont j'ai cru pouvoir me servir depuis plus de vingt ans, et qui sont devenus bientôt aussi usuels qu'ils étaient nécessaires. Le premier surtout est dans toutes les bouches depuis qu'il est devenu le nom d'une grande association, bientôt répandue dans toute l'Europe et hors de l'Europe[17]. »

Contentons-nous pour l'instant, car nous y reviendrons, de retenir l'avance enregistrée par le terme d'« acclimatation » sur celui de « domestication » (que l'auteur écrit d'ailleurs, de manière significative, comme des termes étrangers : en italiques). Dans une longue note, et comme pour justifier son audace, Isidore Geoffroy Saint-Hilaire ajoute ces précisions :

« Non cependant que j'ai employé le premier, comme on l'a dit, le mot *domestication.* J'ai commencé à m'en servir à partir de 1835 ; mais, dès 1832, M. Dureau de la Malle avait donné pour titre à un de ses mémoires : *Considérations générales sur la* domestication *des animaux* (*Annales des sciences naturelles,* t. XVII, p. 5). Je trouve d'ailleurs, dès 1825, et surtout 1830, le mot *domestication* dans les recueils scientifiques d'anglais. Je tiens de M. Dureau de la Malle qu'il avait emprunté le mot *domestication* à la langue italienne, dans laquelle on trouve, en effet, au moins depuis le XVIIIe siècle, le mot *domesticazione* ou *dimesticazione*, et avec lui, le verbe et même l'adverbe correspondants, *dimesticare* et *dimesticamente.* Les Espagnols disaient aussi, au moins dès le XVIIIe siècle, sinon *domesticatión*, du moins *domesticar* et *domesticamente*[18]. »

Signalons enfin, pour l'anecdote, que c'est George Sand qui, la première (en 1860 dans *Jean de la Roche*), osa « domesticable », preuve que la notion avait désormais ses entrées dans tous les milieux...

UN PRÉCURSEUR : BUFFON

En cette matière comme en bien d'autres, le mouvement des langues n'a fait que traduire l'évolution préalable de la pensée. Au XVIIIe siècle, en effet, un premier tournant s'était opéré avec l'émergence d'une véritable réflexion naturaliste sur les animaux domestiques et leurs rapports avec l'homme, principalement grâce à Buffon (1707-1788), qui leur consacra plusieurs des trente-six volumes de son *Histoire naturelle, générale et particulière.* L'air du temps était alors aux grands systèmes classificatoires à vocation universelle[19]. L'une des originalités de Buffon à cet égard est de s'être d'abord opposé à la nomenclature purement morphologique du botaniste suédois Linné (1707-1778), qu'il jugeait arbitraire. Pour justifier sa position, Buffon a recours en 1749 à une fiction typique des philosophes des Lumières, celle de l'homme nouveau au monde, fiction qui vaut d'être citée, ne serait-ce que pour son style :

« Imaginons un homme qui a en effet tout oublié ou qui s'éveille tout neuf pour les objets qui l'environnent; plaçons cet homme dans une campagne où les animaux, les oiseaux, les poissons, les plantes, les pierres se présentent successivement à ses yeux. Dans les premiers instants, cet homme ne distinguera rien et confondra tout; mais laissons ses idées s'affermir peu à peu par des sensations réitérées des mêmes objets [...]. Peu à peu, cet homme] en viendra à juger les objets de l'histoire naturelle par les rapports qu'ils auront avec lui; ceux qui lui seront les plus nécessaires, les plus utiles, tiendront le premier rang, par exemple il donnera la préférence dans l'ordre des animaux au cheval, au chien, au bœuf, etc. [...] ensuite il s'occupera de ceux qui, sans lui être familiers, ne laissent pas que d'habiter les mêmes lieux, les mêmes climats, comme les cerfs, les lièvres et tous les animaux sauvages, et ce ne sera qu'après toutes ces connaissances acquises que sa curiosité se portera à rechercher ce que peuvent être les animaux des climats étrangers, comme les éléphants, les dromadaires, etc. Il en sera de même pour toutes les productions de la nature; il les étudiera à partir de l'utilité qu'il pourra en tirer, il les considérera à mesure qu'ils se présenteront plus familièrement, et il les rangera dans sa tête relativement à cet ordre de ses connaissances, parce que c'est en effet l'ordre selon lequel il les a acquises, et selon lequel il lui importe de les conserver. Cet ordre, le plus naturel de tous, est celui que nous avons cru devoir suivre[20]. »

Ce choix de critères non morphologiques de classement des animaux – auquel Buffon renoncera progressivement mais qui contribua cependant (avec ses théories sur la génération spontanée et sur l'emboîtement des gènes) à le discréditer au profit de Linné – marque bien la transition entre le Moyen Age et les Temps Modernes. Car si un intérêt nouveau commence à se manifester pour les animaux domestiques, ceux-ci sont encore perçus de manière statique, comme une donnée indépendante de l'homme, et l'on ne voit toujours dans la « domesticité » de ces animaux (c'est-à-dire dans leur état domestique) qu'un fait de nature, privé de toute réalité autonome de la Création divine.

En tout cas, lorsque émergera chez lui l'hypothèse transformiste[21], c'est des animaux domestiques que Buffon tirera l'essentiel de son argumentation. Reconnaissant que des espèces pouvaient se transformer et même disparaître au profit d'autres, il rangera la « domesticité » parmi les facteurs de dégénérescence; c'est à elle qu'il attribue, par exemple, certains traits physiques du chameau : ses bosses, les callosités de sa poitrine et de ses membres ne viennent-elles pas de l'habitude que cet animal a prise de porter des charges ? Ailleurs, s'opposant une nouvelle fois à la classification de son grand adversaire Linné[22], Buffon considère le cas du cheval, « la plus noble conquête que l'homme ait jamais faite », et de l'âne, au « port ignoble » (c'est-à-dire « non noble ») ; tout en reprenant à son compte les clichés de l'époque sur ces deux animaux, il refuse de ne voir dans le second qu'un produit dégénéré du premier, contestant par là leur filiation et leur classement dans la même famille, comme fait Linné quand il les rapporte au même genre *Equus*. Buffon écrit donc :

« Les naturalistes qui établissent légèrement des familles dans les animaux et les végétaux ne paraissent pas avoir assez senti toute l'étendue de ces conséquences, car, s'il était prouvé qu'on pût établir ces familles avec raison, s'il était acquis que, dans les animaux et même dans les végétaux, il y eût je ne dis pas plusieurs espèces, mais une seule qui eût été produite par la dégénération d'une seule espèce, s'il était vrai que l'âne ne fût qu'un cheval dégénéré, il n'y aurait plus de bornes à la puissance de la nature, et l'on n'aurait pas tort de supposer que, d'un seul être, elle a su tirer avec le temps tous les autres êtres organisés[23]. »

Buffon fut en outre l'un des tout premiers à savoir « à l'occasion, retirer ses manchettes de dentelle[24] » pour se livrer à de véritables expériences sur les croisements d'animaux domestiques. D'où, sans doute, l'importance fondamentale qu'il accorde à l'interstérilité comme critère de distinction des espèces : pour lui, le fait que l'union de l'âne et du cheval ne donne jamais qu'un produit imparfait et stérile, le mulet, confirme qu'il s'agit bien là d'espèces que l'on ne saurait confondre.

Le succès remporté par l'*Histoire naturelle*, qui dépassa celui de l'*Encyclopédie*, atteste bien l'intérêt de l'époque pour les choses de la nature. Malgré le refus de Buffon de collaborer à cette dernière, Diderot fit une large place à ses idées en reproduisant dans l'*Encyclopédie* maints passages de l'*Histoire naturelle.* Mais il est plus important encore pour notre propos de savoir que, malgré son caractère de *Dictionnaire raisonné des sciences, des arts et des métiers* et son constant souci de réhabilitation du travail et des travailleurs manuels, l'*Encyclopédie* se vit reprocher (entre autres choses) de ne s'adresser qu'à l'« honnête homme » (entendez : l'homme cultivé). Elle suscita ainsi, par réaction, la publication de divers manuels populaires à vocation résolument pratique[25]. Parmi ceux-ci, *La Maison rustique ou Économie générale de tous les biens de la campagne : la manière de les entretenir et de les multiplier* faisait une large part à l'élevage des animaux de ferme, mais aussi des vers à soie, des « mouches à miel », des oiseaux de volière et « autres amusements champêtres » ; cette publication connut d'ailleurs jusqu'au début du XXe siècle un grand nombre d'éditions, avec des sous-titres et par des auteurs différents, mais toujours avec le même succès[26].

Un fondateur : Isidore Geoffroy Saint-Hilaire

On verra au chapitre suivant que l'expérimentation génétique sur les animaux, dont Buffon fut le précurseur, suscita un engouement de plus en plus vif, qui est à l'origine de la création, au XIXe siècle, de la plupart des grandes races domestiques actuelles. Dans le domaine scientifique, l'expérimentation génétique et embryologique donna naissance à la tératologie ou science des monstres, qui fut créée par Étienne Geoffroy Saint-Hilaire (1772-1844) et développée par son fils Isidore (1805-1861). Ses travaux de tératologie expérimentale amenèrent le premier à s'opposer au fixisme de Georges Cuvier (1769-1832) et à soutenir contre lui le transformisme et la théorie de l'épigenèse, selon laquelle les organes de l'être vivant se constituent, au cours de son développement, par différenciations successives de parties nouvelles, au lieu d'être préformés dans l'embryon.

Au fond, la grande idée nouvelle de l'époque est que les modifications des espèces résultent de l'influence directe du milieu ; n'oublions pas en effet que nous sommes au siècle de l'évolutionnisme et de Charles Darwin (1809-1882), Darwin qui puisa d'ailleurs largement son inspiration – ce fait est trop souvent passé sous silence – dans l'observation des animaux domestiques, auxquels il consacra même une grande partie d'un de ses ouvrages (*De la variation des animaux et des plantes domestiques*, 1868).

Mais plus encore que le père, que retient surtout l'histoire de la biologie, c'est le fils qui intéresse notre propos. Car Isidore Geoffroy Saint-Hilaire sera véritablement un théoricien et un praticien – on pourrait même dire aussi un militant – de la domestication animale. Professeur de zoologie au Muséum d'histoire naturelle où il succéda à son père, fondateur de la Société impériale d'acclimatation de France et directeur de la ménagerie du Jardin des Plantes (à partir de 1840) puis du Jardin zoologique d'acclimatation de Paris (ouvert le 9 octobre 1860), il œuvra en effet toute sa vie pour l'amélioration des animaux domestiques et surtout pour la domestication et l'acclimatation d'espèces nouvelles. Auteur, en 1849, d'un *Rapport général sur les questions relatives à la domestication et à l'acclimatation des animaux utiles* commandé par le ministre de l'Agriculture de l'époque, il a constamment maintenu en chantier ce travail, qui a fini par devenir, au fil des rééditions (1854, 1861), un fort volume, aujourd'hui vieilli mais toujours inégalé, de 534 pages[27].

Outre un panorama des animaux domestiqués et domesticables de la planète, qui reste sans équivalent en dépit des corrections qu'il nécessiterait, ce livre fondateur offre le premier et le dernier essai vraiment consistant et opératoire de clarification du vocabulaire de la domestication. Ses trois notions centrales sont celles d'acclimatation, de naturalisation et de domestication.

Sur la première, Isidore Geoffroy Saint-Hilaire écrit : « Acclimater un individu, une race, une espèce, c'est, après l'avoir transporté dans un autre pays, et par conséquent en dehors de ses harmonies naturelles, l'habituer à de nouvelles conditions, et l'amener à se mettre en harmonie avec elles[28]. » Le plus important est la distinction qu'introduit l'auteur entre l'état qui résulte de l'action d'acclimater – c'est l'« acclimatement » : « état de l'être pour lequel a été réalisée cette harmonie » – et l'action elle-même – l'« acclimatation » : « Art de disposer des êtres organisés de manière à les rendre plus aptes à vivre et à se reproduire dans les lieux où ils n'existaient pas, où ils ont été importés[29]. »

En second lieu : « La naturalisation, dans le sens zoologique et botanique de ce mot, doit se dire [...] des animaux et des plantes que l'on apporte dans un pays, et qui y réussissent [...] dans les conditions naturelles, dans l'état de nature, en d'autres termes, à l'état sauvage. [...] Il se peut donc que des animaux soient acclimatés, et cependant ne soient pas naturalisés[30]. »

C'est sur la troisième notion qu'Isidore Geoffroy Saint-Hilaire s'étend le plus. Comme pour l'acclimatation, il commence par distinguer « l'état de l'animal domestique » ou « domesticité » du processus de « réduction à l'état domestique » ou « domestication[31] ». Il décompose ensuite ce processus en trois stades successifs auxquels correspondent trois états différents de l'animal considéré – la captivité, l'état d'apprivoisement et la domesticité proprement dite[32] – entre lesquels il introduit les coupures suivantes :

– alors que le premier stade correspond à un « état purement passif » de l'animal, les deux derniers sont des « états actifs » qui supposent de la part de celui-ci « la possibilité de se plier à de nouvelles habitudes, la connaissance du maître, et par conséquent un certain degré d'intelligence ou d'instinct, et de volonté[33] » ;

– les deux premiers stades correspondent à des états temporaires ; « la domesticité, au contraire, une fois obtenue, l'est pour toujours[34] » ;

– les deux premiers stades peuvent ne toucher que quelques sujets isolés ; la domesticité, elle, est « la possession, non plus seulement de quelques individus enlevés à la vie sauvage, mais d'une suite d'individus issus les uns des autres, d'une *race*[35] » ;

– enfin, « la domestication suppose nécessairement la re-"production" sous la main de l'homme[36] ».

La démarche d'Isidore Geoffroy Saint-Hilaire est donc novatrice à plus d'un égard. Du fait de son insistance sur la notion, capitale, de « suite d'individus issus les uns des autres » et se reproduisant « nécessairement [...] sous la main de l'homme », elle représente la première tentative sérieuse de définition moderne, génétique, de la domestication.

La notion d'« état actif » de l'animal – autrement dit : de participation de celui-ci à son propre asservissement – est également à retenir car elle contient les prémisses d'une approche éthologique de la domestication. Depuis Cuvier qui, le premier (en 1825), avait insisté sur la « sociabilité » des animaux vis-à-vis de l'homme[37], jusqu'aux travaux récents sur la question des dispositions comportementales à la domestication[38], cette notion, sous différentes formulations, a suscité des recherches, hélas trop rares, mais toujours suggestives, et sur lesquelles nous aurons par conséquent à revenir.

Enfin et surtout, la grande nouveauté de la démarche d'Isidore Geoffroy Saint-Hilaire, c'est, d'une part, sa conception dynamique des animaux domestiques et de la domestication, conception en rupture totale avec les vues antérieures, exclusivement statiques ; c'est, d'autre part – et corollairement –, sa finalité délibérément utilitaire. L'histoire naturelle qu'Isidore Geoffroy Saint-Hilaire veut pratiquer dans son livre est en effet « la science complète ; positive ou d'observation [...] ; mais aussi, spéculative ou de raisonnement, et pratique ou d'application [...] afin de devenir utile et de créer pour la société des ressources, des forces, des richesses nouvelles. [Ce progrès] a sa place naturellement marquée dans l'époque où nous vivons, et qui est par excellence celle des grandes applications des sciences au bien-être des peuples[39] ».

Discours ô combien caractéristique du XIXe siècle, par sa forme comme par son contenu, que celui-là ! Siècle de la percée du capitalisme industriel et des conquêtes coloniales, le XIXe fut aussi – cela est moins connu – un âge d'or de la domestication animale. Tandis que fleurissaient, dans les campagnes de France et de Grande-Bretagne, les expériences d'amélioration du bétail et les créations de races nouvelles[40], les Européens, sous d'autres cieux, cherchaient à s'approprier, en même temps que les peuples colonisés, les animaux que ceux-ci avaient domestiqués. Ce fut l'époque où, sous l'impulsion de la Société impériale d'acclimatation, les zoologistes et un large public d'amateurs se passionnaient pour le troupeau de lamas importé d'Amérique via la Hollande en 1849, pour celui de yaks (les « bœufs à queue-de-cheval ») rapporté en 1854 de Chine par un diplomate français, pour les chèvres d'Angora (c'est-à-dire d'Ankara, en Turquie) données la même année à la France par l'émir Abd el-Kader (alors en résidence à Brousse = Bursa), pour les dromadaires transplantés au Brésil en 1859 et en Australie vers 1860, pour les essais de dressage et d'hybridation de l'hémione, etc. – toutes opérations dans lesquelles le Jardin d'acclimatation puis la ménagerie du Muséum de Paris jouèrent un rôle de premier plan[41].

Les projets et les perspectives théoriques et pratiques furent même poussés fort loin : tandis qu'un savant avançait en 1854 qu'« on pourrait peut-être mesurer le degré de civilisation d'un peuple à la quantité des animaux qu'il élève[42] », un autre élaborait un « Projet de langage phonétique universel pour la conduite des animaux[43] », un autre encore envisageait « la nécessité d'en arriver, quoique de façon normale et sans choquer les règles de la dérivation française, à imposer aux nouveaux animaux, soit acclimatés, soit regardés comme acclimatables, des noms commodes et réellement susceptibles de devenir vulgaires[44] ».

Les hésitations de la zoologie contemporaine

Le moins que l'on puisse dire est que les choses ont bien changé en un siècle et demi. Non point que la science n'ait plus rien à apporter au « bien-être des peuples » (même s'il lui est aussi arrivé d'ajouter à leur malheur). D'abord – sagesse ou désillusion ? – elle n'en a plus la même ambition, aussi nettement affirmée (en dépit des apparences, le fossé qui sépare la science de la technique n'a jamais été aussi profond qu'aujourd'hui). Mais surtout elle a bien d'autres chats à fouetter que de s'occuper d'animaux domestiques. La zoologie elle-même, après avoir pris une part active à l'engouement du XVIIIe et du XIXe siècle pour ces animaux, s'en désintéresse à peu près totalement de nos jours.

Il faut dire que l'engouement en question – notamment celui pour les animaux exotiques – avait suscité des critiques de plus en plus vives, critiques dont Isidore Geoffroy Saint-Hilaire commence à faire état dès 1861 pour tenter de les réfuter[45]. Après l'objection de l'impossibilité de l'acclimatation et des nouvelles domestications (objection qui ne résista pas aux résultats des premières expériences), vint celle de l'inutilité dispendieuse de telles expériences. Un débat passionné, dont les premiers tomes du *Bulletin de la Société zoologique d'acclimatation* se font l'écho, opposa les partisans de la diversification des ressources animales aux partisans de l'amélioration exclusive des espèces européennes. On sait que, malgré les succès remportés par les premiers, ce furent les seconds qui l'emportèrent. Productivité faisait (déjà) loi !

De fait, à l'exception de quelques cas isolés[46], les expériences d'acclimatation et de domestication d'animaux exotiques cessèrent vers le début du xxe siècle au profit du mouvement inverse, c'est-à-dire de l'exportation (infiniment plus juteuse sur le plan financier) d'animaux européens vers l'« outre-mer ». Retournant en quelque sorte sa perspective, la littérature sur l'acclimatation consistera désormais, jusqu'à la Seconde Guerre mondiale, en manuels techniques d'utilisation des animaux occidentaux en milieux arides ou tropicaux ou, accessoirement, d'optimisation du rendement, sur place, des espèces indigènes[47]. Cette toute dernière tendance a d'ailleurs refait surface à partir des années 1970, dans l'attirail de la *soft technology*, avec certains programmes d'assistance aux pays en voie de développement[48].

Après avoir, au début, avivé la curiosité des Européens pour les animaux domestiques ou domesticables autres que ceux dont ils disposaient déjà, l'expansion coloniale contribua donc par la suite à les en détourner. Ce phénomène s'observe avec une netteté toute particulière dans l'évolution de la zoologie. Les colonies permirent en effet à cette discipline d'élargir considérablement son champ d'investigation; avec la faune africaine, notamment, elle découvrit une foule de problèmes et même d'animaux nouveaux, dont l'exploitation scientifique est encore loin d'être achevée : on sait, par exemple (et pour s'en tenir aux grands Mammifères), que la « découverte » de l'okapi (autrement que sous la forme de peaux tannées par les indigènes de l'ex-Congo belge) ne date que du début du siècle et que son acclimatation dans les parcs zoologiques (après un premier échec au zoo d'Anvers vers 1920) n'a pu être réalisée avant les années 1950. Mais – et c'est là le revers de la médaille – l'ampleur et aussi, il faut le dire, l'intérêt extraordinaires de la tâche qui s'offrait ainsi à la zoologie contribuèrent à la détourner durablement des animaux domestiques. Cette fascination, au demeurant fort compréhensible, de la zoologie pour le « sauvage » se manifeste dans tous les domaines, non sans entraîner cependant quelques effets pervers, ni sans comporter parfois une bonne part d'illusion.

Le principal effet pervers, c'est la tendance au rejet pur et simple du domestique. Alors que les grands ouvrages de zoologie systématique du début de notre siècle[49] considéraient les animaux domestiques à la place que chacun d'eux occupe dans la classification (le cheval au titre des Périssodactyles, le porc, le bœuf à celui des Artiodactyles, etc.), les zoologistes modernes, au contraire[50], en traitent (quand ils en traitent) comme d'un cas à part, séparément des autres animaux. On retrouve dans cet ostracisme toutes les apparences d'un retour à une perception statique des animaux domestiques : pour la zoologie contemporaine, la domestication semble redevenue un état permanent de certains animaux, qui se distinguent définitivement des espèces sauvages par un pool génétique et des caractères phénotypiques héréditaires, anatomiques et même comportementaux (éthogrammes spécifiques), résultant d'une sélection prolongée de la part de l'homme.

Pour leur part, les paléontologues modernes (que l'on ne saurait pourtant soupçonner de fixisme !) dédaignent très souvent les périodes qu'ils considèrent comme « récentes », celles où commence à se manifester la présence de l'homme (*Homo habilis* vers – 2 500 000 ans, *Homo erectus* vers – 400 000, *Homo sapiens* vers – 100 000) et pour l'analyse desquelles une réflexion paleth-nographique serait par conséquent nécessaire.

Plus précisément encore, la zoogéographie sélectionne avidement les territoires « purs » de toute intervention humaine, et ce n'est que tout récemment qu'on la vit s'engager, loin derrière la phytogéographie, sur la voie de l'étude de « L'homme, facteur biogéographique » (colloque de la Société de biogéographie, Paris, octobre 1982[51]). Bien que tardive, cette évolution est heureuse, en ce sens qu'elle mettra peut-être un terme à l'illusion qui consiste à croire encore à l'existence de milieux non anthropisés : des études déjà relativement anciennes sur des zones de savane tropicale d'Afrique ont montré en effet que bien des écosystèmes réputés « sauvages » doivent en réalité être considérés comme anthropisés, du simple fait de la présence de troupeaux domestiques qui contribuent à modifier la composition floristique des pâturages et, par voie de conséquence, à altérer le comportement alimentaire des herbivores sauvages[52].

Victime de la « fascination du sauvage », l'éthologie l'est aussi. Mais l'attitude de ce dernier rejeton de la zoologie est sensiblement plus complexe et plus équivoque que celle de ses aînés. Sauf rares exceptions[53], les éthologistes s'écartent peu de l'étude du comportement des animaux sauvages, qui représente, dans leur discipline plus encore que dans les autres branches de la zoologie, la voie royale. Assez curieusement, ceux qui se sont risqués à en sortir semblent n'avoir pas réussi à éviter les terrains mouvants. Leurs égarements révèlent plusieurs itinéraires distincts.

L'un d'eux est celui emprunté par Konrad Lorenz. Ayant fondé presque tous ses travaux sur l'observation d'animaux domestiques, Lorenz est parvenu à des résultats dont l'intérêt pour notre propos est immense – je pense surtout ici à ceux concernant le concept d'« empreinte[54] » ; en revanche, le primat qu'il accorde au génétique l'a conduit à des notions – comme celle d'« auto-domestication[55] » – et à des extrapolations des animaux vers l'homme (ou inversement), notions et extrapolations dont ses imitateurs les moins bien informés se sont emparés pour nier ou minimiser l'importance de l'intervention humaine dans les processus domesticatoires.

Une autre voie est celle offerte par la primatologie. La tentation a toujours été forte, chez les spécialistes de cette discipline, de considérer que leur champ de compétence s'étendait jusqu'à l'homme ; et tous n'ont pas su y résister. L'exemple le plus éclatant d'un tel abus a été fourni par le zoologue britannique Desmond Morris, pour qui l'homme est un « singe nu » dont les « activités par rapport aux autres animaux » relèvent d'un « comportement interspécifique[56] ».

Toutes ces tentatives s'inscrivent dans une vaste entreprise de réduction du social au biologique dont la sociobiologie de l'Américain Edward Wilson[57] ne représente que le dernier avatar en date.

On peut donc dire, sans trop schématiser, que la zoologie contemporaine, ou bien exclut l'homme, ou bien l'assimile à la bête – ce qui, tout bien pesé, revient à peu près au même... Cette hésitation ne date pas d'hier : après avoir été séparé de la nature par le Moyen Age en raison de son âme, l'homme est réintroduit dans le monde animal par les encyclopédistes du XVIIIe siècle[58] et surtout par les positivistes du XIXe – c'était l'époque où Broca (1824-1888) définissait l'anthropologie comme l'« histoire naturelle de l'homme » –, avant de s'en trouver de nouveau séparé du fait de l'ampleur des découvertes de l'ethnologie. Hésitation historique donc et fondamentale, dont l'enjeu sera rien moins que la ligne de partage entre sciences naturelles et sciences humaines.

Les hésitations de la zoologie quant à la place de l'homme par rapport aux (autres) animaux expliquent en tout cas la réticence de cette discipline à l'égard des animaux domestiques. Car, on l'aura compris, ce qui gêne la zoologie dans la domestication, c'est l'intervention de l'homme et la marque qu'elle laisse sur les animaux. Cette attitude n'est pas nouvelle : de même que Buffon voyait dans la « domesticité » un facteur de dégénérescence des espèces, Linné se disait « dégoûté » par les plantes cultivées... Toujours est-il que, depuis Isidore Geoffroy Saint-Hilaire, l'état des problèmes posés par les animaux domestiques et la domestication est resté presque inchangé, du moins pour la perspective qui est ici la nôtre. Comme si la zoologie avait préféré s'en remettre, pour le présent et l'avenir des animaux domestiques, à la zootechnie, et, pour leur passé, à l'archéologie.

Chapitre II

Les champs classiques de l'étude des animaux domestiques

De la curiosité à la nécessité : la gestion de l'élevage et la médecine vétérinaire

A l'époque où Buffon commence ses travaux scientifiques sur les animaux domestiques (tout en exploitant par ailleurs le domaine agricole qu'il avait hérité de son père à Montbard), l'élevage français et même européen se trouve dans un état lamentable. Deux maux principaux le minent.

D'une part, de graves épizooties sévissent, décimant le cheptel : rage, morve, charbon, typhus chez le cheval, peste, charbon, péripneumonie, fièvre aphteuse chez le bœuf, clavelée, gale, distomatose chez le mouton, peste et maladies éruptives chez le porc, etc. Le mal se retrouve à peu près partout avec la même acuité. Les charbons, la morve, la rage et la fièvre aphteuse sont endémiques dans toute l'Europe. Des ravages particuliers dus à la clavelée sont signalés dans le Tyrol, en Suisse, en Saxe; d'autres, dus à la peste bovine, touchent aussi bien l'Angleterre que la Silésie, la Pologne et la Hongrie[1]. La contagion entraîne des conséquences catastrophiques pour la vie et l'économie des campagnes et, de proche en proche, pour l'approvisionnement des villes.

D'autre part, l'élevage pâtit de l'insécurité permanente qu'ont entretenue les guerres de Religion puis, après l'accalmie réparatrice du règne d'Henri IV, les luttes de Richelieu contre les grands du royaume et la puissance protestante, enfin les guerres de Louis XIV contre les coalitions successives. Ces conflits incessants supposent des besoins considérables en chevaux, que le pays est incapable de satisfaire. A défaut de chiffres concernant cette époque, ceux de 1914-1918 permettent d'avoir un ordre de grandeur de la consommation militaire des chevaux en temps de guerre : durant ce conflit (où pourtant la cavalerie ne jouait déjà plus un rôle primordial), la seule armée française « consomma » 25 000 chevaux par mois la première année et 10 000 par mois les trois années suivantes, soit un total d'environ 700 000 animaux[2]. Il ne faut donc pas s'étonner de voir, dès le XVIe siècle, les chroniques et témoignages faire état d'importations massives de chevaux « d'autres pays, sans même regarder au prix », écrit alors Michel Suriano, ambassadeur de Venise. Dans son *Theastre d'agriculture et mesnage des champs* (1600), l'agronome Olivier de Serres énumère ces pays : « Allemagne, Italie, Corsegue, Sardaigne, Espaigne, Turquie, Transilvanie, et autres terres lointaines[3]. » Dans son combat pour restaurer l'autorité de l'État sur la noblesse, Richelieu détruit des châteaux forts, ruine de nombreux élevages privés et accentue encore la pénurie[4] : « En brisant la féodalité, le pouvoir royal anéantissait ce qui avait été l'instrument de sa domination : l'élevage du cheval[5]. »

C'est après la guerre de Trente Ans (1618-1648) que le problème de l'approvisionnement en chevaux devient le plus crucial, car il atteint désormais l'Europe entière. Tous les pays doivent aller chercher leurs montures de plus en plus loin et les payer de plus en plus cher. Pendant les deux dernières guerres de Louis XIV, la cavalerie française passe d'un effectif en temps de paix d'environ 25 000 hommes à celui de 35 000, mais elle ne dispose que de 16 000 chevaux alors qu'il lui en faudrait 35 000 à 40 000; durant ces mêmes vingt années et pour les seules remontes de la cavalerie, la France aurait importé plus de 330 000 chevaux et dépensé pour cela à l'étranger plus de 100 millions de livres[6]. A partir du XVIe siècle, les Russes font des achats massifs de chevaux (par dizaine de milliers) en Asie centrale[7] et un flux continu d'animaux transite d'Asie en Europe par Constantinople[8]. En outre, le problème de la quantité et du prix se double d'un problème de qualité : l'élevage occidental est anarchique et produit des animaux inégaux et jugés inadaptés aux besoins.

A la maladie comme à la pénurie, les premiers remèdes apportés seront essentiellement administratifs. Pendant très longtemps (puisqu'on y recourait déjà à Rome), les seuls moyens de lutte contre les épizooties restent les mesures coercitives : abattage des bêtes malades, isolement des sujets contaminés, bouclage (parfois à très grande échelle) des régions infestées, mise en quarantaine prolongée des voyageurs et des marchandises[9].

Mais l'urgence, on s'en doute, n'était pas là. Pour les États d'alors, soucieux avant tout de leur puissance et de leur trésorerie, la pénurie de chevaux constituait bien la première préoccupation. Dès le XIIIe siècle, des ordonnances royales interdisaient la vente hors de France des armes et des chevaux « en raison de la rareté de ces derniers[10] ». Au Siècle d'Or, Philippe II d'Espagne « ne laissait à personne le soin d'accorder ou de refuser les exportations de chevaux andalous et examinait de ses propres yeux les dossiers de demande[11] ». On se souciait aussi de qualité : ainsi en Angleterre, pour favoriser l'élevage de chevaux de guerre, Henri VIII (1509-1547) ordonna la destruction des poneys ; dans un but analogue, l'évêque de Coventry interdit, en 1609, l'accès du marché de sa ville aux « racailles de chevaux[12] » ; Oliver Cromwell (1650-1658) eut son haras, et Charles II (1660-1685) introduisit des « juments royales[13] ».

C'est en France, semble-t-il, qu'est née l'idée de haras contrôlés par l'État. Jacques Mulliez, qui vient de consacrer un beau livre, solidement documenté, à l'histoire de cette institution[14], nous apprend que cette solution a été envisagée dès le règne d'Henri IV, mais sans effet pratique. Le problème subsistant, s'aggravant même, l'idée refera ensuite régulièrement surface : en 1626 – l'auteur du projet suggérait au roi d'« ordonner qu'en tous prieurés et abbayes il y ait un haras plus grand ou plus petit selon la commodité des lieux[15] » –, puis en 1639, toujours dans le but d'« empêcher le transport d'or et d'argent qui sort du royaume pour les chevaux venant en France, d'Allemagne, Danemark, Espagne et Barbarie et d'autres pays étrangers, lequel argent excède plus de cinq millions chaque an[16] », enfin en 1640, en 1645, etc.

L'artisan de la mise en place d'une administration des haras sera finalement Colbert. Après avoir cherché, sans grand succès, à partir de 1663, à redonner vie aux vieilles structures de l'élevage équin, notamment en y intéressant la noblesse par de simples mesures d'incitation, Colbert suscita en 1665 et en 1668 deux arrêts du Conseil royal qui constituent le « véritable acte de naissance de l'administration des haras en France[17] ». Le système retenu est simple : le roi fournit « libéralement et sans aucune condition » un étalon de choix à tous ceux qui le désireront, à charge pour ces « gardes estalons » « de bien nourrir et entretenir l'estalon » et de le tenir à la disposition du public

« depuis le premier avril jusqu'à la fin juin » pour le faire servir à la monte des juments de vingt ou trente paroisses, à l'exclusion de tout autre service[18]. Corollairement, seuls les étalons du roi sont autorisés à la monte, et, au moins pour la Bretagne – grande région traditionnelle d'élevage équin, qui sera toujours l'objet d'une sollicitude particulière de la part de l'administration des haras –, il est fait obligation aux paysans « d'entraver leurs petits chevaux lorqu'ils les laisseront aller paître dans les landes[19] », sous peine de voir « couper » ceux qui « vaquent avec les cavalles dans la saison de monte[20] ». Sous les successeurs de Colbert (son propre fils, le marquis de Seignelay, Louvois, etc.), on assiste à la création d'institutions nouvelles, appuyées sur un corps spécial d'administrateurs, et à l'apparition d'un ensemble de prescriptions tendant à réglementer la totalité de la production chevaline. Mais le système ne fonctionne pas bien : les directives sont souvent mal reçues par les éleveurs et mal appliquées par les inspecteurs; surtout, l'institution des gardes étalons fait l'objet de critiques de plus en plus vives. Entre 1732 et 1764, plusieurs réformes auront lieu, qui tendront, d'une part à réduire le rôle des gardes au profit des dépôts d'étalons, d'autre part à décentraliser les haras dans les provinces et à fractionner leur administration entre plusieurs directions (guerre et agriculture).

Parallèlement aux tentatives de perfectionnement de la machine administrative, on voit s'élaborer progressivement une doctrine d'amélioration des animaux. Le règlement de 1717, dû au marquis de Brancas, institue l'appariement autoritaire, par les inspecteurs, des juments et des étalons, reconnaissant ainsi aux unes et aux autres une importance égale dans les croisements. On ne raisonne pas encore sur des races mais sur des types de chevaux : ainsi, Brancas établit une distinction fondamentale entre le « beau cheval », susceptible de faire soit un carrossier, soit un cheval de cavalerie, et le reste de la production, « chevaux manqués, pour l'usage des gens de la campagne »; mais l'important reste de fournir le pays « de toutes sortes de chevaux, de toutes espèces pour tous les différents usages[21] ». Les idées de Buffon sur la dégénérescence, reprises et exagérément systématisées par Claude Bourgelat (1712-1779), marqueront profondément les évolutions ultérieures. La France manque moins de chevaux que de « beaux » chevaux. Le souci de la beauté comme critère de qualité entraîne la condamnation des races françaises, jugées lourdes et grossières. Il s'agira donc moins d'améliorer ce qui existe que de créer de nouvelles souches par apport d'étalons étrangers : la consanguinité est vigoureusement condamnée au profit de la seule doctrine « scientifique » du « croisement continu ».

De l'évidente nécessité d'une meilleure gestion de l'élevage, on est donc passé, en moins d'un siècle et sous l'influence des idées naturalistes, à une réflexion de fond sur la production des animaux domestiques. Or, cent ans presque exactement après la fondation des haras, intervient un autre fait majeur : la création des écoles vétérinaires, une première à Lyon en 1762, puis une seconde à Alfort en 1765 (celle de Toulouse ne verra le jour qu'en 1824). En effet, face aux épizooties des XVIIe et XVIIIe siècles, la médecine empirique, telle que la pratiquaient notamment les maréchaux-ferrants, avait fait la preuve de sa totale inefficacité. La gravité de la situation ainsi créée devenait telle que plusieurs souverains européens, Frédéric II de Prusse, George II de Hanovre, Marie-Thérèse d'Autriche, Louis XV, prirent conscience de la nécessité d'encourager la recherche de nouvelles techniques thérapeutiques. Çà et là, des centres de formation d'agents spécialisés furent créés – par Kestling en Allemagne, Snape puis Clarke en Angleterre, Brugnone à Padoue, Francisco Bondi à Rome – mais qui n'eurent ni le succès ni la durée qui eussent été souhaitables[22].

Or, dans ce domaine également, la France joua un rôle moteur : dès leur ouverture, les écoles vétérinaires reçurent un nombre considérable de boursiers étrangers qui s'inspirèrent, une fois rentrés chez eux, de l'œuvre française, donnant lieu à la « création, ininterrompue jusqu'à ce jour, d'écoles ou de facultés vétérinaires dans toutes les nations du monde, pour aboutir à un enseignement vétérinaire universel qui, aujourd'hui encore, est remarquable par son unité et sa fixité[23] ».

Un autre fait mérite d'être signalé : c'est la place que le cheval, encore lui, occupa dans cette évolution. En effet, l'un des deux fondateurs des écoles vétérinaires n'est autre que Claude Bourgelat. Ancien avocat devenu « écuyer du roi » à Lyon, où il dirigea une « académie » équestre en vue, Bourgelat doit son premier renom à plusieurs ouvrages d'équitation, d'hippologie et d'hippiatrie : trois volumes *d'Éléments d'hippiatrique ou Nouveaux principes sur la connaissance et sur la médecine des chevaux* (1750-1753), un *Nouveau Newcastle* (1774)[24], etc. Sous son influence, la première école vétérinaire en date, celle de Lyon, aura – et gardera longtemps – pour spécialité principale la médecine équine. Collaborateur de l'*Encyclopédie*, Bourgelat était un esprit ouvert aux idées novatrices de son temps. Reprenant, pillant même, les idées de Buffon sur le cheval, il cherchera à les étendre à tous les animaux domestiques[25]. Cependant, Bourgelat resta avant tout un médecin et un naturaliste, qui « ne s'intéressa que peu aux conséquences économiques et sociales des connaissances nouvelles qu'il propageait[26] » et qui imprima à l'enseignement dispensé dans les jeunes écoles vétérinaires une orientation essentiellement anatomique, d'une portée pratique limitée mais très en vogue à l'époque (ce dont témoigne le spectaculaire *Cavalier anatomisé* de Honoré Fragonard conservé au musée de l'école d'Alfort[27]).

Moins connu que son ami Bourgelat, l'autre fondateur des écoles vétérinaires est Henri-Léonard Bertin (1719-1792). Contrôleur général des Finances devenu ministre de l'Agriculture sous Louis XV, Bertin s'illustrera par son action pour l'amélioration de la production ovine, la réorganisation des haras, la création de sociétés régionales d'agriculture et contre la pratique de la vaine pâture. Incontestablement, il représente la tendance « agronomique » du tandem. Son influence, plus timide au début que celle de Bourgelat, gagnera progressivement du terrain chez les « artistes vétérinaires ». Pierre Flandrin (1752-1796), qui dirigea les écoles de Lyon et d'Alfort, fut l'un des premiers à s'intéresser à l'économie rurale et à l'amélioration des animaux domestiques. Ces disciplines acquerront définitivement droit de cité dans les écoles vétérinaires avec François-Hilaire Gilbert (1737-1800). Premier professeur d'économie rurale et sous-directeur d'Alfort, Gilbert se consacra à des travaux extrêmement novateurs sur les prairies naturelles, l'alimentation du bétail et l'amélioration du cheptel ovin français par des croisements avec le mérinos d'Espagne, travaux qui lui coûtèrent la vie puisqu'il mourut au cours d'une mission dans ce pays[28].

A la mort de Bourgelat, plusieurs membres du Jardin du Roi, comme le zoologiste Louis d'Aubenton (dit Daubenton, 1742-1800), seront désignés pour compléter le corps professoral d'Alfort. Associés à des vétérinaires comme Gilbert, ils assigneront à l'enseignement vétérinaire une dimension nouvelle : celui-ci « ne se bornera pas à s'occuper seulement de l'animal malade, mais il devra considérer aussi l'économie de l'animal sain. [...] Depuis lors, les écoles vétérinaires ont affirmé une double vocation : l'une, médicale, l'autre agronomique [...], dont on pourra suivre conjointement l'évolution jusqu'à nos jours[29] ».

Ces écoles marquèrent donc une étape supplémentaire, décisive, dans la réflexion de fond sur les animaux domestiques engagée un siècle plus tôt, contribuant ainsi, en étroite osmose avec les naturalistes et les gestionnaires des haras, à poser le décor des évolutions du XIXe siècle.

L'AVÈNEMENT DE LA ZOOTECHNIE

Époque par excellence de l'essor industriel et urbain, le XIXe siècle fut aussi – cela est moins connu – un âge d'or de l'agriculture et, qui plus est, de l'agronomie. Ce paradoxe s'explique aisément : il fallait subvenir aux besoins de la main-d'œuvre industrielle et de la population des villes, qu'alimentait un fort exode rural. D'un peu plus de 30 millions au début du siècle, la population française passe à 41,5 millions en 1911. Mais, alors qu'au recensement de 1846, les ruraux formaient plus de 75 % de la population, ils n'en constituaient plus que 69,5 % en 1866 et 51 % à la veille de la Première Guerre mondiale. Ce mouvement est encore bien plus accentué en Angleterre et en Allemagne : à la même date, il y avait longtemps que la population urbaine dominait de beaucoup dans ces deux pays[30]. Relativement à leurs voisines, les campagnes françaises du XIXe siècle sont donc encore très peuplées – le maximum de population rurale que la France ait jamais connu est même atteint en 1861[31] – et leur activité reste forte, diversifiée et bien structurée. Elles produisent près de la moitié du revenu national, contre 30 % seulement à l'industrie (qui restera dominée par le textile jusqu'au Second Empire). La paysannerie, rarement misérable (sauf quelques journaliers des zones pauvres, aux familles trop nombreuses), est très souvent propriétaire[32].

La coupure ville-campagne commence à se faire sentir. L'exode rural, tout récent, contribue même à entretenir les liens. De plus, déjà au début du XIXe siècle, l'utilisation croissante du charbon, pour des usages industriels aussi bien que domestiques, avait créé un problème de pollution urbaine et « c'était devenu un lieu commun de soutenir que la campagne était plus belle que la ville[33] ». Donc, à la fois par nécessité économique et, comme nous dirions aujourd'hui, par besoin d'« évasion » des citadins, la vie à la campagne et les activités agricoles jouissent au XIXe siècle d'un prestige énorme, dont témoigne la littérature de l'époque. Les ouvrages d'histoire naturelle et d'agriculture sont, de tous les livres, ceux qui « se vendent le mieux en Angleterre[34] ». En France se développe un « art champêtre » qu'illustrent de grands noms de la peinture, Jean-François Millet surtout (1814-1875), mais aussi Corot, Manet, Monet, Rosa Bonheur – et de la littérature : Balzac avec *Les Paysans* (1845), George Sand avec *La Mare au diable* (1846), *La Petite Fadette* (1849), *Les Maîtres sonneurs* (1853) et *Promenades autour d'un village* (1869), Zola avec *Germinal* (1855), *La Terre* (1887), Maupassant avec l'extraordinaire *Toine* (1885), les frères Goncourt, Erckmann et Chatrian, Alphonse Daudet, Frédéric Mistral, etc.[35]. L'élevage figure en bonne place dans cette littérature qui montre bien les rêves et les obsessions que l'époque nourrissait à l'endroit des animaux domestiques. Flaubert décrit *Bouvard et Pécuchet* (1884), dérisoires précurseurs des « néo-ruraux » modernes, se passionnant pour « la question de l'espèce » et tentant d'impossibles et folles expériences d'accouplement de bouc et de brebis, de canard et de poule, de dogue et de truie, « avec l'espoir qu'il en sortirait des monstres[36] ». Zola écrit pour sa part dans un passage révélateur que *Son Excellence Eugène Rougon* (1876), « lui, aurait voulu avoir d'immenses terres à cultiver, avec des champs qu'il creuserait à sa guise, avec des troupeaux de bêtes, des chevaux, des bœufs, des moutons, des chiens, dont il serait le roi absolu. [...] Il rêvait d'être le maître chez lui. Et, fatalement, il revint à son idée d'une ferme, dans laquelle les bêtes lui obéiraient. C'était son idéal, avoir un fouet et commander, être supérieur, plus intelligent et plus fort. Peu à peu, il s'anima, il parla des bêtes comme il aurait parlé des hommes, disant que les foules aiment le bâton, que les bergers ne conduisent leurs troupeaux qu'à coups de pierre[37] ».

De fait, au milieu du XIXe siècle, l'élevage français est florissant. Sans parler des 150 à 200 millions d'animaux de basse-cour répartis, à raison d'une dizaine de volailles et d'autant de lapins, dans les moindres foyers ruraux et péri-urbains, le cheptel compte, en 1840, 3 millions de chevaux, 400 milliers d'ânes et autant de mulets, et 16 millions de bovins, dont 1,5 million de bœufs et 9 millions de vaches[38]. Pour le travail agricole, le cheval est préféré au nord d'une ligne allant de la Bretagne aux Vosges en passant par Orléans et Dijon; le Poitou, le Dauphiné, la Provence et l'est du Bas-Languedoc constituent le domaine du mulet; presque partout ailleurs, ce sont les bovins qui l'emportent : vaches chez les pauvres et dans le Sud-Ouest (Béarn, Pays basque), bœufs sur les grands domaines, les

« bories[39] ». Pour le petit bétail, le total est de 32 millions de moutons, auxquels il faut ajouter un million de chèvres. Quant aux porcs, on en compte 5 millions. Seul ce dernier chiffre augmentera ensuite, pour passer à 7 millions à la fin du siècle, avec l'augmentation de la production de pommes de terre[40], et à 20 millions en 1980. L'effectif bovin restera à peu près stable : 23 millions de têtes mais toujours 9 millions de vaches laitières ou reproductrices en 1980. Les autres espèces, en revanche, connaîtront des baisses spectaculaires : le nombre des moutons tombera à 17 millions en 1900 et à 13 millions en 1980 ; les chevaux, eux, ne seront plus que 2 millions en 1960 et 300 000 en 1980[41].

Plus encore que de quantité, le XIXe siècle se préoccupa de qualité. Un véritable vent « agronomique » souffle alors sur la France. Des cultures « révolutionnaires » se développent : la pomme de terre (en passe de devenir la nourriture de base au même titre que le pain), le maïs, la luzerne, le trèfle, le sainfoin. La jachère recule et les moyens de transport progressent. Les premiers engrais (guano) et même les premières batteuses à vapeur font leur apparition[42]. Le souffle novateur n'épargne pas le monde de l'élevage. On se passionne pour l'« amélioration scientifique du bétail », baptisée « zootechnie » vers le milieu du siècle par l'agronome Adrien de Gasparin[43].

Bien avant, les expériences d'élevage auxquelles Buffon s'était livré soit au Jardin du Roi, soit dans son domaine de Montbard, avaient fait des émules. Dans certains milieux aisés, l'élevage était même devenu un snobisme, mélange de bucolisme et de démagogie : on sait que la reine Marie-Antoinette se distrayait de l'ennui de la cour de Versailles en se réfugiant, déguisée en bergère, dans sa « ferme » du Petit Trianon... Des entreprises beaucoup plus sérieuses avaient aussi lieu. L'aventure de la « mérinisation » en est certainement l'exemple le plus spectaculaire et le plus éclairant.

Dans le but d'améliorer la qualité de la laine produite en France, Colbert et surtout Turgot avaient déjà songé à introduire en France des moutons mérinos d'Espagne et suscité sur ce sujet des études approfondies (comme le volumineux *Traité des bêtes à laine et Méthode d'élever et de gouverner les troupeaux aux champs et à la bergerie* publié à Compiègne en 1770 par l'abbé Carlier). La France n'était pas la seule à s'intéresser au mérinos. La Suède, notamment, en élevait depuis 1723, et un ouvrage de E.W. Hastfer en suédois sur la question avait été jugé suffisamment intéressant pour qu'une traduction en français en soit éditée en 1756. Dans les années 1760, l'intendant des Finances Trudaine demanda à Daubenton d'étudier à son tour, à Montbard, sur le domaine que Buffon avait vendu à l'État, l'amélioration des toisons et l'acclimatation du mérinos à partir d'un troupeau expérimental. Ces études eurent un grand retentissement et attirèrent à Montbard des envoyés de plusieurs États européens. Les travaux de Daubenton ayant prouvé la possibilité de produire des laines fines en France, Louis XVI décida l'importation d'Espagne d'un troupeau de mérinos. Réunis à Villacastin, 384 brebis, 42 moutons et 7 béliers prirent la route de la Navarre et, par Saint-Jean-Pied-de-Port, Limoges et Orléans, arrivèrent le 12 octobre 1786 au château de Rambouillet, où le roi venait de faire installer une bergerie expérimentale.

Les régimes suivants ne négligèrent pas l'entreprise. Par le traité de Bâle, la Convention obtint la possibilité de « faire extraire d'Espagne » 1 000 brebis et 100 béliers par an pendant cinq ans. Devant faire face à l'habillement des armées impériales, Napoléon chercha à réglementer l'élevage et le commerce des mérinos aussi sévèrement que ceux des chevaux. Un décret de 1805 puis une loi de 1806 prohibèrent la sortie de France des laines et des moutons. En 1811, un autre décret prévit la création de soixante dépôts de béliers en deux ans puis de cinq cents en sept ans ; chacun de ces dépôts devait contenir de 150 à 250 béliers, destinés, en période de monte, à être mis gratuitement à la disposition des éleveurs. Les propriétaires d'animaux de race pure ne pouvaient faire castrer les mâles sans y avoir été autorisés par des « inspecteurs des bergeries », et ceux qui élevaient des métis devaient n'utiliser que des mâles provenant des dépôts officiels. Les difficultés financières et la chute de l'Empire vinrent rapidement mettre un terme à l'exécution de ce plan ambitieux. Il n'empêche qu'en moins de trente ans la France avait réussi à se constituer un cheptel de 200 000 mérinos de race pure et de 2 millions de métis[44].

Pendant ce temps, surtout après la Révolution, des « fermes expérimentales » et « haras d'expérience » privés avaient commencé à fleurir à peu près partout. L'un des premiers établissements de ce genre dont on ait conservé la trace est celui des Tournelles de Flandre, près de Lyon, qu'avait installé au début du XIXe siècle un certain Despinay.

Ce personnage sur lequel on dispose de peu de renseignements devait occuper « une place considérable » car « il correspondait avec les ministres et leur envoyait des gants et des "schalls" confectionnés avec la laine de ses mérinos ; le premier Consul lui donnait, en l'an X, pour son Haras, un étalon ramené antérieurement d'Égypte ; Carie Vernet faisait son portrait, celui de ses chevaux, et dessinait ses propriétés[45] ». Ses activités nous sont connues par les quelques travaux qu'il a publiés entre 1807 et 1819[46] pour vanter les résultats de ses élevages de mérinos, de chèvres « à poil du Cachemire », de « sangliers métis de l'Inde » et de chevaux issus de « la jument négresse couleur de bronze antique, présumée de race Éthiopienne », appelée Reine du Congo, et de « son élève qui a du poil, provenant du croisement de cette jument avec l'étalon arabe Le Conquérant ».

Après avoir gagné en ampleur (et en sérieux) durant toute la première moitié du XIXe siècle, le mouvement – devenu « zootechnique » – se renforcera encore grâce à l'appui de Napoléon III. L'empereur manifeste en effet un certain goût pour « les choses de la terre » ; il développe des fermes modèles dans ses propres domaines (Sologne, Landes) et encourage ses proches à faire de même. Des écoles départementales d'agriculture sont créées, et des « comices agricoles » récompensent chaque année les plus belles récoltes et les meilleurs produits[47]. Le Second Empire fut donc également la « belle époque » de l'élevage et la Brenne, chère à George Sand, un extraordinaire laboratoire pour zootechniciens.

Les progrès accomplis furent souvent aussi le fait d'aristocrates de l'Ancien Régime qui, boudant les deux empereurs et, entretemps, Louis-Philippe, « cet intrus ceint de tricolore[48] », s'étaient retirés sur leurs terres. Bref, l'émulation dans ce domaine était devenue telle qu'il n'y eut guère de notable digne de ce nom qui ne cherchât à se distinguer par quelque croisement judicieusement dosé ou par quelque médaille remportée dans un concours d'élevage prestigieux. Ne voulant pas être en reste, la bourgeoisie elle-même se mit bientôt de la partie : à défaut de l'ascendance qui lui manquait tant pour asseoir sa légitimité, elle en vient à se passionner pour les livres généalogiques du bétail – *stud-books* pour les chevaux, *herd-books* pour les bovins et les porcins, *flock-books* pour les ovins – récemment importés d'outre-Manche.

Car, cette fois, c'est d'Angleterre, et non de France, qu'arriva l'impulsion du progrès. Les causes de l'avance, confortable, enregistrée par la première sur la seconde et sur les autres pays d'Europe dans le domaine agricole sont multiples et anciennes.

D'une part, à la différence de l'aristocratie française qui, dès la Renaissance mais surtout après Richelieu, était devenue essentiellement une noblesse de cour, la *gentry* anglaise conserva toujours un fort ancrage rural[49]. Chassée par la république de Cromwell en 1649, l'aristocratie royaliste anglaise n'eut pas de mal à faire « de nécessité vertu en exaltant les mérites de la vie champêtre[50] ». Plus tard, alors que la France se remettait de la Révolution et des guerres napoléoniennes, le changement était depuis longtemps amorcé dans les campagnes anglaises : déjà au milieu du XVIIIe siècle, le système des *enclosures* commença à l'emporter sur celui des *open-fields* indivis et la culture et l'élevage de profit (surtout pour la laine) à susciter un vif enthousiasme.

D'autre part et – tous les auteurs s'accordent sur ce point[51] –, si l'agriculture anglaise marqua une telle avance, c'est parce que la première révolution industrielle eut lieu en Angleterre. Plusieurs grandes crises agricoles (1790, 1793, 1797, 1813) et les pénuries qui en résultèrent pour la population des villes (qui avait doublé en quelques décennies seulement) imposèrent la nécessité d'un changement radical, aussi bien dans les techniques agricoles que dans le système foncier. Les grands propriétaires prirent la tête du mouvement, soutenus par la véritable croisade qu'avaient lancée plusieurs agronomes et fermiers éclairés comme Jethro Tull (1674-1740), Lord Townshend (1674-1738), Robert Bakewell de Dishley (1725-1795), Arthur Young (1741-1820) et Thomas Coke de Norfolk (1754-1842)[52]. Pour tous ceux-là, le slogan était : « Ne jamais faire une culture si l'on n'a pas les moyens de la faire magnifique[53]. »

Dans le domaine de l'élevage, systématisant et améliorant les premiers essais de Tull et de Townshend, Bakewell apporta une véritable révolution. Jusqu'alors, les moutons étaient surtout produits pour leur laine; quant aux bovins et aux chevaux, ils n'étaient jugés que pour leur taille et leur puissance de trait. Au contraire, sacrifiant la laine à la viande, la taille à la conformation et la rusticité à la précocité, Bakewell chercha à « obtenir des animaux qui pèsent le plus lourd dans les meilleurs morceaux, et qui paient le plus rapidement pour la nourriture absorbée[54] ». Autrement dit : « Petite taille et grande valeur[55]. » Inventeur de l'élevage capitaliste et possédant un sens aigu du marché. « Bakewell fut l'opportuniste en agriculture, qui vit le changement imminent, et sut comment y pourvoir. En fournissant la viande à des millions d'individus, il contribua autant à la richesse du pays [l'Angleterre] que Watt ou Arkwright[56]. »

Quant à la méthode, Bakewell considérait les croisements de races plutôt comme un abâtardissement que comme un progrès. Il préféra croiser les plus beaux spécimens, à l'intérieur non seulement d'une même race indigène et d'une même lignée, mais d'une même famille, de manière à reproduire et renforcer les caractéristiques qu'il avait choisies. Bien qu'un autre cas, « sans doute exceptionnel, et peut-être unique[57] », de méthode de reproduction consanguine soit signalé pour le cheval en France entre 1766 et 1780, Bakewell doit être considéré comme le véritable inventeur de la technique dite de l'*inbreeding*. Spécialiste des ovins, il fut le créateur direct ou indirect des New Leicesters, des South Dows et des Lincolns, et l'améliorateur des Cheviots. Moins heureux avec le gros bétail, il contribua cependant aussi à l'amélioration des Black Horses des comtés des Midlands et, pour les bovins, à celle des Longhorns, des Herefords et des North Devons[58]. Valorisées par l'accroissement de la demande en viande, les méthodes de Bakewell connurent immédiatement un immense retentissement et suscitèrent une foule d'imitateurs. « L'élevage devint à la mode et le *pedigree* une manie chez les gens riches[59] » dès le début du XIXe siècle. Des *herd-books* furent compilés et publiés (le premier fut celui des Herefords en 1846), des associations d'élevage veillant à la reproduction et à la standardisation des « races pures » furent créées (Shorthorn Society en 1875), les expositions et les concours de bétail se multiplièrent, avec un apogée entre 1885 et 1890[60].

La pénétration en France des progrès de l'Angleterre fut servie par un courant intellectuel et politique favorable à ce pays, courant dont l'existence remonte au milieu du XVIIIe siècle. L'anglophilie de Buffon, qui datait d'un voyage effectué en 1731 dans le sud de la France et l'Italie en compagnie du jeune duc de Kingston, est connue. Pour des raisons aisément compréhensibles, les sentiments anglophiles furent très répandus dans la noblesse d'Ancien Régime après la Révolution et se développèrent encore, en réaction contre l'Empire, sous la Restauration. Les Orléanistes, surtout, se montrèrent de fervents admirateurs du système politique anglais. Mais les acquis agricoles de l'Angleterre et la mode qu'ils suscitèrent ne se répandirent vraiment en France que vers le milieu du XIXe siècle. Dans les milieux de l'élevage, l'anglophilie se mua alors en une véritable anglomanie qui dominera toute la seconde moitié du XVIIIe siècle et même une partie du XIXe.

C'est certainement dans les milieux équestres et notamment

dans ceux des courses que la nouvelle lubie fut portée à son comble. Alors que le goût pour les chevaux arabes, déjà célébrés par Buffon comme « les premiers et les plus beaux du monde[61] », avait dominé sous le Premier Empire, « le mythe du pur-sang [anglais] ne cesse de s'affirmer durant tout le XIXe siècle. Il engendre une mode tyrannique, à laquelle se plient les notables et les bourgeois, ainsi que leurs fournisseurs attitrés. Les humoristes dépeignent avec mille détails les avatars des riches amateurs qui fréquentent les établissements bien en vue des Champs-Élysées et les grandes ventes du Tattersall londonien ou parisien. Ces inconditionnels du pur-sang s'exposent à payer très cher n'importe quelle bête allemande, limousine ou normande, sous prétexte qu'elle trône dans une écurie ou sur un marché bénéficiant de la réputation de ne commercialiser que des produits anglais. Dans les rues encombrées des villes, les accidents sont devenus fréquents par le fait de ces coursiers irritables et fantasques, saisis de frayeur à chaque spectacle et à chaque bruit insolite. Les inventeurs cherchent à garantir la sécurité des propriétaires. Ils suggèrent une série de curieux procédés, dûment brevetés, comme la bride à voile, dite aussi lunette d'arrêt d'urgence, qui comporte un rideau amovible, actionné par le cocher depuis son siège, et venant aveugler l'animal emballé[62]. »

C'est dans ce contexte qu'intervient, essentiellement à partir de 1860[63], la fixation des grandes races de bétail françaises que l'on connaît aujourd'hui, concrétisée par la constitution des livres généalogiques : races bovines gasconne à muqueuses noires en 1856, nivernaise-charolaise en 1864, charolaise pure en 1882, suivies de quatorze autres avant 1900, et de huit autres encore entre 1901 et 1922 ; races chevalines nivernaise en 1880, percheronne en 1883, boulonnaise en 1885, etc. (dans les autres espèces, les livres généalogiques apparaîtront plus tard, le plus souvent entre les deux guerres, sauf dans l'espèce canine où un premier livre fut ouvert en 1883[64]).

Dans le public, chez nombre d'éleveurs et même chez certains zootechniciens, domine l'idée selon laquelle chaque « race » animale serait, comme les « crus » en matière vinicole, le produit *sui generis*, longuement mûri au cours des siècles, d'un milieu spécifique, d'un « terroir », comme disent les agronomes, c'est-à-dire d'une « unité naturelle définie au sein de la région par des aptitudes agricoles particulières, dues à la nature du sol, au microclimat local, à l'exposition des coteaux[65] ». Tel est bien en effet le cas pour certaines races plutôt polyvalentes, originaires d'environnements contraignants ou d'espaces isolés géographiquement ou peu intégrés à l'économie générale[66]. Ce n'est pas un hasard si la race bovine dite tarentaise ou tarine, actuellement première race française à l'exportation (dans les pays méditerranéens principalement) en raison de sa résistance aux variations brutales de température, de sa sobriété et de ses aptitudes à la marche, est décrite comme une production « typiquement alpine[67] », si « la Montagne Noire entretient des vaches de très petite taille, capables cependant de tirer l'araire, de faire déambuler une voiture, un chariot, de fournir lait, beurre, fromage[68] », si le Languedoc et le Limousin se sont fait une spécialité de grands bœufs aptes à former de grands attelages, ou encore si les races ovines préalpes, brigasque, manech ou lourdaise, rompues aux longues transhumances alpines ou pyrénéennes, sont rustiques mais mal conformées pour la boucherie, « haut montées », avec des gigots plats...

En revanche, d'autres races, sans doute les plus nombreuses, sont des créations récentes (fin XIXe-première moitié du XXe siècle), obtenues sciemment par des croisements de races ou de types préexistants, ou par des sélections très poussées, ayant conduit à des produits « améliorés », assez sensiblement différents – c'était le but recherché – des souches de départ. Sont dans ce cas la race ovine Ile-de-France, issue à Grignon en 1879 du croisement Dishley-mérinos[69], les races bovines nivernaise-charolaise (1864), Maine-Anjou (Durham x Mauceau, 1908) et armoricaine (Durham x bretonne, 1919)[70], les races chevalines anglo-arabe (comme son nom l'indique) et même, à l'origine (c'est plus surprenant mais c'est ainsi), « pur-sang »... – sans parler de la vache bretonne pie noire, « holsteinisée » par croisement continu (dit « d'absorption ») avec la Frisonne pie noire[71], un siècle après que la normande et la charolaise eurent échappé de justesse à une « durhamisation » en règle[72] !

Sont donc principalement en cause ici les « grandes races, à vocation clairement définie et spécialisée [...], races conquérantes qui correspondent aux grands systèmes d'élevage commercialisés[73] ». Comme en Angleterre, le marché pesa en effet d'un poids déterminant sur leur création et/ou leur fixation. Déjà dans la situation traditionnelle, « les pays naisseurs travaillaient à la demande de leurs acheteurs potentiels[74] ». Cette tendance ne fit que s'accentuer encore par la suite, avec le développement des transports et des voies de communication : dès la fin XIXe siècle en France, c'est le grand négoce, y compris avec l'étranger, qui fait et défait les races de bétail domestique. Tel est du moins l'enseignement de leur histoire, quand celle-ci nous est connue autrement que par les mythes qui traînent dans les milieux de l'élevage : le dernier livre de Bernadette Lizet nous apprend ainsi que la race chevaline de trait du Nivernais, réputée l'une des plus anciennes, a été créée il y a un siècle (*stud-book* ouvert en 1880) pour concurrencer le percheron auprès des importateurs américains qui réclamaient, au grand dam de l'administration des haras, « du gros et du noir[75] »...

La zootechnie entre raison pratique et raison sociale : les grands débats

Au risque de choquer les zootechniciens, je dirais donc que leur discipline a beaucoup plus « accompagné » que suscité l'évolution qui vient d'être décrite. L'un d'eux, Clément Bressou, convient d'ailleurs de cet état de choses et s'en explique avec une humilité qui mérite d'être signalée : « Il faut le reconnaître, l'art de l'éleveur n'a pas bénéficié aussi vite des progrès du savoir que l'art de guérir. L'élevage est resté longtemps sous l'emprise presque exclusive de données descriptives traditionnelles et souvent routinières ; il n'a que tardivement assimilé les acquis de la science. Les circonstances, à vrai dire, ne s'y prêtaient guère. En dehors du cheval, monopolisé par une administration des Haras déjà très particulariste, les animaux de ferme étaient souvent considérés comme un mal nécessaire, les prairies continuaient à être mal cultivées, la production des fourrages artificiels encore précaire, enfin, l'enseignement officiel de l'agriculture était inexistant puisqu'il ne fut institué que vers le tiers du XIXe siècle. Il fallut donc déployer des efforts méritoires pour faire bénéficier l'élevage des découvertes de la biologie[76]. »

Quels furent au juste ces efforts ? Dans quel sens s'exercèrent-ils ? A qui furent-ils dus ? Les changements majeurs – au nombre de trois – qui s'opèrent alors dans la théorie de l'élevage et les débats passionnés qu'ils suscitèrent dans le monde scientifique nous en donnent une idée. Une notion domine ces débats : celle de « race », qui apparaît décidément comme l'obsession caractéristique du XIXe siècle[77].

Le premier changement concerne la méthode d'amélioration du bétail. Difficile à dater avec exactitude, il se manifeste d'abord évidemment pour les chevaux. Jusqu'au XVIIIe siècle, la pratique constante et la doctrine officielle systématisée par Buffon et Bourgelat avaient été l'amélioration par croisement avec des étalons étrangers. Dès avant la Révolution, un premier infléchissement commence à s'opérer : « Une fois le bon croisement obtenu, on doit s'y tenir », disent les instructions. Reconstituée en 1806[78], la nouvelle administration des Haras imposera progressivement la sélection interne, et le changement sera consommé avec l'ouverture du premier *stud-book* créé en France, celui du pur-sang anglais en 1833[79]. L'évolution sera plus lente pour les autres espèces.

A peine en eurent-ils terminé avec ceux qui, derrière Isidore Geoffroy Saint-Hilaire, militaient pour l'acclimatation et la domestication d'animaux exotiques[80] que les défenseurs du cheptel métropolitain commencèrent à se diviser sur la méthode à suivre pour améliorer les bovins. Deux noms illustrent cette polémique : ceux de Baron (1852-1908) et de Sanson (1826-1902), qui soutenaient des « doctrines zootechniques » opposées[81]. Représentatif de l'« école alfortienne », le premier préconisait la méthode des croisements de races : à cette époque, un vif débat opposait en effet partisans (« durhamistes ») et adversaires (« anti-durhamistes ») de l'amélioration du cheptel bovin français par apport de « sang » de la race anglaise Durham (Shorthorn améliorée)[82]. Critiquant sévèrement ces croisements comme des sources d'abâtardissement, le second exaltait au contraire les races « pures » et l'élevage en consanguinité, ce qui l'amena à défendre les races locales françaises, notamment contre l'administration des haras qu'il accusait (non sans raison) de ne s'intéresser qu'au pur-sang anglais. Il n'est pas indifférent de savoir que ce professeur à l'école vétérinaire de Toulouse puis à l'Institut agronomique de Grignon élabora, sous l'influence de l'école anthropologique de Broca, un système – pour tout dire assez délirant – de classification et de filiation des races chevalines d'après leurs caractères craniométriques...

Le deuxième changement concerne plutôt la finalité de l'amélioration du cheptel. En rupture délibérée avec l'objectif traditionnel de polyvalence de la plupart des races locales, les milieux dominants de l'élevage de la fin du XIXe siècle s'orientent délibérément vers la recherche de races hyperspécialisées, permettant des records de productivité. Les besoins en viande érigent la vitesse de croissance (précocité) et la conformation pour la boucherie en critères absolus de sélection des bovins, des ovins et des porcins. Dans l'élevage des chevaux, où les critères esthétiques avaient dominé pendant deux siècles – tout « beau » cheval était un « bon » cheval –, on privilégie désormais exclusivement soit la taille et la puissance pour le trait, soit au contraire, avec la vogue des courses, la vitesse, la nervosité des membres, la puissance de l'arrière-main, l'ampleur de la cage thoracique.

Résultat : « Au cours de la période d'une quarantaine d'années qui s'étend de 1880 à 1920, l'espace pastoral français va ainsi connaître une différenciation régionale maximale en secteurs individualisés, aux limites souvent nettes, ne variant que faiblement, en particulier dans les régions montagneuses où les transformations économiques sont lentes. Cette situation ne se modifiera vraiment qu'après la Seconde Guerre mondiale, époque où des races à productivité particulièrement forte vont peu à peu envahir tout l'espace français en faisant reculer rapidement beaucoup de ces races régionales ou locales, au point de mettre parfois leur existence même en danger[83]. »

Ce dernier processus est en réalité largement amorcé dès le XIXe siècle où l'on assiste déjà – c'est le troisième changement – à une incontestable uniformisation des types d'animaux. Le changement apparaît même considérable si l'on se réfère à la situation antérieure. Au XVIIIe siècle en effet, la diversité est la règle, aussi bien en France, où l'important reste de fournir le pays « de toutes sortes de chevaux, de toutes espèces pour tous les différents usages[84] », qu'en Angleterre, où existe « une demande extrêmement différenciée pour des animaux extrêmement différenciés dans toute une gamme de prix[85] », et qui sont tellement mêlés qu'un auteur écrivant en 1727 estime que « le vrai cheval anglais existe à peine, à moins que ne comptaient pour tels les chevaux qui vivent à l'état sauvage dans certaines de nos forêts et dans les montagnes[86] ». Le retournement de la tendance qui s'opère au XIXe siècle est spectaculaire. Des populations entières disparaissent par fusion dans une race nouvelle : tel fut le cas, par exemple, des populations bovines choletaise, nantaise, maraîchine et poitevine donnant naissance à la race parthenaise[87] ; d'autres sont purement et simplement éliminées, comme ces malheureux bidets, petits chevaux « à deux fins » (selle et trait léger) de Bretagne et d'ailleurs, sacrifiés sur l'autel de l'anglomanie[88].

L'erreur fondamentale en la matière serait de croire que ces changements furent toujours et partout dictés par une froide rationalité zootechnique répondant à d'impérieuses nécessités économiques. Ce fut même tout le contraire. Les Haras, par exemple, s'évertuèrent à produire un cheval de selle dont les militaires ne voulaient pas[89], au point que l'un d'eux – et non des moindres : le général Oudinot – réclama en 1842, dans une brochure célèbre, le rattachement de cette administration au ministère de la Guerre, déclenchant ainsi une polémique dont on n'imagine pas la violence et qui durera plusieurs décennies[90]. Quant aux races chevalines de gros trait, qui existaient déjà en Angleterre où les instruments aratoires étaient plus lourds[91], elles se développèrent en France à un moment où, précisément, la motorisation était accomplie dans les transports urbains et routiers, et commençait à pénétrer les campagnes[92]...

On aura compris que les enjeux sociaux et culturels pesèrent sur ces évolutions d'un poids au moins égal à celui des considérations zootechniques. En cette période d'extraordinaire engouement pour l'élevage que fut la fin du XIXe siècle, les animaux – chevaux surtout – sont investis d'une valeur emblématique toute particulière. En Angleterre, déjà : « A la fin du XVIIe siècle, le cheval de course pur-sang était devenu une obsession pour l'aristocratie. Sa force, sa rapidité et son courage symbolisaient le statut supérieur de son propriétaire : dans les familles nobles, livres d'origine et pedigrees étaient tenus avec une précision qui aurait fait honneur au Collège des hérauts et qui dépassait probablement celle consacrée à bien des registres paroissiaux[93]. » En France, tout au long du XIXe siècle, on assiste de même à « une guerre de classes par pur-sang interposés [...] où s'affrontent deux idéaux esthétiques chevalins. L'ancien modèle (rond, filiation du genet/andalou des Temps Modernes à l'arabe au XIXe siècle) est revendiqué par la bourgeoisie savante; l'aristocratie renie cet ancien partenaire des académies et manèges équestres pour s'emparer du pur-sang anglais : celui-là ne se fera pas battre à la course, il maintiendra la distance sociale[94] ! »

Ce point de vue est confirmé par un vétérinaire militaire de l'époque : « Ce modèle bourgeois [est] un cheval tout rond, sans ligne, net et propre, sans vices ni vertus, qui trousse, piétine, tape quatre fois le même pavé. Mais le vrai connaisseur, l'homme de cheval authentique, l'aristocrate, se reconnaît d'un seul coup d'œil à sa monture : ample charpente, grande silhouette, longues lignes heurtées de l'anglais; le bon cheval, le tride et le train[95]. »

Il restait à parachever l'œuvre de différenciation sociale ainsi entreprise en l'étendant au reste de la société. La noblesse et la bourgeoisie, pour une fois unies, s'y employèrent activement.

Les progrès zootechniques y contribuèrent largement, dans trois domaines au moins, en entraînant : 1) la péjoration des savoirs traditionnels en matière d'élevage – pourtant bien réels, y compris dans le domaine de la sélection[96] – au profit de la seule science « bourgeoise »[97] ; 2) la marginalisation des régions à « petites races » polyvalentes et de moindre rendement ; 3) la mise à pied du peuple, notamment par l'élimination du populaire bidet, variante moderne des interdictions de monter faites à la plèbe, dont l'histoire regorge d'exemples[98].

Les choses ont-elles fondamentalement changé aujourd'hui ? La zootechnie a-t-elle réussi, avec les progrès de la science (génétique quantitative, etc.), à s'affranchir des contraintes sociales et culturelles qui orientèrent ses premiers pas ? La surprenante actualité de certains grands débats du XIXe siècle autorise à en douter.

Alors que les généticiens ne reconnaissent plus aujourd'hui que des « populations » à évolution aléatoire, les zootechniciens continuent de s'accrocher à la notion de race (« pure » !) et même à celle de « sang » transmis par l'hérédité (« pur-sang », « demi-sang », « quart de sang », etc.), n'hésitant pas à confier à de puissants ordinateurs des calculs très sophistiqués d'indices basés sur des données... fausses. On ne s'étonnera pas, dans ces conditions, de l'incohérence des usages qui découlent des théories raciales (l' « ethnologie ») des vétérinaires et des agronomes : « Alors que la pratique de l'élevage considère comme inopportun l'accouplement de races différentes, c'est-à-dire d'animaux à caractères extérieurs différents, elle n'hésite pas à accoupler des animaux de la même race, même s'ils diffèrent beaucoup quant au rendement. Un tel procédé est nommé élevage en pur-sang, et l'on dit au contraire croisement si l'on accouple deux animaux pareils et d'égale valeur quant au rendement mais appartenant à deux races différentes, c'est-à-dire présentant des caractères extérieurs différents[99]. »

Ce commentaire ironique, qui date de 1937, semble n'avoir pas eu, après un demi-siècle, tout l'écho qu'il méritait. Certes, la généralisation de l'insémination artificielle à la fin des années 1950 a joué un rôle dans l'extension de certaines races. Mais l'intervention d'autres facteurs n'est pas non plus à négliger : on sait, par exemple, que beaucoup d'associations de races sont dominées par un petit nombre de familles d'éleveurs plus soucieuses de leur capital (financier et de notoriété) que de véritables innovations ; le conservatisme dans ce domaine est encore accentué du fait des concours d'élevage, par où transitent des subsides et que nul n'ose par conséquent contester[100]. Ajoutons aussi que la recherche de la productivité crée, à la longue, autant de problèmes qu'elle en résout : elle fragilise les animaux, au détriment de leur santé (pathologies nouvelles liées au poids, aux conditions d'élevage) et de la qualité de leurs produits, et contribue à accentuer les inégalités entre les éleveurs et les déséquilibres entre les régions d'élevage.

Récemment, des voix de plus en plus nombreuses se sont élevées pour dénoncer les hypothèques que font peser sur l'avenir le privilège exorbitant accordé au quantitatif sur le qualitatif, « l'extension de quelques races plus productives dans les conditions économiques actuelles » (la Holstein et la charolaise représentent aujourd'hui 70 % du cheptel bovin français), « la disparition de centaines d'autres, la diffusion à des centaines de milliers d'exemplaires des gènes d'un taureau [qui risquent], à terme, de diminuer la variabilité intra- et interraciale[101] ». Bien qu'il soit exagéré ou prématuré de dire que « l'on s'emploie désormais à faire machine arrière et à protéger les races en voie de disparition[102] », c'est incontestablement de là qu'est parti le mouvement de contestation actuel, et là que se situe son enjeu.

L'un des paradoxes de ce mouvement est qu'il reprend à son compte le combat mené un siècle auparavant par Sanson mais avec des arguments et selon une logique inversés : alors que Sanson défendait les races locales contre les métissages, c'est dans la perspective d'éventuels croisements nouveaux que les contestataires d'aujourd'hui veulent préserver la diversité du « patrimoine génétique » domestique[103]. Le fait que partisans et adversaires du *statu quo* aient pu, lors d'un récent colloque, s'accuser mutuellement de « racisme » suffit à montrer combien ce débat, technique en apparence, reste empreint d'irrationnel. Mais il y a plus fondamental encore : la race « comme patrimoine à conserver » et son utilité comme « réservoir de variabilité génétique » sont fortement contestées par les généticiens[104]. Cela n'empêche nullement la « cause » de la conservation des races domestiques en péril d'être assimilée à celle de la conservation de la nature et de jouir par conséquent d'une grande popularité auprès du public et de la grande presse[105].

En fait, toute l'ambiguïté de la démarche zootechnique, malgré des acquis considérables, réside dans son caractère de science appliquée à la recherche d'une adaptation optimale des animaux à des besoins humains que cette discipline se trouve à elle seule dans l'incapacité de définir. Les zootechniciens qui sourient ou grimacent à l'évocation de ces difficultés devraient comprendre que l'objet de leur discipline, les animaux domestiques, recoupe en partie, qu'ils le veuillent ou non, celui des sciences sociales. Nombre d'ingénieurs du monde industriel ont déjà sauté le pas[106] et n'en sont pas morts !

Le constat de l'évidence, c'est-à-dire de la dimension humaine de tous les processus techniques[107], a amené Raymond Laurans, alors directeur de la Bergerie nationale de Rambouillet, et quelques zootechniciens parmi les plus lucides à fonder, au début des années 1960, une Société d'ethnozootechnie et un bulletin du même nom. Dernière en date des originalités françaises dans ce domaine, cette discipline s'intéresse aux aspects sociaux et culturels de la production animale. Beaucoup plus marginale intellectuellement et institutionnellement que la zootechnie dont elle est issue, l'ethnozootechnie reste dominée par les préoccupations des agronomes, vétérinaires et autres praticiens de l'élevage, pour qui la dimension ethnologique de la domestication animale se réduit trop souvent à un folklore désuet ; elle est en outre confinée en des lieux (institutions proches des écoles vétérinaires, des instituts agronomiques, des haras, etc., placés sous la tutelle du ministère de l'Agriculture) où les problématiques scientifiques sont entièrement dictées par les sollicitations des milieux professionnels de l'élevage, de l'agro-alimentaire, bref, du marché.

Pour toutes ces raisons, l'ethnozootechnie n'est pas parvenue à des résultats de l'ampleur et de la consistance espérées ; elle n'est donc pas actuellement en mesure de répondre aux questions que l'anthropologie peut légitimement se poser sur la nature de l'acte de domestication, sur ses déterminants et ses implications techniques, sociaux, idéologiques. Mais une excessive sévérité serait ici mal venue : cet appel à l'ethnologie venant de « techniciens de l'animal » témoigne, chez ces derniers, d'un esprit d'ouverture qui, à quelques exceptions près[108], fait totalement défaut à leurs homologues du végétal.

Chapitre III

Quand les sciences de l'homme s'en mêlent...

Les origines de la domestication

Les sciences de l'homme accusent un double retard pour ce qui concerne la domestication animale et les animaux domestiques : retard, bien sûr, par rapport aux sciences fondamentales (zoologie) et appliquées (zootechnie) issues de la tradition naturaliste; retard, aussi, par rapport aux recherches effectuées, dans leur propre domaine, sur les plantes cultivées et la domestication végétale[1]. Malgré l'existence de l'ethnozootechnie, encore trop marginale, l'ethnozoologie s'est en effet beaucoup moins intéressée au domestique que sa sœur, l'ethnobotanique. Sans doute a-t-elle été en cela contaminée par la fascination de la zoologie pour le « sauvage »[2]. Le développement de cette discipline supposait aussi un affinement et une diversification des problématiques de l'ethnologie, qui ne sont intervenus qu'assez récemment. En revanche, l'interrogation sur l'origine des animaux domestiques est ancienne, si bien que l'apport principal des sciences de l'homme à l'étude de la domestication a longtemps été – et reste encore – celui de la préhistoire et des disciplines connexes.

Vestige d'une époque où les animaux domestiques étaient considérés comme un mal nécessaire, la croyance en l'antériorité historique de l'élevage sur l'agriculture a longtemps dominé, faisant même figure de pilier du credo évolutionniste. Pour celui-ci, en effet, le caractère primitif de l'activité pastorale associée au genre de vie nomade et des populations qui les pratiquaient ne faisait aucun doute : issu de la chasse, activité de subsistance correspondant au stade social de la « sauvagerie », l'élevage marquait la transition au stade de la « barbarie ».

Ensuite, écrivait Lewis Morgan dans *Ancient Society* (1877), « la domestication des animaux, en assurant un approvisionnement permanent en viande et en lait, tendait à différencier les tribus qui en bénéficiaient par rapport à la masse des autres barbares. Dans l'hémisphère occidental, la viande ne provenait que de l'apport précaire de la chasse. [...] Dans l'hémisphère oriental, la domestication des animaux a permis aux tribus actives et prévoyantes de s'assurer constamment une nourriture animale, y compris le lait, dont la saine et revigorante influence sur la race, et surtout sur les enfants, a été incontestable[3] ». Morgan considérait même comme « extrêmement probable [...] que la culture des céréales ait eu pour origine les besoins des animaux domestiques[4] ». Quoi qu'il en soit, le passage de l'élevage à l'agriculture et à la vie sédentaire représentait pour les évolutionnistes l'accession à une sorte d'âge de raison de l'humanité. On sait l'influence que ces idées exercèrent sur Marx et Engels, et, par leur intermédiaire, sur plusieurs générations de chercheurs. Ainsi, pour Engels dans *L'Origine de la famille, de la propriété privée et de l'État* (1884), les Aryens et les Sémites, « avec leurs troupeaux, [...] avaient acquis une propriété qui ne demandait qu'une surveillance et les soins les plus élémentaires pour se reproduire en nombre toujours croissant et pour fournir la nourriture la plus abondante en lait et en viande. Tous les moyens antérieurs pour se procurer des aliments passèrent à l'arrière-plan ; la chasse, cessant d'être une nécessité, devint alors un luxe[5] ».

Le premier à dénoncer, preuves à l'appui, le caractère simpliste des séquences chasse → élevage → agriculture et nomadisme → sédentarité fut le géographe allemand Eduard Hahn (1856-1928) dans un ouvrage d'une exceptionnelle ampleur publié en 1896[6]. Constatant que de nombreuses peuplades (Polynésiens, Indiens pré-colombiens) cultivaient à la houe sans posséder de bétail, Hahn réfute la thèse de l'élevage comme antécédent nécessaire à l'agriculture. Pour lui, la culture est issue de la cueillette. Considérant par ailleurs l'instabilité de la vie de chasse et de cueillette, il la jugeait incompatible avec la possession suffisamment prolongée d'animaux pour que ceux-ci en viennent à se reproduire. La domestication ne pouvait donc qu'être le fait de cultivateurs. L'agriculture véritable (avec labourage attelé) apparaît avec l'association de la culture primitive à la houe et de l'élevage, le bœuf (que Hahn considère comme la première espèce domestiquée) étant alors utilisé pour tirer l'araire. La séquence de Hahn peut se résumer ainsi : chasse + cueillette → culture à la houe → culture à la houe + élevage → agriculture vraie. Enfin, loin de constituer un état à part entière, antérieur à l'état agricole, le pastoralisme nomade représente, pour Hahn, une sorte d'excroissance dégénérée du troisième stade de la séquence, en somme d'anciens agropasteurs qui, pour avoir commis l'erreur de préférer le bétail à la houe, sont devenus des parasites des agriculteurs...

L'apport de Hahn et de ses disciples a quelque peu été terni par leur incroyable obstination à ne vouloir reconnaître à la domestication qu'un seul foyer, moyen-oriental, et que des motivations religieuses, au demeurant toutes plus fantaisistes les unes que les autres. Leur influence a, en outre, conduit de nombreux chercheurs à minimiser exagérément la part des chasseurs dans les processus domesticatoires. Les progrès stupéfiants accomplis entre-temps par les méthodes des préhistoriens rendirent peu à peu obsolètes la plupart des schémas d'évolution hérités du passé ; il se révéla en particulier impossible de continuer à raisonner en termes de stades ou de séquences à valeur universelle.

En premier lieu, la multiplication des chantiers de fouille dans toutes les parties du monde permit de mettre en évidence de nouveaux foyers de domestication. Pour le bœuf, par exemple, plusieurs foyers autonomes ont été découverts, durant les trois dernières décennies, en Grèce, au Pakistan et peut-être en Afrique ; de même pour le porc, en Asie du Sud-Est et en Afrique occidentale ; et pour le chien, en Asie du Sud-Est également et en Australie. Par ailleurs, les domestications africaines (bœuf, ovi-capridés) et américaines (lama, canard musqué) commencent à livrer leurs secrets. De telle sorte que la vieille thèse de l'introduction des espèces domestiques à partir d'un centre unique n'apparaît plus que comme un préjugé diffusionniste parmi d'autres : le Moyen-Orient est, de ce point de vue, bel et bien détrôné[7].

Ces découvertes, jointes à la précision toujours croissante des datations, grâce à l'application de techniques physicochimiques (isotopes radioactifs) et biologiques (palynologie, dendrochronologie), entraînèrent en second lieu un vieillissement considérable des âges de la domestication. En quelques décennies, les connaissances quant à la date de première domestication du bœuf ont ainsi permis de faire passer celle-ci de 5000 av. J.-C. (Kurdistan) à 6300 (Syrie) et peut-être même à

9000 (Thessalie), celle du chien de 10000-9000 (Zagros et Levant) à 15000-13000 (Scandinavie), celle du chat de 2000 (Égypte) à 5000 (Jéricho), etc.[8]. Le recul de certaines domestications jusqu'à la fin de l'époque mésolithique tend en tout cas à accréditer de nouveau, entre autres, l'hypothèse d'une « invention » de la domestication par des chasseurs.

Enfin et surtout, les méthodes de fouille connurent, avec l'école française de préhistoire fondée par André Leroi-Gourhan, une véritable révolution : ne se contentant plus de prélever isolément sur le terrain, pour les décrire et les identifier, les échantillons les plus spectaculaires, on accorda désormais une attention égale à tous les vestiges, envisagés *in situ*, dans leurs rapports topographiques et stratigraphiques. C'est ainsi qu'acquirent droit de cité en préhistoire des témoins dédaignés jusqu'alors. Parmi ceux-ci : « Les restes de la faune qu'on rencontre dans un site fréquenté par l'homme sont tout aussi importants que les silex taillés ou la céramique et sollicitent autant de soin pour les sauver et de précision pour les enregistrer. En effet, tout reste animal est présumé s'y trouver par la volonté ou du fait de la présence de l'homme et il n'y a pas lieu de prêter moins de sens à un os de renne provenant d'un rôti qu'à la sagaie qui a tué l'animal. [...] Ce ne sont pas les fémurs de mammouth qui livrent le meilleur de l'information, mais souvent de modestes fragments qui sont tombés sur place et qui y sont restés[9]. »

L'étude systématique de l'ensemble du matériel exhumé par une fouille minutieuse et de sa disposition sur un site a permis dans bien des cas à la préhistoire moderne de procéder à de véritables reconstitutions ethnographiques de la vie des hommes préhistoriques (palethnographie). L'établissement de « catalogues d'hypothèses », disait André Leroi-Gourhan, puisées dans la comparaison avec des populations vivantes (ethnoarchéologie) lui a en outre ouvert de nouvelles perspectives d'interprétation.

L'analyse des restes osseux, si essentielle pour la connaissance des premières domestications, ne va cependant pas sans poser des problèmes spécifiques. Les travaux des années 1960 sur les sites précéramiques du Proche-Orient[10] ont montré que seul l'établissement de séries statistiques et de courbes de mortalité à partir des os retrouvés dans les « poubelles » préhistoriques permet de distinguer l'élevage naissant de la chasse : en effet, la composition du cheptel domestique diffère de celle du stock des animaux chassés, moins, au début, par l'espèce que par l'âge et le sexe des sujets abattus. Quand les conditions de conservation du matériel sont bonnes, il est même parfois possible de distinguer l'élevage de boucherie, l'élevage pour la laine, l'élevage pour le travail[11] : « L'exploitation des poubelles ouvre donc directement sur les caractères primordiaux de l'économie agricole ou pastorale. Il paraît possible de pousser plus loin encore : la constitution de grandes séries de documents à partir du Néolithique permettra un jour de retracer l'histoire et la diffusion des principales races domestiques et d'éclairer les mouvements de civilisation sous un angle que ni les industries, ni les traditions écrites ne permettent d'atteindre[12]. »

La spécialisation des savoirs nécessaires à l'identification de l'espèce, de l'âge et du sexe des animaux préhistoriques à partir de leurs seuls os a suscité la formation d'une discipline particulière alliant les techniques de l'archéologie et celles de l'anatomie comparée : l'archéozoologie, aussi appelée *zooarchaeology* outre-Atlantique[13]. Même si son nom, qui témoigne de la diversification actuelle du champ et des méthodes de l'archéologie, est relativement récent, il s'agit en réalité d'une discipline solidement constituée, depuis déjà fort longtemps, et dont les acquis sont considérables[14].

C'est dire que nous sommes loin, aujourd'hui, des spéculations d'un Morgan ou d'un Hahn. A la lumière des progrès récents, les premières domestications apparaissent au contraire comme des phénomènes à la fois plus complexes, plus nuancés et plus diversifiés qu'on ne l'imaginait autrefois : d'une part – on l'a déjà dit, mais il n'est pas mauvais d'insister à nouveau sur ce point –, l'idée de stades ou d'étapes obligatoires répartis en séquence à valeur universelle doit être abandonnée ; d'autre part, aucune hypothèse quant aux motifs et aux modalités de la domestication ne peut désormais être exclue totalement.

Les causes ou les motifs de la domestication, qui seront examinés plus loin[15], posent un problème dont on se contentera pour l'instant de souligner la difficulté. Il n'est pas sûr en effet que les hommes préhistoriques aient eu toujours des « raisons » de domestiquer des animaux ; ou, plus exactement : les « raisons » qu'ils auraient pu avoir de domestiquer des animaux ne leur sont apparues dans bien des cas qu'une fois la domestication réalisée, et comme des conséquences de cette domestication. C'est Hahn qui, le premier, fit remarquer que les moutons ne pouvaient pas avoir été domestiqués pour leur laine car ils n'en possèdent pas à l'état sauvage, que la vache ne donne pas naturellement assez de lait et que les oiseaux sauvages ne pondent pas suffisamment d'oeufs pour que ces produits aient pu constituer un motif de domestication... à partir de quoi Hahn justifiait la domestication du bœuf par la forme de ses cornes symbolisant le croissant lunaire, et celle de la volaille par son utilisation comme réveille-matin, signal d'alarme ou dans les combats de coqs[16]. On verra plus loin que ces hypothèses, pour risibles qu'elles puissent paraître, ne sont pas si absurdes. En fait, la solution du problème des raisons ou des causes de la domestication réside en partie dans celui des processus domesticatoires, si bien que la manière la plus saine et la plus sûre d'aborder le premier est de commencer par traiter le second.

Les préhistoriens définissent aujourd'hui la domestication comme un « ensemble de modifications dans les rapports des groupes humains avec les espèces végétales et animales, qui ont eu pour effet de substituer à une exploitation sans contrepartie (prédation) une relation symbiotique dont ces espèces tirent elles-mêmes profit. Les ressources disponibles sont ainsi sensiblement augmentées : on entre dans une économie de production[17] ». La lenteur et le caractère progressif de ces modifications, qui s'étalent fréquemment sur plusieurs millénaires, et la démultiplication de leurs étapes, dont « aucune ne marque de rupture spectaculaire » démentent pourtant l'idée, introduite par Gordon Childe[18], d'une « révolution néolithique ».

Si l'aboutissement des processus domesticatoires est relativement facile à repérer[19], il n'en va pas de même de leurs débuts, sur lesquels on ne dispose pas de faisceaux d'indices. Très schématiquement, on peut entrevoir trois types principaux de processus :

– Le plus ancien et celui qui a probablement concerné le plus grand nombre d'espèces (chien, ovicapridés au Proche-Orient et en Méditerranée, camélidés d'Amérique) a la chasse pour origine. En fait, il y a peu de traits communs entre la domestication du chien comme auxiliaire de chasse (pour rabattre ou pour forcer le gibier, comme dans la chasse à courre) dès la fin du Paléolithique, et celle des herbivores au Néolithique. Dans le Proche-Orient précéramique, chèvres et moutons sauvages ont pu être poussés par troupeaux entiers dans des enclos, selon la technique du *corraling*[20], afin de constituer des réserves sur pied pour la consommation de viande ou pour les sacrifices religieux. A propos de la domestication des camélidés andins, des archéologues notent que « vers 4000 av. J.-C, une transformation extraordinaire est sur le point de se produire : à force de traquer, saison après saison, les mêmes espèces animales dans les mêmes lieux, les chasseurs ont fini par connaître si bien le comportement et le territoire de ces animaux qu'ils exercent maintenant sur des troupeaux entiers une sorte de "contrôle"[21] ». Ce contrôle était probablement comparable à celui que pratiquent encore aujourd'hui, sur des rennes semi-sauvages, certains Lapons de Norvège[22]. Il est vraisemblable que l'homme appliqua ensuite aux troupeaux ainsi capturés ou contrôlés des techniques de « gestion » identiques à celles de la faune sauvage, par « chasse sélective » des animaux les plus âgés, des mâles en surnombre, etc.

– Dans les cas, nombreux au Proche-Orient, où la domestication des plantes a précédé – toujours de peu – celle des animaux, c'est la première qui a servi de tremplin à la seconde, en attirant vers l'homme des animaux poussés par la gourmandise. La domestication se serait alors exercée, soit sur des animaux « éboueurs », intéressés par les détritus, comme le porc[23], soit sur des « voleurs de récoltes » comme le bœuf, le buffle, le yak[24]. Dans ce dernier cas, il a pu apparaître plus économique en temps et en moyens, pour protéger les récoltes, et par la suite plus bénéfique, notamment pour le travail agricole, de capturer les animaux vivants et de les élever plutôt que de les chasser ou d'enclore les champs.

– Correspondant à ce que certains auteurs ont appelé le « Néolithique pastoral », un dernier type de processus serait dû à d'anciens chasseurs ou à d'anciens agriculteurs convertis à l'élevage nomade dans le cadre d'une spécialisation sociale plus tardive. On leur devrait essentiellement la domestication d'animaux de transport, qui leur aurait permis d'augmenter l'efficacité de leur nomadisme : d'abord âne en Égypte et en Éthiopie, et onagre en Mésopotamie vers 3000 av. J.-C, puis cheval au nord-ouest de la Caspienne et chameau vers la Mandchourie au – IIIe millénaire, enfin dromadaire dans le sud de l'Arabie au – IIe millénaire. Tous ces animaux, cheval compris, furent longtemps utilisés pour le bât et même pour la traction de chars par ces nomades « prébédouins », la monte systématique n'intervenant que bien plus tard, avec les conséquences que l'on sait sur le développement du grand nomadisme[25]. Seul le cas du dromadaire est controversé : il aurait pu commencer par tirer l'araire d'agriculteurs de la corne de l'Afrique, avant de faire la fortune des nomades[26].

Certains auteurs ont noté que ces différents processus, qui se suivent dans le temps, pourraient donc correspondre à des phases successives – pré-agricole, agricole et pastorale – du mouvement général de domestication des animaux[27]. Peut-être valable pour le Moyen-Orient, un tel schéma ne saurait être appliqué partout sans discernement. Il a pourtant le mérite de souligner que, si la domestication peut emprunter des voies différentes, sa réalisation suppose toujours qu'un certain nombre de conditions préalables soient remplies. Autrement dit, la domestication n'a pas pu apparaître – ou se propager – n'importe où et à n'importe quel moment ; elle n'a pu être le fait que de peuples « qui étaient depuis longtemps des domesticateurs en puissance[28] » : chasseurs déjà habitués à la fréquentation de la faune, villageois déjà familiarisés avec l'agriculture, nomades pratiquant déjà l'élevage de certains animaux. Les recherches récentes effectuées par Danièle Lavallée et son équipe dans la *puña* andine, sur le site exceptionnel de Telarmachay au Pérou et sur une séquence stratigraphique suffisamment longue pour couvrir une période de plusieurs millénaires allant de l'exploitation de la faune sauvage à celle d'animaux domestiques, confirment ce résultat : les innovations et les spécialisations qui apparaissent à chaque niveau reprennent et prolongent celles des niveaux antérieurs[29].

Plusieurs hypothèses ont été émises pour expliquer le déclenchement, l'accélération ou la diffusion, à un moment et en un lieu donnés, des processus domesticatoires : possibilité, pour le Proche-Orient du – VIIIe millénaire, d'une dégradation climatique, d'invasions, de déséquilibres démographiques. Aucune de ces hypothèses n'est confirmée par les découvertes archéologiques récentes. Celles-ci incitent plutôt à chercher au cas par cas, dans la culture néolithique elle-même, le moteur de son propre changement. Ce n'est pas par hasard que le culte du taureau a précédé son élevage, remarque pour le Proche-Orient précéramique Jacques Cauvin, avant de conclure : « C'est à elle-même, à ses problèmes internes, que la société devait s'adapter en changeant ses stratégies[30]. »

Doit-on exclure d'autres voies d'accès, plus fortuites, à la domestication ? Certains préhistoriens semblent le penser : « Il va de soi que la domestication a toujours porté sur des [...] troupeaux entiers, [...] ce sont d'ailleurs les mêmes caractères qui rendent les espèces commodes pour la prédation et propices à la domestication (en particulier, la tendance à rester groupées). La domestication est donc l'opposé de l'apprivoisement, par lequel l'homme capture des individus d'une espèce aux caractères psychologiques solitaires, les extrait de leur milieu naturel, les héberge, et les nourrit : ainsi a-t-on fait de certains animaux chasseurs, par exemple le chat et le faucon[31]. »

Zoologistes et éthologistes mettent au contraire de plus en plus l'accent sur le rôle qu'a pu jouer, dans les origines de la domestication, l'habitude, courante chez les chasseurs, de garder vivants, par simple curiosité, les petits d'animaux tués. Cette hypothèse paraît d'autant plus plausible, disent-ils, que c'est à cet âge (avant six semaines chez le loup, par exemple) que les animaux, surtout s'ils sont stressés et mal nourris, se montrent le plus rapidement « imprégnables » par l'homme[32]. La difficulté, avec ce processus, tient au fait qu'il n'a pu concerner, au moins au début, que des animaux isolés. C'est sans doute la raison pour laquelle les fouilles n'en livrent pas de traces significatives. Cette raison est toutefois insuffisante pour justifier le rejet définitif d'une telle hypothèse.

Les limites, pour notre propos, de tout ce courant de recherche tiennent donc aux inévitables lacunes de ses matériaux : tout en admirant la patience, la rigueur, l'ingéniosité et la perspicacité de ses collègues préhistoriens, l'ethnologue, habitué au contact direct des sociétés qu'il étudie et à la pléthore des informations qu'il en tire, ne peut se défendre d'un certain sentiment de frustration voire même, parfois, de quelque scepticisme devant la ténuité des indices et des hypothèses sur lesquels doivent s'exercer les ardeurs archéologiques... Force lui est pourtant de reconnaître – même si l'idée peut de prime abord paraître surprenante – que c'est sur les premiers animaux domestiques que les connaissances ont le plus progressé depuis un siècle.

Histoires de bêtes

L'histoire des animaux domestiques s'achève-t-elle avec leur domestication au sens où l'entendent les préhistoriens ? Évidemment pas, et pour plusieurs raisons.

La domestication a entraîné à la longue, au moins sur le plan anatomique, des modifications parfois considérables dans les espèces concernées. Il suffit, pour s'en faire une idée, de comparer un loup ou un chacal, supposés représenter les espèces souches du chien, avec un pékinois, un cocker ou un saint-bernard, ou un mouflon méditerranéen avec un mouton oriental à queue grasse ou un South-Down, ou encore un aurochs (tel qu'il a été « reconstitué » à Han-sur-Lesse[33]) avec un bovin de Jersey ou de Normandie, etc. Bref, en partant d'une trentaine d'espèces sauvages, c'est à plusieurs centaines de races, de types et de variétés d'animaux domestiques que l'homme est parvenu en quelque dix millénaires[34].

Ces modifications posent cependant plusieurs problèmes. Les tentatives des zoologistes pour leur trouver des dénominateurs communs (réduction de la taille générale du squelette, raccourcissement de la partie faciale du crâne et des cornes, diminution des dimensions et du nombre des dents, etc.[35]) se sont toujours heurtées à un nombre élevé d'exceptions, tant du fait d'animaux présentant ces caractères sans jamais avoir été domestiqués, que du fait d'animaux domestiqués qui en sont pourtant démunis.

James Downs signale ainsi, non sans humour, que l'application des seules méthodes d'analyse ostéologique courantes aux squelettes d'éléphants d'Afrique amènerait à conclure que ces animaux ont été domestiqués à partir du XVIIIe siècle : on constate en effet, à partir de cette époque, une nette diminution de la taille des défenses des éléphants d'Afrique ; en réalité, celle-ci résulte non d'une quelconque action de domestication, mais de la chasse systématique des sujets les mieux pourvus en défenses, en liaison avec un accroissement de la demande d'ivoire sur le marché international[36]. L'autre problème que posent les modifications anatomiques dues à la domestication tient à leur rythme d'apparition très lent, étalé parfois sur plusieurs millénaires. Dénonçant les erreurs d'interprétation qui peuvent en résulter, Eric Higgs cite des exemples de sites néolithiques sur lesquels, parce que les animaux trouvés étaient peu « modifiés », on avait déduit, en dépit d'autres évidences archéologiques, qu'il s'agissait de représentants de la faune sauvage, et que les hommes qui leur étaient associés ne pouvaient être que des chasseurs[37].

Extrêmement lente au début, s'accélérant ensuite progressivement, variant aussi en fonction des espèces (le chien étant la plus « malléable »), la transformation des animaux domestiques ne résulte pas seulement d'un simple processus d'adaptation de bêtes sauvages à de nouvelles conditions de vie. Elle se complique encore du fait de l'action de l'homme, dont elle est toujours, directement ou indirectement, le résultat. A partir du milieu du – IVe millénaire, les preuves s'accumulent de l'emploi de techniques sélectives d'élevage. A Sumer, l'une des plus anciennes civilisations connues, de telles techniques sont appliquées aux ovins à des fins économiques spécialisées, et, vers 2000 av. J.-C., la Mésopotamie possédait au moins cinq variétés différentes de moutons ; plus tard, en Égypte, un chien de chasse du type saluki (lévrier) est peu à peu obtenu, au terme d'une sélection soignée[38].

L'action de l'homme sur les animaux domestiques ne s'est donc pas, elle non plus, arrêtée une fois les premières domestications réalisées. Bien au contraire, elle n'a pas cessé, depuis, de s'accentuer, de se spécialiser et de se diversifier à la fois, en fonction de l'évolution des connaissances et des besoins humains, avec, on l'a vu, une nette accélération en Europe à partir du XVIIIe siècle. Et quand, pour des raisons diverses, il est arrivé que cette action s'interrompe, le recul de la domestication a été immédiat : on verra plus loin[39] que de nombreux animaux domestiqués sont ainsi retournés, dans le passé, et retournent encore, aujourd'hui, à la vie sauvage.

Réciproquement, la possession d'animaux domestiques a été lourde de conséquences pour l'homme[40]. A la fin du Néolithique, la disposition, à la fois, de bêtes de boucherie et de bêtes de trait pour le travail agricole, a entraîné une augmentation des ressources alimentaires, un accroissement démographique et des différenciations sociales sans précédent, qui devaient conduire aux premières civilisations[41]. C'est en ce sens, et en ce sens seulement, qu'il reste possible de parler de « révolution » ou d'« explosion » néolithique : « A l'échelle géologique, du dernier chasseur d'aurochs aux scribes mésopotamiens, il n'y a qu'un instant et l'accession aux économies nouvelles est une "explosion". [...] Le monde primitif et le monde des agriculteurs sont apparemment si différents qu'à moins d'imaginer une "invention", on ne voit pas à première vue comment ils s'articuleraient[42]. »

Parmi ces différenciations, l'une des plus spectaculaires est certainement la formation, soit par scission interne du complexe agro-pastoral néolithique, soit par introduction d'animaux domestiques chez des chasseurs-cueilleurs, de populations de pasteurs (*herdsmen*) spécialisés dans l'élevage d'herbivores vivant en troupeaux (*herd animais*, que Carl Sauer distingue des *household animals*, animaux domestiques proprement dits, élevés par les *husbandmen*[43]). C'est dans des populations de ce type que la généralisation de l'équitation, dans les steppes asiatiques au début du – Ier millénaire, a fait jaillir « l'étincelle de la nomadisation [qui] a enflammé les organisations tribales des paysans, les unes après les autres, le long du pays frontière entre la forêt et le désert au nord-est de la Chine[44] », donnant une ampleur et une signification nouvelles – politique et militaire – au genre de vie pastoral. Peu après, chez les peuples sémitiques, l'adoption de la monte du dromadaire sur la bosse, avec selle à arçons imitée de celle des cavaliers rencontrés au nord du désert arabique, a joué, pour le nomadisme bédouin, le même rôle de catalyseur[45].

Grâce à ces deux animaux et à la supériorité militaire qu'ils leur conféraient, les nomades d'Asie – Huns, Arabes, Turcs, Mongols – se sont assurés le contrôle d'immenses territoires et ont marqué nombre d'États d'une empreinte qui ne s'est bien souvent effacée qu'avec le XXe siècle. Pour en terminer avec l'importance des animaux domestiques dans l'histoire humaine, il faudrait encore pouvoir évoquer le rôle joué par l'invention du collier d'épaule dans la disparition de l'esclavage antique[46], par celle de l'étrier dans la formation de la féodalité médiévale européenne[47], par le bétail dans la colonisation de l'Amérique[48], par le cheval dans le développement de la culture des Indiens des Plaines[49], etc. Encore ne s'agirait-il là que des interventions les plus spectaculaires et les mieux connues…

Les animaux domestiques ne se signalent pas seulement dans l'histoire par les « services » matériels, économiques et politiques qu'ils ont pu rendre à l'homme. Ils ont aussi suscité, de la part de ce dernier, tout un échafaudage d'idées et de croyances, toute une culture qui influe, en retour, sur le traitement dont ils sont l'objet de la part de l'homme. Dès la Préhistoire et l'Antiquité, les animaux domestiques sont omniprésents dans l'art, dans le symbolisme, dans la religion (paganisme, chamanisme, totémisme, métempsycose[50]). Certains sont même sacralisés et élevés au rang d'objets de culte, comme la vache dans l'hindouisme, l'éléphant (père de Bouddha lui-même) dans le bouddhisme, le taureau dans le Proche-Orient ancien, la chatte Bas-têt, le faucon Horus, le chien Anubis, la vache Hathor dans l'Égypte pharaonique; d'autres, au contraire, sont méprisés et frappés de nombreux interdits, comme le porc et le chien dans le judaïsme et l'islam[51]...

Faute de tout pouvoir recenser, on se bornera ici à insister sur l'influence que les représentations des animaux ont exercée sur l'évolution des pratiques dont ceux-ci font l'objet de la part de l'homme. Le rôle possible des représentations religieuses et notamment des besoins sacrificiels dans les premières domestications a déjà été évoqué. Bien qu'on en soit réduit, dans ce domaine plus encore que dans d'autres, aux hypothèses, il y a tout lieu de penser que ce rôle a été lié aux positions que ces représentations accordaient respectivement à l'homme et aux animaux. Dans les systèmes de représentations ultérieurs, en tout cas, on voit l'animal servir de repère à l'homme pour définir sa propre place dans l'univers ; les hiérarchies ainsi élaborées, qui varient en fonction des époques et des lieux, correspondent à des types différents de rapports aux animaux domestiques. Le cas de l'Europe occidentale – magistralement décrit, pour l'Angleterre, par Keith Thomas[52] – est, à cet égard, particulièrement éclairant.

Dans le Moyen Age chrétien, tous les êtres animés, l'homme compris, sont soumis à une même condition : « Tout ce qui est sous le ciel court une même loy et fortune pareille : l'homme et la bête sont confrères et compagnons », écrit Montaigne en 1580[53]. De fait, la promiscuité était extrême entre les hommes et leurs animaux aussi bien à la campagne, dans les grandes maisons paysannes, que dans les villes, où grouillaient partout des animaux domestiques en liberté, au point que, dans les rues, ils « disputaient le passage aux habitants », causant de nombreux accidents[54], et que, dans les églises, « l'un des principaux objets des barrières de communion [...] était de tenir les chiens à distance de l'autel[55] ». Les représentations du monde animal étaient alors caractérisées par l'anthropomorphisme : dotés d'une âme (âme « matérielle », non dégagée de la matière, mais âme quand même), les animaux homicides pouvaient être jugés et exécutés[56].

Après Copernic (1473-1543) et malgré une ultime condamnation de ses idées par le pape en 1616, un changement radical s'opère dans la représentation du monde : l'image d'un univers fini dont la terre est le point fixe vole en éclats. Le sentiment d'une discontinuité radicale entre l'homme et la nature est l'un des grands thèmes du rationalisme classique et de la philosophie des Lumières. Reléguée au rang de la nature brute, la bête est soit abandonnée à ses instincts les plus sauvages, soit maîtrisée et promue par l'homme à la domesticité : l'opinion domine alors selon laquelle la domestication est bonne pour les animaux puisqu'elle les « civilise »[57]. C'est dans ce contexte qu'apparaît la conception, poussée par Descartes jusqu'à son point le plus extrême dans les années 1630, de l'animal-machine ou automate, entièrement soumis aux desseins et à la volonté de l'homme. On raconte à ce sujet que le philosophe Nicolas de Malebranche (1638-1715), un jour où il avait rudoyé son chien, dit à une personne qui plaignait l'animal : « Pourquoi le plaindre ? Ce que vous prenez pour des gémissements ne sont que grincements de poulies à l'intérieur du mécanisme[58]. » Il était en quelque sorte devenu nécessaire que l'homme fût valorisé et la bête dévalorisée pour permettre à l'un d'exploiter l'autre. Les entreprises d'acclimatation d'animaux utiles et d'amélioration du bétail domestique du XIXe siècle[59] s'inscrivent dans le prolongement de ce courant d'idées.

Parallèlement à cette conception strictement utilitariste des animaux domestiques apparaît progressivement une nouvelle sensibilité. Tandis que le romantisme se délecte de la contemplation de la nature sauvage et se refuse à juger de tout selon des critères humains, le fossé se comble à nouveau entre l'homme et la bête, et la compassion pour les animaux se développe, donnant naissance, dès après la Révolution française, à divers mouvements qui commencent à militer pour la reconnaissance de « droits de l'animal »[60].

L'affrontement de ces deux courants contradictoires, utilitarisme et compassion, formera la toile de fond de certains des grands débats du XIXe siècle sur les animaux domestiques, comme celui – homérique – qui opposa partisans et adversaires de l'hippophagie. Associée au paganisme celte, la consommation de la viande de cheval avait été interdite dans la Chrétienté par une instruction du pape Grégoire III en 732. Il lui fallut plus d'un millénaire pour refaire surface en Europe, sous l'influence de savants progressistes, soucieux de pourvoir à une meilleure alimentation de la population des villes. En 1847-1848, Isidore Geoffroy Saint-Hilaire, encore lui, transforme son cours en tribune de propagande, et s'adresse au grand public, en 1856, par des *Lettres sur la viande de cheval*[61]. Pour démontrer les qualités gastronomiques et nutritives de cette viande, de grands « banquets hippophagiques » sont organisés en France, en Belgique et en Angleterre[62], où une société pour la propagation de la viande de cheval comme denrée alimentaire voit le jour en 1868[63]. Seules resteront finalement hippophagiques la Belgique, la Suisse romande et surtout la France, où les privations entraînées par la guerre de 1870 vinrent à bout des dernières résistances de l'Église et des traditionalistes.

Mais ce qu'il faut surtout souligner ici – car c'est bien là le signe de temps nouveaux –, c'est que les protagonistes des deux camps se réclamaient également de la protection de l'animal : tandis que les uns entendaient sauvegarder l'interdit alimentaire au nom du respect dû à la plus noble conquête de l'homme, les autres, se scandalisant du spectacle, alors fréquent dans les rues des grandes villes, de chevaux usés jusqu'à la corne et mourant d'épuisement sous le harnais, insistaient à l'inverse sur les relatifs ménagements dont sont habituellement l'objet les produits destinés à la consommation humaine[64].

Pour Keith Thomas, en tout cas, « le triomphe des idées nouvelles est étroitement lié au développement des villes et à l'apparition d'un ordre industriel qui donne aux animaux un rôle de plus en plus marginal dans le processus de production[65] ». Il y a donc bien une histoire des animaux domestiques, et qui fait partie intégrante de celle de l'homme : il est impossible de traiter de l'une indépendamment de l'autre.

On pourra trouver malvenu de déplorer les carences de l'histoire dans ce domaine, alors que viennent justement de paraître deux des meilleurs ouvrages jamais consacrés aux animaux par des historiens, *Les Animaux ont une histoire* du Français Robert Delort[66] et *Dans le Jardin de la nature* du Britannique Keith Thomas[67] – deux ouvrages qui sont, de plus, représentatifs des apports de l'histoire à l'étude des animaux domestiques : les histoires d'espèces, pour le livre de Delort (qui, après une substantielle mise en perspective générale, est divisé en chapitres sur l'abeille, l'éléphant, le lapin, le chat, le chien, etc.), et l'histoire des sensibilités à l'égard de la nature, pour celui de Thomas.

Il n'en reste pas moins, et il faut le déplorer, que les animaux domestiques ne figurent pas, aux côtés du climat, de la démographie, de l'alimentation ou de la sexualité, parmi les grands thèmes explorés durant les dernières décennies par les historiens. C'est que, malgré l'école française des *Annales*, les animaux domestiques souffrent, notamment par rapport à l'agriculture, d'un préjugé défavorable identique à celui qui a desservi l'histoire des techniques au profit de celle, jugée plus noble, des sciences[68]. Et la « nouvelle histoire », essentiellement politiste, qui s'annonce ne laisse rien attendre de bon de ce point de vue…

Les extrémités de l'ethnologie

Ces spécialistes du trivial, du quotidien, du populaire qu'affectent parfois d'être les ethnologues se sont-ils montrés moins dédaigneux des animaux domestiques que leurs collègues historiens ? La réponse qui s'impose ici est celle du Normand. Car s'il est vrai que les ethnologues ont à leur actif de très nombreux travaux sur des sociétés où l'élevage compte ou même domine, on peut dire aussi qu'ils semblent s'être ingéniés à esquiver le problème des animaux domestiques, soit en se terrant dans l'écologisme le plus vulgaire, soit, au contraire, en s'envolant vers les sphères absconses du sémantisme. Or, on constate à la lecture d'un récent *review article* d'Eugenia Shanklin, qui recense 170 études anthropologiques sur les animaux domestiques échelonnées sur une trentaine d'années[69], qu'il existe une liaison étroite, presque « naturelle », entre les deux dérives qui viennent d'être évoquées et les deux champs principaux, traditionnels, de l'étude ethnologique des animaux domestiques que représentent l'anthropologie des sociétés de pasteurs nomades et l'ethnozoologie.

Les pasteurs nomades offrent un terrain privilégié pour l'étude de ces animaux ou, du moins, de certains d'entre eux. Leur économie repose en effet presque entièrement sur l'élevage extensif d'herbivores grégaires : le dromadaire chez les Bédouins arabes d'Asie et d'Afrique, les Maures, les Touaregs, les Toubous, les Somalis ; le cheval et le chameau de Bactriane chez les Turcs et les Mongols ; le mouton et la chèvre, associés ou non au cheval, chez les Berbères d'Afrique du Nord, les Kurdes, les Pachtous et d'autres populations iraniennes du Moyen-Orient, les Saracatsans de Grèce ; le bœuf, sans autre animal de transport, chez les pasteurs d'Afrique noire occidentale (Peuls), orientale (Nilotiques) et méridionale (Hottentots) ; le renne dans diverses populations de la Sibérie et de l'extrême nord de l'Europe (Tchouktchis, Koryaks, Yakoutes, Toungouzes, Samoyèdes, Lapons), auxquels il faut ajouter le yak au Tibet et le lama dans les Andes. Tous ces animaux jouent un rôle essentiel dans la vie matérielle, sociale et culturelle de ceux qui les élèvent; ils représentent une valeur certes « utilitaire » (alimentaire, vestimentaire, pour le transport et le travail, etc.) mais aussi une valeur de stockage (troupeau comme réserve) et d'accumulation (prestige), une valeur d'échange (pour les alliances matrimoniales et politiques), une valeur rituelle (sacrifices), qui conduisent, dans nombre de sociétés, à un véritable « fétichisme du bétail[70] ».

Force est pourtant de constater que ces animaux n'occupent pas dans les travaux ethnologiques sur les sociétés pastorales une place en rapport avec leur rôle et leur valeur effectifs. Sauf rares exceptions[71], ils sont expédiés en quelques pages dans un chapitre introductif, sorte de fourre-tout où se mêlent, en des proportions variables (quand elles ne sont pas confondues), la géographie, la technologie et l'économie. Pour des raisons qui tiennent à l'histoire de l'anthropologie et à l'attrait exercé, à un moment donné de cette histoire, par le fonctionnalisme anglais, d'une part, et par l'écologie culturelle américaine, d'autre part, toute l'attention des ethnologues s'est trouvée canalisée vers deux autres traits dominants des sociétés de pasteurs nomades, traits au demeurant fort intéressants et qui auraient amplement justifié l'intérêt qu'on leur portait si celui-ci ne s'était pas montré aussi exclusif et n'avait pas fini par biaiser, à la longue, l'analyse de ces sociétés.

Le premier de ces traits concerne l'organisation sociale. Dans un classique de la littérature anthropologique, publié en anglais en 1940, Edward Evans-Pritchard identifiait chez les Nuer, éleveurs de bovins du Haut-Nil (Soudan), une organisation acéphale (sans chefferie) de groupes atomisés définis par la seule filiation patrilinéaire (*descent groups*[72]). Devenu l'archétype de la théorie des systèmes « segmentaires », fondés sur la filiation unilinéaire et sur un mode de fonctionnement politique par « opposition équilibrée » (comme dans la théorie de la dissuasion nucléaire) de segments de lignages structurellement équivalents, le « modèle Nuer » sera mis à toutes les sauces : au mépris des évidences les plus criantes (Empire mongol, khanats turcs et iraniens, émirats arabes, royautés sacrées africaines, etc.), dispersion, autonomie, individualisme, voire anarchie et agressivité sont restés, durant trois décennies, les maîtres mots de l'étude des pasteurs nomades[73].

Le second trait dominant des sociétés pastorales tient aux

milieux naturels occupés par ces sociétés (steppes froides ou chaudes, déserts, montagnes arides) et au genre de vie, nomade, lié à l'exploitation de tels milieux. L'aspect souvent spectaculaire des déplacements pastoraux – longueur des distances parcourues (jusqu'à 2 400 km par an chez les Bédouins Rwala du désert de Syrie), difficulté des itinéraires de montagne (passage de cols enneigés par les nomades Bakhtiâri d'Iran), précarité des habitations (tentes, huttes, yourtes), etc. – a incité de nombreux chercheurs à mettre un accent démesuré sur les problèmes d'inscription dans l'espace et de typologie du nomadisme, envisagés d'un point de vue essentiellement géographique. Cette perspective a suscité des travaux de grande valeur[74] mais qui, faute d'embrasser le phénomène dans toutes ses composantes, ont souvent péché par excès de formalisme[75].

Le caractère extraordinairement contraignant des milieux où évoluent les nomades explique en outre la tentation, constante chez les chercheurs depuis Daryll Forde[76], d'interpréter les aspects originaux des sociétés et des cultures pastorales en termes d'adaptation écologique à des environnements défavorables. Cette tentation déterministe n'a pas épargné l'anthropologie sociale elle-même : c'est ainsi, par exemple, qu'on a pu voir dans l'organisation lignagère et dans la segmentation des pasteurs autant de réponses à la nécessité où ceux-ci se trouvent d'ajuster en permanence la main-d'œuvre disponible et la taille des troupeaux et de disperser hommes et bêtes dans l'espace afin d'éviter l'épuisement des pâturages et des points d'eau[77].

La même dérive hyper-fonctionnaliste s'observe *a fortiori* dans l'étude du bétail nomade, lorsque celui-ci est perçu uniquement comme instrument d'adaptation de l'homme à son environnement[78]. Certes, le renne ou le cheval et le chameau de Bactriane dans les steppes froides d'Eurasie, le yak dans les hautes montagnes himalayennes, le dromadaire en Arabie et au Sahara, les hybrides du chameau et du dromadaire dans les montagnes arides de Turquie et d'Iran, le lama dans les Andes ont favorisé la spécialisation pastorale et donné lieu à des formules originales d'exploitation du milieu où la mobilité humaine est le corollaire de celle des troupeaux : nomadisme bédouin à long rayon d'action dans les déserts, nomadisme vertical fondé sur l'occupation successive d'étages altitudinaux différents dans les montagnes (nomadisme improprement qualifié de *transhumance* dans la littérature anglo-saxonne), etc.[79].

En revanche, et bien qu'elle souligne l'importance des

contraintes naturelles et du rôle des animaux domestiques dans la colonisation de certains milieux, l'implantation prédominante des pasteurs nomades dans les régions arides, où l'agriculture est impossible ou aléatoire, ne permet pas de conclure à un déterminisme immédiat. En effet, cette localisation des nomades est tout autant la conséquence que la cause de leur spécialisation pastorale[80]. Les zones de nomadisme correspondent bien souvent à des milieux où les animaux eux-mêmes ne pourraient pas subsister sans les aménagements, même sommaires (puits), qui y ont été introduits par l'homme ; loin d'être « naturels », ces milieux, et notamment leur végétation herbacée, sont donc en grande partie le fruit de l'action, consciente ou inconsciente, des éleveurs (feux pastoraux, pacages sélectifs, piétinement, etc.), comme l'ont amplement prouvé les travaux effectués à ce sujet dans les réserves d'Afrique de l'Est[81]. Par ailleurs, de nombreuses sociétés pastorales se sont installées, en Afrique surtout (Peuls, sociétés interlacustres) mais aussi au Moyen-Orient (tribus du Zagros iranien), dans des régions « vouées par la nature à la vie sédentaire[82] », où l'agriculture pluviale est possible et même parfois pratiquée par des groupes voisins des pasteurs.

La perception, chère à l'écologie culturelle américaine, du bétail comme intermédiaire entre l'homme et la nature dans les « écosystèmes pâturés » se révèle donc éminemment réductrice : en somme, selon elle, il n'y aurait pas ou que peu d'action de l'homme sur les animaux, et pas d'autre action de l'homme sur le milieu que celle qui découle de la simple disposition d'herbivores « consommateurs primaires ». Cette perception doit en fait être considérée comme la dernière en date des variations sur le thème évolutionniste d'un état « barbare » correspondant à un genre de vie pastoral et nomade, à la « culture matérielle » pauvre, techniquement inférieur à l'agriculture, exclusivement « prédateur » et incapable d'évolution autonome.

On rencontre en revanche, dans le deuxième grand champ balisé, d'ailleurs indépendamment du précédent, par les ethnologues en matière d'animaux – celui de l'ethnozoologie –, une vision infiniment plus complexe et diversifiée. Le terme d'« ethnozoologie », forgé en 1914 par deux savants américains[83], recouvre en effet aujourd'hui toute une gamme d'approches des relations entre les sociétés humaines et le monde animal, qui vont des utilisations des animaux à leurs représentations. Surtout, en vérité, à ces dernières, car, sous l'influence des travaux d'ethnoscience de Harold Conklin et du développement de l'anthropologie cognitive qui s'ensuivit dans les années 1960, l'ethnozoologie a de plus en plus focalisé son attention sur l'« *emic* » (opposé à l'« *etic* »), c'est-à-dire sur les catégories sémantiques indigènes (opposées aux catégories de l'observateur) comme point de départ de l'étude de la connaissance que les sociétés ont de leur environnement naturel[84].

Cette perspective a conduit à des travaux d'une finesse et d'une richesse heuristique incomparables. L'un des plus justement célèbres est *La Pensée sauvage*, publié en 1962. Partant de l'onomastique animale, Claude Lévi-Strauss y explique notamment, avec son talent coutumier, pourquoi nous ne traitons pas les chiens comme le bétail et pourquoi les pasteurs d'Afrique traitent le bétail comme nous traitons les chiens[85]. Plus important encore pour notre domaine bien qu'il soit passé beaucoup plus inaperçu, un article d'André-Georges Haudricourt, publié la même année[86], ouvre des perspectives considérables. Comparant certains types de comportements humains vis-à-vis du milieu naturel (comportements s'exprimant dans des techniques) et de comportements des humains entre eux (c'est-à-dire de rapports sociaux), cet auteur met en parallèle, d'une part, la céréaliculture et l'élevage de type méditerranéen, caractérisés tous deux par leur « action directe positive » (action et présence permanentes) sur le milieu, avec « le traitement pastoral de l'homme dans la civilisation occidentale[87] », caractérisé par le rôle de leaders s'imposant comme pasteurs-conducteurs ; d'autre part, la culture de l'igname, procédant d'une « action indirecte négative » (ni contact dans l'espace ni simultanéité dans le temps avec l'objet du travail), avec le « traitement horticole de l'homme [...] caractéristique de la civilisation chinoise et surtout de son idéologie dominante, le confucianisme », qui considère que le bon gouvernement est une émanation de la vertu des sujets[88]. C'est de ce travail pionnier d'Haudricourt que s'inspire notamment l'historien Keith Thomas lorsque celui-ci écrit, à propos de l'Angleterre, que « la domestication est [...] l'archétype d'autres sortes de subordination[89] ».

La tendance, courante en ethnozoologie, qui consiste à considérer que les savoirs et les savoir-faire concernant les animaux sont déterminés par les représentations de la nature, ne va cependant pas sans risque. En témoignent les dérives sémantistes de certains travaux américains inspirés de l'œuvre de

Lévi-Strauss, une nouvelle fois « débordé » par ses imitateurs[90]. « Bons à penser » pour les indigènes, les animaux le sont tout autant pour les ethnologues. Et c'est bien là le malheur : ceux-ci voient partout des signes, et seulement des signes, et les animaux n'apparaissent plus, à leurs yeux, que comme des métaphores, des reflets de la société. Poussée jusqu'à ses plus extrêmes limites, la chasse aux métaphores animales, torturées jusqu'à dire n'importe quoi, s'épuise dans une stérilité dont on n'aperçoit pas le remède : plus la liste des symboles et des métaphores s'allonge, et plus les perspectives d'interprétation s'éloignent.

Malgré les travaux de Lévi-Strauss et d'Haudricourt évoqués plus haut, l'ethnozoologie n'apparaît donc pas non plus sans limite pour notre propos. Outre son retard, déjà signalé, par rapport à l'ethnobotanique, elle partage avec la zoologie et l'éthologie un relatif mésintérêt pour les animaux domestiques. C'est moins, ici, la fascination du sauvage qui s'exerce que la tyrannie du signe : de ce point de vue, en effet, les animaux domestiques sont incontestablement moins « parlants » que leurs homologues sauvages... Cette carence de l'ethnozoologie a en tout cas permis à l'ethnozootechnie d'investir le champ ainsi laissé en jachère, en y introduisant les biais que l'on sait[91].

Nécessité et conditions d'une approche nouvelle

Entre les animaux comme moyens uniquement bons à utiliser, et les animaux bons à penser, que donne à voir l'ethnologie, dans ses extrémités écologiste et sémantiste, il doit bien se trouver, dans un juste milieu, des animaux bons à tout... Pour être juste et complet – tout en se limitant pour l'instant au domaine français –, il faudrait citer encore, outre l'historien Robert Delort, le technologue et historien de l'agriculture François Sigaut[92], le géographe Xavier de Planhol[93], les sociologues Jean-Pierre Darré, Paul Yonnet et François Héran[94], la psychologue Michèle Salmona[95], les orientalistes Georges-Henri Bousquet et François Viré[96]... J'en passe, et des non moins bons. Pionniers ou francs-tireurs, tous ces chercheurs – et je n'échappe pas au sort commun – travaillent le plus souvent isolément (même au sein de leurs propres laboratoires) et n'entretiennent que des liens de collaboration partiels et occasionnels.

La situation n'est guère plus uniforme à l'étranger : depuis Daryll Forde, qui consacra en 1934 un chapitre de son livre désormais classique à la domestication et à l'utilisation des animaux[97], les travaux sur ces sujets semblent avoir été surtout le fruit d'initiatives individuelles, se situant en marge des préoccupations dominantes de l'anthropologie[98]. Cette situation tient à la fois à des faits de conjoncture (hasard des carrières et des itinéraires intellectuels de chacun) et à des phénomènes propres à l'évolution des problématiques scientifiques dans un contexte de multiplication des interfaces et de diversification des terrains de recherche[99]. L'enrichissement qui peut en résulter pour l'ethnologie risque aussi de tourner, si l'on n'y prend garde, à la dispersion et à la stérilité. Et les bonnes raisons qu'on ne manquera pas de trouver pour expliquer semblable dérapage ne donneront jamais des motifs de s'en satisfaire.

Comment procéder, pendant qu'il est encore temps, pour éviter d'en arriver là ? Je ne prétends pas faire plus ou mieux que d'autres. Mon objectif est, beaucoup plus simplement, de trouver la marche à suivre pour, en quelque sorte, assembler les pièces du puzzle. Voici maintenant quarante ans, André Leroi-Gourhan en avait suggéré une : « En ethnologie comme dans la plupart des sciences, le progrès des idées vient du dehors, chaque fois qu'un courant issu de disciplines étrangères taille une brèche sur l'horizon scientifique. C'est pourquoi il nous semble que doit être reprise de l'extérieur, de la zoologie pure, mais vue par l'ethnologue, cette question de la domestication des animaux qu'on donne, avec l'agriculture, comme le critère d'entrée des sociétés humaines dans leur morphologie actuelle et qui, de ce fait, est un des points les plus importants de l'étude des hommes[100]. »

L'invitation à intégrer, dans un même ensemble d'investigations, les animaux, leur domestication et la « morphologie » des sociétés qui la pratiquent était claire. En d'autres termes, nous parlerions plutôt aujourd'hui de poser les bases d'une anthropologie de la domestication animale, en cherchant en définitive ce que celle-ci peut nous révéler des processus à l'œuvre dans les sociétés humaines. Telle est bien en tout cas, ni plus ni moins, la tâche qui s'impose maintenant pour progresser. La difficulté est ici, comme au tir courbe, de devoir viser le plus pour atteindre le moins. Car, dans ce vaste domaine plus encore que dans d'autres – et Leroi-Gourhan ne me démentait pas sur ce point –, toute tentative qui ne frôlerait pas à chaque instant la démesure serait dès le départ promise à l'échec…

Plusieurs conditions apparaissent en effet indispensables pour réussir, même si elles semblent à première vue augmenter singulièrement l'ampleur et la difficulté de la tâche. Les recherches, originales ou de synthèse, qui restent en grande partie à entreprendre, doivent notamment :

1) considérer la domestication dans la synchronie ou, plus exactement, comme une action nécessairement continue, chaque jour renouvelée et entretenue, et non plus seulement sous son aspect de processus historique achevé, datable et localisable, ayant conduit à un état, acquis une fois pour toutes, de certaines espèces animales (exemple : le dindon a été domestiqué au Mexique vers 5000 av. J.-C.);

2) envisager cette notion dans son acception la plus large, c'est-à-dire en y incluant notamment toutes les activités de production et d'utilisation des animaux domestiques;

3) pratiquer un large comparatisme, de manière à ne laisser échapper aucune variante, aucune espèce domestiquée, ni aucune forme de domestication, aussi marginales ou discutables celles-ci puissent-elles paraître à première vue;

4) être totalisante et pluridisciplinaire, pour ne négliger aucun des aspects, idéels aussi bien que matériels, de la domestication telle qu'elle se trouve effectivement réalisée dans le cadre de systèmes sociaux et culturels concrets;

5) se garder des excès de la dépendance aussi bien que de ceux de l'indifférence à l'égard de tout souci de finalisation de la recherche.

Il ne saurait bien entendu être question d'embrasser d'un seul coup un aussi vaste programme. Une manière de procéder consiste à tenter de circonscrire les marges du phénomène avant d'en explorer le centre, en procédant par étapes successives : 1) inventaire critique des espèces animales domestiquées et des types de domestication; 2) revue des formes de « consommation » (au sens large) et des moyens de production des animaux domestiques; 3) analyse des rapports de la domestication avec l'organisation des sociétés et les systèmes de pensée. Tel sera le contenu des trois parties qui suivent. Destinées à servir d'illustration, mais d'illustration seulement, à mon propos, elles permettront au moins au lecteur de se faire une idée de la variété et de la complexité des questions que la domestication animale peut, doit amener un anthropologue à se poser.

DEUXIÈME PARTIE

Qui sont les animaux domestiques ?

Quand je me jouë à ma chatte, qui sçait si elle passe son temps de moy plus que je ne fay d'elle ?

MONTAIGNE, *Essais*, livre II, chapitre XII.

CHAPITRE IV

Les difficultés d'une définition

ENCORE LES HÉSITATIONS DE LA ZOOLOGIE

Qui sont les animaux domestiques ? Rien n'est plus difficile à dire. Il ne suffit même pas, pour répondre à cette question, de s'accorder sur une terminologie et des définitions tant celles-ci varient d'une discipline à l'autre. S'il est en gros exact qu'à l'inverse des espèces végétales cultivées, nombreuses et spécialisées, les espèces animales domestiquées sont, elles, polyvalentes et peu nombreuses, le simple établissement de leur liste pose lui-même problème, d'autant qu'il nous faut envisager plusieurs listes.

Le point de vue le plus communément admis en la matière est celui des zoologistes. Ceux-ci reconnaissent comme animaux domestiques « vrais[1] » les espèces qui se reproduisent en captivité – « sous la main de l'homme », disait plus largement et plus justement Isidore Geoffroy Saint-Hilaire[2] – et qui se distinguent des espèces sauvages de souche par des caractères génotypiques et phénotypiques résultant d'une sélection prolongée et délibérée de la part de l'homme. La liste de ces animaux est une liste fermée qui comprend les espèces suivantes[3] :

CLASSE DES OISEAUX

Ordre des Ansériformes :
- Famille des *Anatidae* : canard (*Anas platyrhynchos) ;* canard de Barbarie (*Cairina moschata) ;* oie (*Anser anser*)
- Famille des *Phasianidae* : coq (*Gallus gallus*)
- Famille des *Numididae :* pintade (*Numida meleagris*)
- Famille des *Meleagrididae* : dindon (*Meleagris gallopavo*)

Ordre des Columbiformes :
- Famille des *Columbidae* : pigeon (*Columba livia*)

CLASSE DES MAMMIFÈRES

Ordre des Rongeurs :
– Famille des *Caviidae* : cobaye (*Cavia porcellus*)
Ordre des Lagomorphes :
– Famille des *Leporidae :* lapin (*Oryctolagus cuniculus*)
Ordre des Carnivores :
– Famille des *Canidae* : chien (*Canis familiaris*)
– Famille des *Felidae :* chat (*Felis catus*)
Ordes des Périssodactyles :
– Famille des *Equidae* : cheval (*Equus caballus*) ; âne (*E. asinus*)
Ordre des Artiodactyles :
– Famille des *Suidae* : porc (*Sus domesticus*)
– Famille des *Camelidae :* chameau (*Camelus bactrianus) ;* dromadaire (*C. dromedarius) ;* lama (*Lama glama) ;* alpaca (*L. pacos*)
– Famille des *Cervidae :* renne (*Rangifer tarandus*)
– Famille des *Bovidae* : bœuf (*Bos taurus*) ; zébu (*B. indicus*) ; yak (*B. grunniens*) ; gayal (*B. frontalis*) ; buffle d'eau (*B. bubalus*) ; mouton (*Ovis aries*) ; chèvre (*Capra hircus*)

Le fait que cette liste de 26 espèces « de base » soit tantôt ramenée à 24 par certains auteurs – qui retranchent notamment le renne –, tantôt élargie à 32 par d'autres – qui ajoutent, par exemple, l'éléphant d'Asie (*Elephas maximus*) pour les Mammifères, le serin (*Serinus canarius*) pour les Oiseaux, la carpe (*Cyprinus carpio*) pour les Poissons, etc. –, ne change fondamentalement rien au problème et signale seulement les hésitations des zoologistes. Pour solidement établies qu'elles soient, les connaissances des naturalistes sur la domestication comportent en effet de nombreuses zones d'ombre ou d'incertitude.

Si, comme l'écrit René Thévenin, un animal domestique est « celui qui, élevé de génération en génération sous la surveillance de l'homme, a évolué de façon à constituer une espèce, ou pour le moins une race, différente de la forme sauvage primitive dont il est issu[4] », alors le renne, l'éléphant d'Asie, le chameau de Bactriane et même l'âne, qui subsistent tous à l'état sauvage, sous des formes qui ne sont guère différentes des formes domestiques, ne devraient pas être comptés au nombre des espèces domestiques.

Les listes et les définitions zoologiques ne tiennent pas non plus compte des cas, nombreux, d'animaux qui n'entrent pas dans une classification binaire en espèces sauvages/espèces domestiques, soit que, comme la genette en Europe médiévale ou la hyène tachetée, le chacal, l'oryx ou l'addax en Égypte pharaonique, ils aient été domestiqués dans le passé (pourquoi ne le sont-ils plus ?), soit que, comme l'éléphant d'Afrique (*Loxodonta africana*), l'élan (*Alces alces*) ou l'éland de Derby (*Taurotragus oryx*, antilopiné d'Afrique du Sud), ils aient pu ou puissent l'être (pourquoi ne l'ont-ils pas été, hormis quelques expériences isolées ?), sans parler des exemples, bien plus nombreux encore, d'animaux sauvages (oiseaux de proie, mangoustes, guépards, ours, singes) que l'on élève et que l'on apprivoise à des degrés divers et dont certains se reproduisent parfaitement en captivité[5].

Si, à la différence des états antérieurs, la domesticité correspond à « la possession, non plus seulement de quelques individus enlevés à la vie sauvage, mais d'une suite d'individus issus les uns des autres », et qu'« une fois, obtenue [elle] l'est pour toujours[6] », comment se fait-il que, tous les jours, dans toutes les parties du monde (plus ou moins), des animaux domestiques « retournent » à la vie sauvage dès que la pression de l'homme se relâche (chevaux, bovins, porcs, lapins, chiens, chats harets, etc.) ? L'argument des zoologistes est que ces retours sont d'une portée limitée car ils n'entraînent pas d'évolution génétique à rebours vers les espèces originelles[7]. Mais cet argument est insuffisant, ou alors il nous faudrait considérer – ce qui, on l'a vu, ne peut être le cas – que le critère absolu de la domestication réside dans une coupure radicale, phénotypique aussi bien que génotypique, entre les animaux domestiques, tous les animaux domestiques, et les autres, tous les autres animaux.

La liste et le point de vue des zoologistes sont donc loin d'épuiser la question. Les naturalistes ne s'y étant que très modérément intéressés, il est à peine exagéré de dire que celle-ci se trouve encore à peu près, pour ce qui est de notre propos, dans l'état où Isidore Geoffroy Saint-Hilaire l'avait laissée en 1861. Force est donc de nous tourner, au moins provisoirement, vers de tout autres horizons.

Les détours du Droit

Comment s'étonner des difficultés rencontrées quand le lexique se rapportant aux animaux vivant en contact avec l'homme, dans sa maison (*domus*) ou aux alentours, fait lui aussi problème ? Son étendue n'a d'égale que son imprécision persistante : entre animaux commensaux et animaux familiers, domestiqués, apprivoisés, domptés, dressés, captifs, confinés, élevés, acclimatés, etc., les nuances, pourtant essentielles en cette matière, sont souvent imperceptibles ou indicibles.

Les juristes, dont la réputation de ne rien laisser au hasard n'est plus à faire, ont eu plus d'une fois à affronter, avec des succès divers, le problème de la définition de la domestication, ainsi qu'en témoignent les anecdotes suivantes, choisies parmi bien d'autres.

Premier des grands textes législatifs modernes consacrés à la protection des animaux domestiques, la loi du 2 juillet 1850, dite « loi Grammont », stipule que « seront punis d'une amende de cinq à quinze francs et pourront l'être d'un à cinq jours de prison ceux qui auront exercé publiquement et abusivement de mauvais traitements envers les animaux domestiques[8] ». Quelques années plus tard, dans un procès dont l'enjeu était l'introduction des corridas dans d'autres départements que ceux du sud de la France où elle était traditionnelle, la Chambre criminelle de la Cour de cassation eut à examiner la question de savoir si le taureau de combat, élevé uniquement pour affronter le matador, est un animal domestique : oui, a estimé l'arrêt du 15 février 1895, puisqu' « il subit la domination de l'homme, est sélectionné par lui, est élevé dans des pâtures et qu'il reçoit sa nourriture de lui[9] ».

Autre exemple, non moins... piquant! En 1982, un agriculteur irascible porte plainte après avoir été assailli par les abeilles d'un voisin. Le tribunal doit statuer sur le caractère domestique des abeilles afin de déterminer si c'est bien pour « divagation d'animaux » que le voisin négligent doit être poursuivi[10]...

Si de tels débats reviennent périodiquement devant les juridictions pénales, c'est que ni la loi ni la jurisprudence ne sont parvenues pour l'instant à des conclusions satisfaisantes dans ce domaine. Aussi curieux que cela puisse paraître, on ne trouve, dans le droit français, aucune définition de l'animal domestique ; les textes s'en tirent en maniant la redondance : « animal domestique, apprivoisé et détenu », y est-il dit[11]. En fait, c'est le plus souvent à la dernière de ces trois notions que les juristes dans l'embarras se réfèrent, car il leur importe moins, au fond, de déterminer si un animal est ou n'est pas domestique que d'identifier la personne, propriétaire ou usager, qui pourra être considérée comme responsable des agissements de l'animal en question. Si bien qu'en règle générale, pour le droit français, sont réputés domestiques les animaux « qui ont un maître[12] », dont ils sont des « biens meubles, attachés à un immeuble : exploitation agricole, étang, forêt, ruche, colombier[13] ». De même, le droit anglais jusqu'à tout récemment, considérait comme domestiques les animaux qui pouvaient être appropriés, à la différence des animaux sauvages (*ferae naturae*) qui ne pouvaient l'être, « à moins qu'ils n'aient été tués [à la chasse] ou apprivoisés par l'industrie de l'homme[14] ».

Mais ce droit, absolu à nos yeux, qu'est le droit de propriété ne va pas sans difficulté dès lors qu'il prétend s'exercer sur un animal. « Sont meubles, par leur nature, les corps qui peuvent se transporter d'un lieu à un autre, soit qu'ils se meuvent par eux-mêmes, comme les animaux, soit qu'ils ne puissent changer de place que par l'effet d'une force étrangère, comme les choses inanimées », précise l'article 528 du Code civil. Aussi bien, l'animal qui change de lieu « naturellement », sans fraude ni artifice, change également de propriétaire, soit immédiatement pour les pigeons, lapins et abeilles, soit après un délai d'un mois pour les autres animaux de basse-cour[15]. La propriété d'animaux (à l'exception de ceux qui peuvent être tatoués comme les chiens et les bovins ou faire l'objet de documents signalétiques comme les chevaux) est donc une propriété relativement éphémère. C'est également une propriété à laquelle manque l'un des attributs essentiels de ce droit : l'*abusus*, c'est-à-dire la faculté de disposer à volonté de la chose possédée, aussi bien de l'abandonner, de la détruire ou de l'aliéner à titre gratuit ou onéreux que de la conserver. Au XVIIIe siècle et jusqu'au milieu du XIXe, époque où l'on ne plaisantait pas avec les prérogatives attachées à la propriété et où l'animal était encore considéré comme une chose vulgaire voire méprisable, celui-ci se trouvait entièrement soumis au bon vouloir de son détenteur.

Aujourd'hui, semblable attitude n'est plus acceptée : sous peine des sanctions prévues par le Code pénal, le propriétaire d'un animal ne peut ni l'abandonner, sauf à le céder à un tiers dans les conditions légalement admises ou réglementées, ni l'abattre lui-même de sa propre volonté, sauf cas de force majeure prévus par la loi[16]. Il ne peut même pas pratiquer sur celui-ci, par exemple, les traitements et interventions qui relèvent de l'exercice de la médecine vétérinaire : tel est du moins le sens de la condamnation, le 25 février 1987 par un tribunal de Compiègne, d'un éleveur de chiens qui avait lui-même tatoué, vacciné et taillé les oreilles de ses chiots – condamnation mineure en apparence mais qui a suscité tellement d'émotion et d'inquiétude dans les associations professionnelles d'éleveurs que la grande presse s'en est fait l'écho[17].

L'autre approche juridique de l'animal domestique consiste à définir celui-ci par rapport à la faune sauvage. Là encore nulle définition n'est donnée, mais plusieurs textes donnent des listes d'espèces réputées sauvages et protégées en tant que telles. Ainsi, la convention de Washington, ratifiée par la France, interdit de transporter tout animal vivant ou mort ou partie d'animal figurant sur une liste d'une centaine d'espèces. L'arrêté du 17 avril 1981 interdit, quant à lui, la destruction, la mutilation, la capture, le transport et le commerce des animaux compris dans une liste d'oiseaux et de mammifères sauvages du territoire français. Enfin, l'arrêté du 1er juillet 1985 interdit le transport et le commerce de certaines espèces sauvages... nées et élevées en captivité.

Tous ces textes qui, tantôt se recoupent, tantôt se complètent, ne sont cependant pas sans ambiguïtés. D'une part, ils n'identifient pas toujours les animaux concernés avec une précision suffisante : par exemple, l'arrêté de 1985 parle du « faisan de chasse » au singulier; il doit s'agir de *Phasianus colchicus* et de ses multiples variétés; mais qu'en est-il du Vert (*Ph. versicolor*), très croisé avec le précédent, du vénéré (*Syrmaticus reevesi*), également présent dans certaines chasses, et éventuellement d'autres espèces voisines? D'autre part, conçus pour prévenir certains excès, ces textes n'interdisent pas de *détenir* les animaux dont ils prohibent le transport et la vente. Dans le contexte actuel de raréfaction du gibier à l'état sauvage et, par conséquent, de développement du gibier d'élevage, les textes législatifs posent parfois plus de problèmes qu'ils n'en résolvent; il en va de même pour ce qui concerne les espèces animales exotiques.

Ces insuffisances amènent inévitablement des magistrats à se prononcer dans un sens contraire à l'esprit des lois : c'est ainsi que le tribunal de Grande Instance de Boulogne-sur-Mer, par jugement du 10 septembre 1986, a relaxé un éleveur prévenu d'importation d'oiseaux protégés, en considérant que les oiseaux en question n'avaient pas été prélevés dans le milieu naturel, mais qu'ils étaient nés en captivité où leur reproduction était contrôlée et qu'ils devaient donc être considérés comme domestiques[18].

Au risque de tomber dans la facilité, bien française, qui consiste à se gausser des fonctionnaires et de leurs travaux, on ne saurait clore cette énumération sans signaler ce que la distinction animaux domestiques/animaux sauvages doit, dans notre pays, à l'administration, plus précisément à la répartition des prérogatives en matière de faune entre le ministère de l'Agriculture et celui de l'Environnement : au premier, le porc, le lapin de clapier (*Oryctolagus cuniculus*), le pigeon et les oiseaux de basse-cour; au second, le sanglier, le lapin de garenne (*Oryctolagus cuniculus !*), la tourterelle à collier et les oiseaux de cage et de volière, considérés comme « animaux sauvages maintenus en captivité ». Autrement dit, aux yeux de l'administration française – et contre toute évidence –, le canari n'est pas domestique ; et s'il ne l'est pas, c'est parce qu'il relève du ministère de l'Environnement ! Mais que l'on se rassure : nous n'avons pas le monopole de l'incohérence. Aux États-Unis, par exemple, les 150 000 à 200 000 furets que compte ce pays sont admis, selon les États, tantôt comme domestiques, tantôt comme sauvages ; le Vermont vient d'ailleurs de domestiquer les siens : désormais, ils ne relèveront plus du Fish and Game Department mais du Department of Agriculture[19]...

Vers un portrait-robot de l'animal domestique ?

Les animaux domestiques présentent-ils des caractères intrinsèques communs qui permettent de les distinguer des autres animaux ? Les transformations anatomiques, en particulier du squelette, à quoi les préhistoriens reconnaissent la domestication et qui sont entraînées à la longue par l'action de l'homme, ont déjà été évoquées[20]. Il faudrait leur ajouter les modifications du pelage, de sa couleur (fréquence des robes pies ou claires, voire de l'albinisme), de sa longueur et de sa texture (laine des moutons, des chèvres et des lapins angoras ou, à l'inverse, races de moutons sans poils d'Afrique ou de chiens « nus » de Chine, du Mexique et du Pérou), dont on ne trouve aucun équivalent dans les formes sauvages[21]. Il faut cependant noter que toutes les espèces domestiques ne sont pas également concernées par ces modifications. Les plus touchées sont évidemment celles qui présentent un taux de mutabilité plus élevé et/ou un rythme de reproduction plus rapide : c'est notamment le cas du chien, que dix mille générations séparent de sa première domestication[22].

La question des modifications comportementales entraînées par la domestication est plus controversée. Certains auteurs les jugent infimes. Entre le répertoire comportemental du loup et celui du chien, les seules différences observables se limitent à peu près aux aboiements et aux mouvements de la queue[23]. Relâché dans la nature, un lapin de clapier dont les ancêtres n'ont jamais creusé de terrier se remet immédiatement à fouir comme un vrai garenne[24]. Des recherches qu'il a effectuées, Hale conclut qu' « il n'existe aucune preuve que les types de comportement des Ongulés, Carnivores et Gallinacés domestiques diffèrent de ceux de leurs progéniteurs sauvages[25] ». Pour tous ces auteurs, les seules différences notables « sont entièrement dues au fait que l'animal domestique apprend parfois à répondre à des stimuli qui ne sont normalement pas présents dans son habitat d'origine[26] ».

D'autres chercheurs, critiquant du même coup les conditions d'observation et d'expérimentation des précédents, soutiennent au contraire que les effets de la domestication « tendent à modifier, parfois radicalement, les types de comportements naturels par lesquels les animaux sauvages se sont adaptés à des modes de vie particuliers au cours de la sélection naturelle ou de l'apprentissage individuel[27] ». A l'inverse du cas du lapin cité plus haut, on connaît de nombreux exemples d'animaux domestiques qui, relâchés dans la nature, se sont révélés incapables d'y trouver leur subsistance. Sur les animaux de laboratoire, Hediger écrit : « Ils ont subi des changements définitifs au cours de leur domestication [...] et sont un matériau artificiel et non plus naturel. [...] C'est le cas par exemple du rat blanc, un animal domestique – le favori des expériences de labyrinthe – qui est utilisé dans un nombre incalculable d'études. [...] Le rat sauvage était beaucoup plus difficile à manipuler et il fut remplacé en 1895 par le rat blanc, très différent de ses ancêtres, mais bien plus docile pour les expériences en laboratoire. C'est ainsi qu'au lieu d'adapter la méthode expérimentale à l'animal, on a créé un semblant d'animal convenant à l'appareil expérimental[28]. »

Cette polémique est significative à plus d'un titre. Elle est représentative des attitudes, courantes chez les zoologistes, de rejet des animaux domestiques, considérés soit comme de simples prolongements peu différents des espèces sauvages correspondantes, soit au contraire comme des animaux entièrement à part, artificiels et dénaturés. Elle illustre bien, en outre, les désaccords qui subsistent entre les biologistes sur le lancinant problème de l'hérédité des caractères acquis, y compris comportementaux. Mais battons en retraite, car nous risquerions sinon de nous laisser entraîner fort loin de notre sujet.

Examinons à présent la question, encore plus complexe, de savoir s'il existe, chez certaines espèces, non plus des modifications consécutives à l'action de domestication, mais des caractères susceptibles de permettre, de déclencher ou de favoriser cette action.

La question des dispositions comportementales à la domestication n'est pas nouvelle. C'est Cuvier qui, le premier, en 1825 – faisant œuvre très originale pour l'époque –, avait insisté sur la « sociabilité » des animaux, considérée dans ses rapports avec la domestication[29]. A sa suite, Isidore Geoffroy Saint-Hilaire avait introduit, on s'en souvient, la notion de participation de l'animal lui-même à son propre asservissement. Décomposant le processus de domestication en trois stades ou états de l'animal – la captivité, l'apprivoisement et la domesticité –, cet auteur distinguait, au premier stade, un « état purement passif » de l'animal, et aux deux suivants, des « états actifs » supposant « la possibilité de se plier à de nouvelles habitudes, la connaissance du maître, et par conséquent un certain degré d'intelligence ou d'instinct, et de volonté[30] ». A peu près à la même époque, l'ethnologue britannique Francis Galton classait le *fondness for man*, le « penchant [de certains animaux] pour l'homme », en seconde position des conditions de la domestication animale[31]. C'est en gros le même sillon que creusent, aujourd'hui encore et chacun à sa manière, l'anthropologue Tim Ingold, pour qui les animaux *can act*[32], et l'archéologue Jennie Coy, qui considère que les animaux font preuve de *self-awareness* (« autoconscientisation ») dans leurs réactions à l'homme[33].

Les notions, encore très floues, qui viennent d'être évoquées recouvrent en fait deux aspects qu'il convient de distinguer, ne serait-ce que pour la clarté de l'exposé : d'une part, l'attirance que certains animaux semblent éprouver pour l'homme, et, d'autre part, la faculté qu'ont ces animaux de s'intégrer parfaitement à la vie des humains, au point d'accepter, somme toute d'assez bonne grâce, les contraintes et même les servitudes qui leur sont imposées.

Ne nous berçons pas d'illusions ! L'attirance des animaux pour l'homme s'explique aisément, dans la plupart des cas, par les motifs les plus prosaïques. Par exemple, il est naturel que les carnivores et les omnivores comme le chien et le porc soient intéressés par les déchets humains, plus encore que par l'homme lui-même. Cet intérêt ne doit pas être négligé, car il a sans doute joué un rôle déterminant dans la domestication de ces deux animaux[34], ainsi sans doute que dans le mépris où les tiennent plusieurs civilisations. De même, un spécialiste des civilisations hyperboréennes nous apprend que l'avidité du renne pour l'urine humaine est à la base de sa domestication : poussé par ses besoins en sel, ce ruminant se serait ainsi familiarisé avec la présence de l'homme et avec son odeur[35].

Cela dit, de nombreux animaux se montrent capables d'une authentique curiosité : par exemple, chez les singes, l'attrait pour un objet nouveau l'emporte presque toujours sur la gourmandise ; de même, les rats aiment alterner leurs itinéraires et explorer ceux qu'ils connaissent mal. Les éthologistes considèrent même la curiosité et les comportements exploratoires comme la source de la plupart des conduites animales[36]. Certaines espèces, comme l'élan (*Alces alces*) présentent en outre, à l'état naturel, un comportement spontané d'approche de l'homme parfois qualifié de « pseudo-domestication[37] ». Il est donc probable que ces caractères ont largement profité à celui-ci. La curiosité du cheval et l'attitude correspondante – corps immobile, encolure tendue, oreilles pointées vers l'avant –, sont bien connues des familiers de cet animal ; le cheval s'y laisse aller d'autant plus volontiers qu'il est sûr de la vitesse de sa fuite en cas de danger. Or on voit mal comment, sans cette curiosité, un animal aussi émotif, puissant et rapide aurait pu être domestiqué. De même, le comportement exploratoire est à la base des utilisations du chien comme auxiliaire de chasse, de police, etc.

La curiosité de l'animal pour l'homme peut aussi se manifester dans des jeux générateurs de rapports de familiarité. Dans un article récent, François Sigaut rapporte le témoignage extraordinaire de trois voyageurs ayant assisté, dans la brousse au nord de Pretoria, à une partie de jeu, sorte de bataille de terre glaise, entre jeunes « cafres » (de l'arabe *kâfir*, « infidèle ») et jeunes babouins. Le jeu prit fin lorsqu'un gros mâle, probablement le chef de la bande de singes, ayant découvert la présence des trois observateurs, lança un cri d'alerte : « La réaction du groupe des joueurs nous montra combien étaient complètes l'entente et l'association entre les jeunes indigènes et les babouins. Les uns et les autres comprirent tout de suite cet avertissement d'alarme extrême, et tous savaient qu'il signifiait un grave péril. Sans même regarder d'où venait le danger, les babouins et les petits cafres s'éparpillèrent dans des directions opposées – les cafres vers le campement et les petits babouins vers le gros de la troupe dans les épineux[38]. »

De la complicité dans le jeu et face au danger, à la coopération dans la quête de nourriture il n'y qu'un pas, que franchirent certainement les hommes et certains animaux préhistoriques. Ainsi, à force de se rencontrer sur les mêmes terrains de chasse et dans la poursuite des mêmes gibiers, selon des techniques voisines (pistage, harassement, rabattage vers des chasseurs embusqués), les chiens sauvages aussi bien que les hommes ont pu comprendre progressivement le parti qu'ils pouvaient tirer les uns des autres ; d'abord rivaux, ils ont sans doute collaboré de manière fortuite au début, puis de plus en plus régulièrement, se partageant même leur butin (la curée, telle qu'elle se pratique aujourd'hui encore en France dans la chasse à courre, n'est rien d'autre que le partage de la proie entre les hommes et les chiens).

On n'en finirait pas d'énumérer les cas d'animaux qui trouvent, pour des raisons diverses, un intérêt à la fréquentation plus ou moins directe et rapprochée de l'homme. Tous, il s'en faut de beaucoup, n'ont pas été domestiqués pour autant, et la plupart ne le seront probablement jamais. En effet, pour qu'un animal soit domestiqué, il faut d'abord que l'homme y trouve son utilité et/ou son plaisir (nous y reviendrons). Lors d'opérations de dératisation, des égoutiers de Lyon auraient demandé que quelques animaux soient épargnés, car là où ils rencontrent des rats, disaient-ils, l'atmosphère est respirable[39] ; pour sérieux qu'il soit, cet avantage du rat pèse peu au regard de ses inconvénients. Il y a aussi fort à parier que la progression actuelle du renard dans la banlieue parisienne ou la pénétration des mouettes à l'intérieur des terres ou encore l'invasion par les blattes des immeubles en construction n'aboutiront jamais à la domestication de ces animaux[40]. Tout au plus peut-on attendre que, comme en Russie, « les paysans se gardent bien de faire le moindre mal aux hermines et aux belettes qui vivent dans la proximité de leurs meules à blé et de leurs greniers », dont elles écartent les rongeurs[41].

Mais l'homme n'est pas seul en cause dans la domestication. Encore faut-il que l'animal accepte d'entretenir avec lui beaucoup plus que de simples rapports de voisinage ou de commensalité. Un cavalier célèbre disait des chevaux : « Ils ne doivent pas avoir grand-chose dans la calebasse. Sinon, ils ne se laisseraient pas monter dessus par les humains[42]. » *A fortiori* pourrait-on en dire autant de l'éléphant qui porte son cornac ou du lion que son dompteur chevauche... A l'inverse, on peut voir dans la docilité de ces animaux des preuves de leur intelligence – ils auraient compris que leur intérêt est de se laisser domestiquer... – ou, tout au moins, des preuves de l'existence, chez eux, de capacités d'apprentissage très développées. L'attachement et même le réel dévouement de certains d'entre eux pour l'homme ne peuvent pas non plus être exclus.

La question de l'intelligence et du « psychisme » des animaux fait l'objet d'une littérature de plus en plus abondante, mais dont la rigueur et l'esprit critique ne sont pas toujours, il faut bien le reconnaître, les qualités dominantes : dans leur hâte de justifier la sensibilité actuelle, au demeurant fort louable, pour la protection des animaux, certains vulgarisateurs se sont empressés de tenir pour résultats acquis les conjectures sur le « raisonnement », la « pensée », voire la « conscience » animale issues des derniers travaux des éthologistes[43]. La prudence la plus élémentaire imposant au contraire de n'avancer qu'en terrain sûr, nous nous limiterons ici, s'agissant des animaux domestiques, à la question des comportements sociaux favorables à la domestication.

Depuis qu'elle a été émise par Cuvier, l'idée a fait son chemin, selon laquelle les animaux qui se plient le plus facilement à la domesticité sont ceux qui, obéissant à leur instinct d'association, acceptent l'homme comme un de leurs propres congénères. Les éthologistes semblent aujourd'hui s'accorder à reconnaître que cette « tendance à l'assimilation[44] » est particulièrement développée chez les espèces dont l'éthogramme combine les éléments suivants[45] :

1) grégarisme dans le cadre de groupes relativement larges (troupeaux), diversifiés (mâles restant en permanence avec les femelles) et hiérarchisés (présence d'un leader) mais à faible organisation territoriale;

2) comportement sexuel caractérisé par la promiscuité (accouplements sans choix), la domination des mâles sur les femelles et l'émission des signaux par mouvements et postures (plutôt que par formes et couleurs);

3) interactions parents-jeunes marquées par un faible attachement *ou* par une période critique dans la formation de cet attachement, et par un développement précoce des jeunes au terme duquel ceux-ci se séparent des parents;

4) faible réactivité aux agents et activités extérieurs perturbants, courte « distance de fuite » (il s'agit de la distance à laquelle un animal ne se laisse pas approcher sans fuir);

5) habitudes peu fixes, donnant une grande adaptabilité à des changements de l'environnement;

6) comportement alimentaire peu spécialisé.

Le troisième point est, à juste titre, celui qui a le plus fait couler d'encre, surtout depuis les travaux que l'éthologiste autrichien Konrad Lorenz a consacrés à la notion d'« empreinte ». C'est l'Allemand Heinroth qui, en 1910, a proposé le terme *Prägung* pour désigner le phénomène par lequel les oisillons nidifuges (comme les poussins ou les canetons, qui ne restent pas confinés dans un nid) prennent, dans les heures qui suivent l'éclosion, l'empreinte des caractéristiques de leur mère et en même temps de leur espèce. L'allemand *Prägung* et son équivalent anglais *imprinting* sont parfois traduits en français par « imprégnation[46] », traduction malheureuse puisque ce mot désigne aussi la télégonie, c'est-à-dire la croyance (encore répandue chez nombre d'éleveurs de bovins et de chiens) selon laquelle la saillie produirait une « imprégnation » de la femelle par le mâle, de sorte que celle-ci pourrait transmettre, à des produits issus ultérieurement d'un autre géniteur, certains des caractères du premier; l'emploi du mot « empreinte » lui est donc infiniment préférable. Élève de Heinroth, Lorenz a ensuite précisé[47] – et plus tard popularisé, par des livres qui connurent un vif succès[48] – les mécanismes de l'empreinte et leurs conséquences sur le développement des jeunes et le comportement des adultes, oiseaux mais aussi mammifères.

Trois aspects de ces mécanismes méritent d'être soulignés plus particulièrement, pour le rôle qu'ils jouent dans la domestication des animaux et leur attachement à l'homme[49] :

– les comportements « filiaux » et plus tard sexuels du jeune animal se fixent (de manière durable mais non, comme on l'avait cru tout d'abord, définitive) au cours d'une « période critique » dont la durée et l'emplacement après la naissance sont inscrits dans le programme génétique de chaque espèce;

– au cours de cette période, le jeune animal prend aussi bien l'empreinte d'une « mère de remplacement » (selon les cas : objet mobile, morceau de tissu ou de fourrure, animal d'une autre espèce ou humain) que de sa mère biologique[50];

– les conditions créées par certaines maladies ou par la malnutrition survenant durant la période critique favorisent l'empreinte par un substitut de la mère[51].

Bien avant sa découverte par les scientifiques, le phénomène de l'empreinte était connu empiriquement et exploité de multiples manières par la plupart des éleveurs traditionnels[52]. Ceux-ci savaient parfaitement tout le parti qu'il est possible de tirer, par exemple, d'un animal nourri au biberon ou par recrachage de nourriture mastiquée, ou allaité au sein par une femme[53], ou même simplement manipulé régulièrement par l'homme dès sa naissance. Sont élevés de cette manière les animaux de compagnie les plus divers (chiens, porcs, singes, perroquets) chez les Indiens d'Amérique du Sud et chez les indigènes de Nouvelle-Guinée, les animaux conducteurs de troupeaux (boucs ou moutons) chez les nomades du Moyen-Orient et les chevaux chez les Arabes, pour ne citer que ceux-là. De tels animaux montrent de fait un attachement souvent indéfectible à l'homme et des facultés d'apprentissage inconnues chez leurs congénères élevés différemment et *a fortiori* chez leurs homologues sauvages; en revanche, livrés à eux-mêmes dans un environnement naturel, ces animaux sont généralement rejetés par leurs semblables et se révèlent souvent incapables de survivre.

La question de l'apprentissage chez les animaux sera longuement examinée plus loin[54]. Nous nous contenterons pour l'instant de signaler qu'elle divise profondément les éthologistes. En gros, pour les « behavioristes », l'apprentissage se limite aux comportements acquis en réponse ou par conditionnement à des stimuli externes; les « cognitistes » ont une vision beaucoup plus complexe des choses : pour eux, les facultés d'apprentissage sont à mettre en rapport avec l'existence d'une pensée animale. Le tableau se complique encore du fait de l'intervention d'autres phénomènes qui sont loin de faire l'unanimité parmi les naturalistes. L'un des plus curieux est la néoténie. Ce terme désigne la survivance, particulièrement fréquente dans les espèces domestiques, de caractères ontogénétiques ou juvéniles chez les animaux adultes (oreilles tombantes des chiens, formation tardive de la dentition et de l'encéphale, comportements de curiosité) et/ou de caractères phylogénétiques chez les animaux actuels (ergot des chiens, châtaigne des chevaux)[55].

Entre les différentes positions, il est donc bien difficile de trancher. Le débat qui les oppose présente en outre d'étroites connexions avec la querelle empoisonnée sur les rôles respectifs de l'inné et de l'acquis dans la formation des comportements. On sait que Lorenz s'était vivement opposé, sur ce sujet, aux behavioristes, à qui il reprochait d'accorder trop d'importance aux seuls comportements acquis. De fait, les éthologistes se refusent de plus en plus, on l'a vu, à considérer les animaux comme des robots programmés génétiquement et une fois pour toutes. Cela n'a pourtant pas empêché les excès héréditaristes des derniers travaux du célèbre éthologiste autrichien[56] d'aboutir, sous certaines plumes autodidactes, à l'idée d'un processus d'« autodomestication » des animaux, sans intervention de l'homme, par ouverture des programmes génétiques, calqué sur le processus d'hominisation[57]. Sans doute faut-il voir dans ces détournements de découvertes scientifiques à des fins idéologiques autant de manifestations du recul moderne, en Occident, de la conception de l'animal-machine au profit d'une nouvelle sensibilité érigeant la bête en animal-roi…

Toujours est-il que, de Cuvier aux éthologistes modernes, l'attrait réciproque des hommes et de certains animaux a attisé la curiosité, ô combien légitime, des chercheurs de plusieurs générations. Passionnante mais difficile – et sensible entre toutes puisqu'elle touche aux plus profonds des ressorts de l'action humaine –, l'étude zoologique des animaux domestiques laisse subsister des doutes qui sont à la fois la cause et la conséquence des blocages des uns et des égarements des autres. Aussi se trouve-t-on encore bien loin, malgré les percées remarquables effectuées en moins d'un demi-siècle par les éthologistes, de parvenir au « portrait-robot » de l'animal domestique dont nous aurions besoin pour progresser. C'est donc finalement à peine si l'on connaît moins mal les animaux domestiques que leurs maîtres[58].

APPROPRIATION, FAMILIARISATION, EXPLOITATION : DEGRÉS OU COMPOSANTES DE LA DOMESTICATION ?

Tournons-nous maintenant vers le point de vue des maîtres, précisément. Ce point de vue permet-il de mieux cerner l'animal domestique en le définissant par l'action que l'homme exerce sur lui ? Si l'on ne connaît encore qu'imparfaitement les animaux domestiques, sait-on mieux, en revanche, ce que « domestiquer » veut dire, et ce que cela implique de la part de l'homme ?

Aux différentes définitions élaborées depuis Isidore Geoffroy Saint-Hilaire les travaux récents des éthologistes n'ont apporté que des aménagements de détail ou des précisions touchant à des domaines particuliers tels, par exemple, que l'interprétation de l'apprivoisement en termes de régulation de la distance de fuite[59]. Et ils concernent, encore une fois, beaucoup plus l'état de l'animal domestique que l'action de l'homme sur l'animal...

Pour tenter – enfin ! – d'éclairer cette action, trois chercheurs viennent de proposer, tout récemment, et indépendamment les uns des autres (cette convergence ajoutant encore à la force de conviction de leur proposition), de décomposer l'acte de domestication en trois éléments distincts. Pour l'anthropologue britannique Tim Ingold, les hommes et les animaux entretiennent des « rapports de production » (*human-animal relations of production*) qui se caractérisent par les variations indépendantes de leurs trois composantes que sont l'apprivoisement (*taming*), l'élevage (*herding*) et la reproduction (*breeding*) des animaux[60]. S'intéressant pour sa part à « ce que nous avons fait aux animaux » (*what we have done to animals*) et à la manière dont ceux-ci réagissent à ces interventions, l'archéologue britannique Jennie Coy distingue leur appropriation, leur domination et leur exploitation par l'homme[61]. Enfin, critiquant l'idée que j'avais émise dans un article récent[62] de degrés de domestication répartis sur un continuum, l'ethnologue et historien français François Sigaut suggère de remplacer purement et simplement la notion de domestication par celles, selon lui indépendantes, d'« appropriation », de « familiarisation » et d'« exploitation » de l'animal[63]. L'argumentation de Sigaut, la plus serrée des trois, se fonde sur une série d'exemples d'appropriation sans familiarisation (gibiers d'élevage), d'appropriation sans exploitation (animaux de compagnie) et même d'exploitation incompatible avec la familiarisation (chat au Moyen Age), etc.[64].

Ces trois propositions soulèvent en fait deux problèmes qui peuvent être abordés séparément : 1) le principe même de la décomposition (ou du remplacement) du concept de domestication en (par) plusieurs variables indépendantes les unes des autres ; 2) la nature ou le contenu de ces variables.

Sur le premier point, on peut convenir avec Sigaut que « la notion de domestication est empirique, [qu'] elle désigne une réalité apparente, [mais qu'] elle ne permet pas de la décrire, et encore moins de l'analyser[65] ». Ou encore qu '« il n'y a pas de contenu précis, univoque, à la notion de domestication. [...] Il y a des animaux que les hommes s'approprient, avec lesquels ils nouent certaines relations, et dont ils font certaines utilisations. [...] Le résultat est un ensemble de configurations dont quelques-unes seulement, celles qui par accident nous sont les plus habituelles, peuvent être sans dommage désignées par le terme de domestication[66] ».

Les véritables difficultés commencent avec le second point. En effet, si l'on examine un à un les éléments proposés ci-dessus comme composantes ou substituts de la notion de domestication, on s'aperçoit vite que chacun d'eux, ou presque, soulève de nouvelles questions. Les notions, strictement techniques, d'élevage et de reproduction données par Ingold vont de soi : on ne voit pas comment des hommes pourraient détenir et utiliser des animaux sans les élever un tant soit peu, ne serait-ce que de manière sommaire ou rustique ; quant à les faire se reproduire, c'est, on l'a vu, l'un des critères de la domestication « vraie », en même temps que l'objectif de la plupart des éleveurs ; tous n'y parviennent cependant pas, du simple fait que certains animaux ne se reproduisent pas en dehors de leur environnement naturel. L'appropriation, sur quoi s'accordent Coy et Sigaut, est un concept juridique qui peut paraître clair ; sa mise en pratique dans des situations concrètes n'en pose pas moins, on l'a vu également, de nombreuses difficultés. Ce que Coy appelle la domination, Ingold l'apprivoisement et Sigaut la familiarisation recouvrent en fait – du moins peut-on le supposer – les divers moyens que l'homme met en œuvre pour contraindre ou convaincre l'animal de vivre avec lui, au lieu de le fuir ou de l'agresser ; mais la multiplicité des moyens en question (de la cage au morceau de sucre ou de viande, en passant par le collier, etc.) et leur complexité (modifications de l'environnement, du comportement[67]...) – sans parler de la difficulté à leur trouver un nom générique – autorisent à douter qu'il s'agisse là d'une variable facile à manier. Terminons avec la notion d'exploitation (Coy et Sigaut) pour en souligner l'insuffisance et l'ambiguïté : située, comme chez Sigaut, sur un plan strictement économique, c'est-à-dire en tant que productrice de biens et de services « matériels », cette notion ne concerne pas, par exemple, les animaux de compagnie, et se trouve ainsi privée d'une bonne part de sa substance; considérée, au contraire, dans son acception la plus large, elle tend à se diluer à l'infini et à perdre toute valeur opératoire...

De quelque côté que l'on se tourne – animal sur lequel l'homme agit ou homme qui agit sur l'animal – et de quelque façon que l'on procède, on a donc toujours l'impression d'aboutir à la même impasse : les définitions, quelles qu'elles soient, se révèlent à l'examen, soit contredites par des exceptions, soit, plus simplement et plus généralement, débordées par la variété des processus, des buts, des résultats, des formes, des niveaux ou des degrés, comme l'on voudra, de la domestication.

Et si l'on faisait entièrement fausse route? Car enfin, si tant d'éminents chercheurs, depuis plus d'un siècle, ont échoué à définir la domestication (exception faite de ses formes les mieux caractérisées), n'est-ce pas parce que la domestication est, d'une certaine façon, indéfinissable? Ne faut-il pas, dans ces conditions, pour sortir de l'impasse, choisir la voie opposée à celle d'un « substantialisme dynamique » et appliquer à la domestication ce que Claude Lévi-Strauss écrivait de l'identité, à savoir qu'elle est « une sorte de foyer virtuel auquel il nous est indispensable de nous référer pour expliquer un certain nombre de choses, mais sans qu'il ait jamais d'existence réelle[68] »? Je ne suis pas éloigné de le penser.

Toute tentative pour définir la domestication autrement que comme interaction de l'homme et de l'animal, selon des modalités diverses en fonction des contextes, me semble en tout cas comporter un risque majeur, celui de faire diversion et d'occulter ainsi la logique profonde, essentielle et constante du phénomène, quelle que soit la variété des formes et des aspects que celui-ci peut revêtir. Et cette logique – n'en déplaise à nos modernes « amis des animaux », que j'entends déjà, en écrivant ces lignes, protester de la pureté de leurs sentiments! – est une logique de pouvoir et/ou de séduction de l'homme sur l'animal s'exerçant dans un contexte de négociation permanente entre les deux partenaires. Malgré leurs incertitudes, les connaissances éthologiques évoquées ci-dessus montrent en effet que l'animal « domestique » est un sujet, qui présente – notamment par rapport à son homologue végétal, la plante cultivée – une spécificité incontestable, une sorte de « plus », qui implique, en contrepartie, un investissement supplémentaire de la part de l'homme. Comme si, par exemple, à l'anthropophilie de certains animaux et à l'animalisation qu'ils font de l'homme en l'assimilant à l'un des leurs, celui-ci répondait par un désir de possession, une volonté de contrôle, de domination, désir et volonté qui s'expriment aussi bien dans des représentations (anthropomorphisation des animaux) que dans des pratiques et des savoirs techniques... Certains auteurs, pour bien marquer la différence qui existe à cet égard entre les plantes et les animaux, ne parlent d'ailleurs que de la « cultivation » des premières, réservant aux seconds la notion infiniment plus complexe de domestication[69].

Au lieu de considérer la question comme résolue d'avance en adoptant sans discussion la définition stricte de la domestication et la liste étroite d'animaux domestiques que lui propose la zoologie, ou de s'enfermer dans des définitions qui lui sont suggérées par certaines apparences, l'anthropologie doit procéder à un état des lieux exhaustif et ne négliger aucun recoin, même le plus obscur et le plus inaccessible, du dédale des processus et des formes de domestication. A cette condition, et à cette condition seulement, elle est assurée d'y découvrir le plus somptueux des laboratoires.

Chapitre V

Essai d'inventaire : les Mammifères

Les Mammifères herbivores

A tout seigneur, tout honneur : c'est par le principal groupe zoologique fournisseur d'animaux domestiques que commencera notre état des lieux, même s'il nous faut pour cela prendre la systématique à rebrousse-poil[1]. La place et le rôle économique dominants que les herbivores occupent parmi les animaux domestiques s'expliquent aisément : leur fonction écologique de « consommateurs primaires » de la végétation, qu'ils transforment en viande, en lait, etc., présente un intérêt évident pour ce « consommateur secondaire » qu'est l'homme ; certains sont en outre des animaux puissants, susceptibles d'être utilisés comme source d'énergie.

La famille des Bovidés (ordre des Artiodactyles, animaux munis à chaque membre d'un nombre pair de doigts, sous-ordre des Ruminants) est la plus nombreuse. Elle ne se limite en effet pas aux bovins (les Bovinés des zoologistes) mais comprend également les Ovinés et les Antilopinés, qui sont tous des ruminants cavicornes, c'est-à-dire porteurs de cornes creuses pérennes, formées d'un étui corné recouvrant une excroissance de l'os frontal.

Le bœuf (*Bos taurus*) est le plus connu des bovins domestiques et le plus répandu presque partout dans le monde, dans des « races » et des variétés extrêmement diverses, dont le poids peut varier de 200 kg (variétés européennes anciennes ou des régions de montagnes arides du Moyen-Orient) à près de deux tonnes (exactement 1 922 kg pour un taureau Maine-Anjou primé en 1988 au salon agricole de Paris). Son ancêtre présumé (car il y en eut peut-être d'autres, les croisements avec des espèces aujourd'hui disparues ne pouvant être exclus) est l'aurochs, forme occidentale de *B. primigenius.* Encore abondant en Europe au Moyen Age, l'aurochs recula peu à peu devant le défrichage des forêts, son habitat naturel ; malgré les efforts des rois de Pologne pour sauver l'espèce, le dernier aurochs mourut en 1627. Domestiqué indépendamment en plusieurs endroits d'Europe orientale et du Moyen-Orient (Grèce, Syrie, Pakistan) vers le VIP millénaire av. J.-C., le bœuf s'est répandu rapidement dans toutes les régions tempérées et tropicales, à deux exceptions près : en Amérique – où n'existait que le bison (*Bison bison*), qui n'a pas été domestiqué –, le bœuf a été introduit à la fin du xve siècle par les conquérants espagnols avec le succès que l'on sait ; en revanche, il n'a jamais pu s'implanter dans les vastes régions d'Afrique centrale où pullulent les glossines (mouches tsé-tsé), vecteur des trypanosomiases.

Le zébu (*Bos indicus*), caractérisé par une réserve de graisse sur le garrot, est l'espèce bovine des régions arides. Son histoire est mal connue. Probablement originaire de l'Inde, il pourrait descendre soit d'une forme orientale de *B. primigenius*, soit d'une espèce orientale, *B. namadicus.* En tout cas, sa domestication apparaît en Syrie et au Pakistan presque en même temps que celle du bœuf. Les nombreuses variétés de zébus d'Afrique résulteraient, elles, d'importations tardives, du viiie et des xiie-xive siècles, en provenance du sud-est de l'Iran et du sud du Pakistan[2].

Le bovin asiatique par excellence est le buffle d'Asie (*B. bubalus*), à ne pas confondre avec le buffle d'Afrique (*Syncerus caffer*) qui n'a connu qu'une domestication partielle et tardive (xxe siècle). Le buffle d'Asie ne subsiste à l'état sauvage qu'en Inde et à Ceylan. Aimant l'eau, il est particulièrement adapté au travail dans les rizières. Pour cette raison, il est très répandu dans toute l'Asie du Sud. Sa progression vers l'ouest, le long des cours d'eau et dans les régions de marécages – en Iran, en Egypte, en Turquie, dans les Balkans et même en Italie au Moyen Age –, est liée aux migrations des Zotts ou Djats (« Tsiganes ») déportés au viiie siècle vers les marais de la Basse-Mésopotamie[3].

L'Asie du Sud compte trois autres espèces domestiquées mais dont on trouve encore des spécimens à l'état sauvage : le gaur ou gayal ou encore mithan pour les Anglo-Saxons (*Bos gaurus frontalis*) du Bengale et de Malaisie, en qui certains auteurs voient l'un des premiers bovins domestiqués, le banteng (*B. javanicus*) de Bali et le kouprey (*B. sauveli*) du Cambodge (dont l'existence en tant qu'espèce distincte des précédentes est cependant contestée par certains zoologistes[4]).

Décidément riche en bovins, l'Asie comporte en outre une espèce très originale pour son adaptation à l'altitude et au froid : doté d'une épaisse toison laineuse, le yak (*Bos grunniens*) est typique de l'Himalaya où il a permis à des tribus tibétaines du Népal et turques d'Afghanistan de développer un genre de vie pastorale particulier[5].

Entre les Bovinés et le groupe suivant, signalons un curieux intermédiaire, lui aussi adapté au froid : de la taille d'un gros mouton (1,20 m) et doté de cornes incurvées vers l'avant et dont les racines se rejoignent presque au milieu du front, le bœuf musqué (*Ovibos moschatus*) habite l'extrême nord américain, la baie d'Hudson et le Groenland, où il a fait l'objet de tentatives de domestication[6].

Le gros du troupeau des herbivores domestiques est ensuite constitué par les Ovinés. Le premier représentant en est le mouton domestique (*Ovis aries*). Assez curieusement, l'origine de cet animal si familier n'est pas connue avec certitude. L'origine la plus probable réside dans un mouflon oriental (*O. orientalis* d'Asie Mineure ou même, dans certains cas, *O. ammon* d'Asie centrale) qui aurait été domestiqué au début du VIIe millénaire dans les montagnes du Moyen-Orient et qui aurait ensuite gagné, en moins d'un millénaire, d'une part l'Europe occidentale en suivant la côte méditerranéenne, d'autre part l'Afrique et l'Asie orientale. L'hypothèse d'une domestication séparée du mouton en Europe, à partir du mouflon européen (*O. musimori*), est maintenant exclue puisqu'il a été démontré récemment que ce mouflon lui-même résultait d'un retour d'animaux domestiques à la vie sauvage. Entre les animaux des pâturages humides d'Europe nord-occidentale et les variétés sans laine d'Afrique ou à queue grasse du Moyen-Orient (de la Libye à l'Iran), le mouton s'est montré capable d'un grand nombre d'adaptations, qui expliquent sa diffusion actuelle du Groenland et de la Sibérie à l'Australie, et de la Chine à l'Amérique du Sud[7].

La chèvre domestique (*Capra hircus hircus*) est restée plus proche que le mouton de l'espèce sauvage du Zagros et du Caucase (*C. hircus aegagrus*, chèvre aegagre ou chèvre à bézoard) dont elle tire sans doute son origine. Le markhor (*C. falconeri*) pourrait aussi avoir donné certaines variétés orientales ; en revanche, le bouquetin (C *ibex*) est toujours resté un gibier. Domestiquée au début du VIIe millénaire sur les contreforts du Zagros iranien, la chèvre a probablement suivi un itinéraire de diffusion comparable à celui du mouton. Les paléontologistes observent en effet que la domestication a entraîné chez elle une évolution de la forme des cornes ; à partir de l'espèce souche à cornes « en cimeterre », se seraient ainsi développés trois rameaux distincts : tandis que les chèvres européennes et les chèvres naines tropicales conservaient plus ou moins la forme originale, les chèvres asiatiques développaient des cornes à enroulement homonyme (vers l'intérieur) et les chèvres africaines des cornes à enroulement hétéronyme (vers l'extérieur). Cependant, en raison de sa plus faible plasticité morphologique, la chèvre est restée plus cantonnée que le mouton dans les habitats arides et/ou montagneux, où sa rusticité est précieuse, en dépit des méfaits sur la végétation ligneuse dont on l'accuse périodiquement et, d'ailleurs, plus ou moins injustement[8].

Viennent ensuite les Antilopinés : plusieurs représentants des genres *Gazella, Oryx* et *Addax* ont connu, dans l'Égypte pharaonique, des formes de domestication. Le gigantesque éland du Cap (*Taurotragus oryx*) est aujourd'hui élevé avec succès dans plusieurs fermes spécialisées d'Afrique du Sud et de Rhodésie[9].

La famille des Cervidés regroupe les ruminants porteurs de « bois », cornes caduques à ramifications (andouillers), qui tombent puis repoussent chaque année. Seul Cervidé dont la femelle porte des bois, le renne (*Rangifer tarandus*) est aussi – mais les deux faits n'ont évidemment aucun rapport – le seul à avoir été domestiqué sur une grande échelle. Originaire d'Amérique, il s'est répandu à l'époque préhistorique dans tout l'hémisphère Nord, où il était intensément chassé (« Age du renne » : Paléolithique supérieur, surtout Magdalénien). A la fin de la période glaciaire, il a été contraint de se réfugier dans la toundra-taïga de la zone circumpolaire où il se nourrit principalement de lichens. Il y subsiste encore presque partout à l'état sauvage, surtout au Canada (caribou). Mais c'est en Eurasie septentrionale que le renne a été domestiqué, à partir de – 3000, probablement par (ou sous l'influence) des populations venues du sud (Toungouzes, Samoyèdes), qui lui transposèrent, lorsqu'ils le découvrirent, leurs savoirs d'anciens éleveurs de chevaux. L'originalité du renne en tant qu'animal domestique réside dans l'incroyable variété des types d'élevage et d'utilisation qui, des Lapons de Scandinavie aux Koryaks du Kamchatka, en passant par les Samoyèdes, les Toungouzes et les Tchouktchis de Sibérie, lui sont appliqués. Cette originalité s'explique, au moins en partie, par la diversité des populations à qui il doit sa domestication. Les rennes élevés par les Eskimos du Canada ne sont pas les caribous locaux, mais des rennes lapons importés avec leurs éleveurs à la fin du XIXe siècle[10].

D'autres Cervidés ont connu certaines formes de domestication. Le chevreuil (*Capreolus capreolus*) et surtout le daim (*Cervus dama*) peuvent s'apprivoiser facilement. Ce dernier a d'ailleurs fait partie des nombreuses espèces domestiquées dans l'Égypte ancienne; dans l'Inde moghole, il aurait même été dressé à attirer ses congénères sauvages. Enfin, l'élan (*Alces alces*), le plus grand des Cervidés (et donc le plus intéressant du point de vue économique), aux mouvements plus lents et de comportement moins farouche que les autres, a été domestiqué pour son lait à l'époque romaine (vers – 200), puis pour l'attelage au XVIIe siècle en Scandinavie; à nouveau, depuis un siècle, il a fait l'objet, surtout au Canada et en URSS, de plusieurs tentatives de redomestication pour la boucherie[11].

Ruminants que les zoologistes ne classent pas dans le sous-ordre des Ruminants (dont ils se seraient séparés il y a cinquante-cinq millions d'années), les membres de la famille des Camélidés sont presque tous passés sous le contrôle de l'homme, à qui ils rendent d'immenses services dans des régions particulièrement ingrates. Originaire d'Amérique du Nord où ses derniers représentants se sont éteints au Pléistocène, la famille ne comprend plus que deux genres : *Camelus*, qui a migré en Asie par l'isthme de Behring, et *Lama*, qui a gagné l'Amérique du Sud.

Domestiqué vers – 3000 entre le Turkestan et la Mandchourie, le chameau de Bactriane (*Camelus bactrianus*, à deux bosses et épaisse toison) est adapté aux climats continentaux à hivers rigoureux. Mais il a pénétré, par l'Iran, jusqu'en Mésopotamie où les Assyriens l'ont connu avant le dromadaire. Utilisé monté ou attelé, c'est surtout l'animal de bât caractéristique des caravanes d'Asie centrale. Il en existe encore des troupeaux à l'état sauvage. Originaire d'Arabie où il a été domestiqué vers le milieu du IIIe millénaire, le dromadaire (C. *dromedarius*, à une bosse) a connu une fortune encore plus grande puisque ce

« vaisseau du désert », animal à tout faire typique des sociétés bédouines du désert de Syrie et du Sahara, après avoir gagné l'Afrique du Nord avant la période romaine, est maintenant répandu de l'Inde à la Mauritanie et de la Turquie à la Somalie, avec des avancées plus ou moins éphémères jusqu'en Europe, en Chine et même au Brésil et en Australie, où il a été importé d'Afghanistan vers 1860. Le chameau et le dromadaire donnent des hybrides (à une bosse), fertiles mais qui dégénèrent assez vite et dont la production nécessite par conséquent la « retrempe » périodique par des mâles à deux bosses; ces hybrides ont été, au Moyen Age, un instrument déterminant de la pénétration turque dans les montagnes du Moyen-Orient[12].

Longtemps méconnu, le cas des Camélidés andins vient d'être éclairé par de récentes fouilles archéologiques. D'après les découvertes faites sur le site de Telarmachay, au Pérou, l'alpaca (*Lama pacos*) suivi du lama (*L. glama*) auraient été domestiqués vers – 4000 au terme d'un processus de chasse sélective. Un millénaire plus tard, leur domestication est attestée dans toutes les Andes centrales et même dans certaines régions côtières; elle donnera lieu, à partir de l'époque inca, à une vie pastorale intense fondée sur l'exploitation successive d'étages altitudinaux complémentaires. Entre le lama et l'alpaca domestiques, utilisés pour le transport, la laine et la viande, et le guanaco (*L. guanacoe*) resté sauvage, la vigogne (*L. vicugna*) connaît, depuis la période préincaïque, un type d'exploitation intermédiaire : cet animal, dont la laine est très fine, s'apprivoise bien mais ne se reproduirait pas en captivité; il était donc périodiquement chassé, tondu puis relâché[13].

La famille des Suidés (porcins) nous fait quitter les ruminants. Plutôt que d'herbivores, il s'agit en fait d'omnivores voire même, dirait André-Georges Haudricourt, de « scatovores ». Leur domestication pose un problème complexe car il est impossible de se contenter, à leur sujet, du schéma de filiation du « cochon » domestique occidental (*Sus domesticus*) domestiqué à partir du sanglier (*S. scrofa*) entre Thessalie vers – 9000 et Irak vers – 7500, d'où il se serait diffusé, d'une part vers l'Europe occidentale, d'autre part vers l'Asie orientale. En effet, le sanglier (sous une trentaine de sous-espèces différentes) est répandu en Europe, en Afrique du Nord et dans toute l'Asie, où il est partout inter-fécond avec le porc domestique. Sauf en Europe et en Extrême-Orient, où claustration et sélection ont entraîné récemment – quelques siècles tout au plus – la création des « races » actuelles caractérisées par l'albinisme, le porc est resté presque partout brun et voué à un système d'élevage extensif en liberté, voisin des conditions de sa domestication. Il y a donc tout lieu de penser que la domestication du porc (ou, plus exactement, de Suidés) a connu une multitude de foyers, non seulement en Europe occidentale et en Asie (Iran, Inde, etc.) mais également en Océanie (îles Malaises, Célèbes, Moluques, etc.) à partir du babiroussa (*Babirussa babirussa*) et, bien qu'à un degré moindre, en Afrique à partir des genres phacochère (*Phacochoerus*) et potamochère (*Potamochoerus*). En Amérique du Sud, la pratique de l'apprivoisement des Tayassuidés (pécaris, *Tayassu*) a probablement connu une évolution semblable. Si bien que, dans tous ces cas, « ce ne seraient pas les animaux mais les techniques d'élevage qui auraient été propagées, chaque région possédant un stock sauvage sur quoi les mettre en œuvre[14] ».

L'ordre des Périssodactyles (Mammifères munis d'un nombre impair de doigts à chaque membre) est surtout représenté chez les animaux domestiques par les Équidés, dont chaque pied est formé d'un seul doigt terminé par un sabot, adaptés à la course et dont la principale défense est la fuite. Les premiers domestiqués (parce qu'ils sont les moins rapides ?) furent l'âne (*Equus asinus*) vers – 5000 dans la vallée du Nil qui subsiste encore à l'état sauvage en Afrique orientale, et son homologue des steppes de l'Asie du Sud-Ouest, l'onagre (*E. hemionus onager*), à peu près à la même époque en Mésopotamie, où il servit de moyen de transport ordinaire pendant près de trois millénaires. Pour des raisons obscures, la domestication de l'onagre a été abandonnée (il n'en reste plus qu'à l'état sauvage, en Turkménie, en Iran et au Pakistan). Seul l'âne, animal à tout faire, s'est répandu, d'une part jusqu'à la Chine, dans un peuplement assez clairsemé, d'autre part sur la rive nord de la Méditerranée jusqu'à la France, où il apparaît d'ailleurs assez tard (avec les Romains ?) et qu'il ne dépasse guère. Bien qu'on connaisse plusieurs cas de dressage de zèbres (*Zebra*), notamment pour l'attelage, ces animaux n'ont jamais fait l'objet d'une domestication systématique[15].

L'histoire du cheval (*Equus caballus*) est intéressante à plus d'un titre. Après avoir largement peuplé l'hémisphère Nord au Paléolithique, les ancêtres du cheval disparurent d'Amérique lors du réchauffement de la planète à l'Holocène mais se maintinrent en Eurasie. Ils y donnèrent le cheval qui allait être domestiqué (2s. *ferus*), dont on connaît deux sous-espèces : le taki ou cheval de Przewalski (*E. ferus przewalskii*) du nom de l'officier russe qui le découvrit en 1879 en Dzoungarie, où il en resterait des spécimens sauvages (?), et le tarpan (*E. ferus gmelini*), disparu d'Ukraine à la fin du XIXe siècle. C'est là, plus précisément dans le sud de l'Ukraine, qu'il sera domestiqué vers – 3000, soit près de quatre millénaires après le bœuf et le mouton. L'explication la plus plausible de ce « retard » est la suivante : il n'était sans doute pas possible de réussir ni même d'entreprendre la domestication d'un animal aussi fougueux que le cheval sans une solide expérience préalable des animaux domestiques et de leur utilisation, notamment pour le travail.

Cette interprétation semble confirmée par le fait que le cheval est passé en relativement peu de temps, avec la domestication, du statut de gibier à viande à celui d'animal de trait (ce qui n'empêcha pas que sa chair continuât d'être consommée, en gros jusqu'à l'avènement du christianisme). Inventé pour le bœuf dans le Moyen-Orient du – IVe millénaire, puis adapté à l'âne par les Sumériens au – IIIe millénaire, le char à roues ne demandait plus qu'à passer au cheval, qui présentait, par rapport à ses deux prédécesseurs, des avantages évidents de vitesse et de puissance. L'emploi du char de guerre à deux roues tiré par des chevaux (né chez les Hittites ?) a dominé tout le – IIe millénaire, décidant même de l'issue de plusieurs grandes batailles (comme celle de Kadesh, sur l'Oronte, en – 1296, qui permit aux Hittites de stopper la pénétration des Égyptiens en Orient). A partir de l'Asie antérieure, l'extension de l'utilisation du char à chevaux a été très rapide, gagnant l'Europe au cours de l'Age du Bronze.

Pendant ce temps, l'équitation faisait de timides apparitions. Les premières figurations de chevaux montés sont babyloniennes et datent de – 2000. Mais il ne s'agit encore que de cas isolés, et qui montrent un équipement extrêmement rudimentaire, laissant supposer une technique également rudimentaire, d'utilité forcément limitée : le cavalier est monté sur la croupe et ne dispose que d'un frein (mors ? + rêne) et d'une sangle (sans doute pour se tenir en cas de besoin). Apparue on ne sait exactement où et quand (chez les Araméens ?), la monte en arrière du garrot se généralise progressivement. Mais la notion de cavalerie, utilisable en tant que telle dans les batailles, n'apparaît vraiment que vers 800-700 ans avant notre ère chez les Hittites (Turquie). De là, elle connaîtra une diffusion rapide et très large, vers l'Égypte et l'Afrique du Nord (Guaramantes), vers l'Asie centrale (Scythes) et vers le monde grec.

On est cependant, et pour longtemps encore, très loin de l'équitation telle que nous la connaissons aujourd'hui. En effet, il n'y avait alors – et il n'y eut, de toute l'Antiquité – ni selle ni étriers. Apparus en Asie centrale ou en Inde au début de notre ère, ceux-ci ne parviendront en Europe occidentale, via l'Iran et Byzance, qu'au début du Moyen Age. De même pour l'attelage, c'est dans l'Occident médiéval que la bricole antique, qui étranglait l'animal, sera remplacée par le collier d'épaules... Bref, il aura fallu à l'homme plusieurs millénaires pour domestiquer le cheval, plusieurs autres millénaires pour réussir à le monter, et encore plusieurs millénaires pour mettre au point les instruments de son utilisation optimale ! Enfin, dans les dernières années du XVe siècle, le cheval fera, en même temps que le bœuf, le mouton et le porc, un retour en force sur le continent américain, d'où ses ancêtres avaient été éliminés à l'Holocène[16].

Rappelons, pour en terminer avec les Équidés, que ceux-ci sont presque tous inter-féconds. Des nombreux essais pratiqués, probablement dès les premières domestications, seul le croisement de l'âne et de la jument se révélera utile, malgré la stérilité du mulet. En tout cas, dès l'Antiquité, l'industrie mulassière sera prospère. Aujourd'hui, dans de nombreuses régions (montagnes du Moyen-Orient par exemple), le mulet a supplanté le cheval ; et si celui-ci y subsiste, c'est parce qu'il est nécessaire pour produire celui-là.

L'ordre des Proboscidiens – avec une seule famille, les Éléphantidés, qui ne compte plus que deux espèces : l'éléphant d'Afrique (*Loxodonta africana*) et l'éléphant d'Asie (*Elephas maximus)* – offre un cas original de domestication. La première espèce, dans sa variété dite « de savane » – la plus grande (en moyenne 3,50 m au garrot pour 4 à 5 tonnes) –, n'a probablement jamais été domestiquée. En revanche, la variété de la forêt congolaise, plus petite (2 à 2,50 m), a fait l'objet d'essais de domestication, notamment au Zaïre par les Belges entre la fin du siècle dernier et la Deuxième Guerre mondiale, qui n'ont pas été aussi infructueux qu'on veut bien le dire. Une autre variété, de taille comparable à la précédente, a subsisté jusqu'au début de l'ère chrétienne en Afrique du Nord, où elle a sans aucun doute été domestiquée, au moins en Égypte hellénistique, sous la dynastie des Ptolémée, et à Carthage : c'est d'ailleurs probablement à des éléphants d'Afrique qu'Hannibal, venu d'Espagne pour attaquer les Romains, fit passer le Rhône sur des radeaux, puis les Alpes.

Zoologiquement proche du mammouth d'Eurasie, l'espèce asiatique (3 m au garrot pour 3 tonnes) était, dans l'Antiquité, répandue de l'Asie du Sud et du Sud-Est jusqu'au nord de la Syrie. Comme son homologue africaine, elle a, depuis, considérablement reculé devant les défricheurs de forêts et les chasseurs d'ivoire. Son utilisation pour le travail, pour la chasse aux fauves et surtout pour la guerre est attestée en Inde de manière continue depuis le – IIIe millénaire : aux XVIe et XVIIe siècles, les Grands Moghols en entretenaient en permanence six à douze mille pour leurs besoins militaires, et l'armée anglaise des Indes dut encore affronter ces animaux au XIXe siècle. D'Inde, les éléphants de guerre se propagèrent, d'une part vers le Siam, d'autre part vers la Mésopotamie, et nombreuses furent les armées antiques et médiévales, de Darius à Tamerlan, qui en firent régulièrement usage : les Romains s'en servirent même contre les Gaulois, dans le sud de la vallée du Rhône... Mais les éléphants n'ont été, ne sont utilisés pour les travaux quotidiens (débardage, travail agricole, transport de charges et de voyageurs) qu'en Inde et à Ceylan, et dans les péninsules indochinoise (Birmanie, Thaïlande, Cambodge) et malaise.

Même pour ces régions, de nombreux auteurs hésitent à parler de domestication de l'éléphant, dans la mesure où l'homme, selon eux, n'en contrôle pas la reproduction. On verra que cette opinion demande pour le moins à être nuancée. En fait, l'éléphant peut se reproduire en captivité, et si le renouvellement du cheptel se fait le plus souvent par capture, comme au Cambodge et en Inde, c'est que celle-ci apparaît dans la plupart des cas plus avantageuse que la reproduction, dont le rythme est particulièrement lent (en moyenne un produit par femelle tous les quatre ans)[17].

Les perspectives ouvertes par l'ordre des Siréniens, Mammifères marins herbivores, sont d'un tout autre ordre. Un spécialiste en vue de l'éco-développement ne proposait-il pas récemment, entre autres mesures destinées à l'accroissement des ressources alimentaires mondiales, de domestiquer le dugong (*Dugong dugon*) et le lamantin (*Trichechus* sp.)[18] ? A défaut d'épargner la famine aux hommes, cette proposition aurait au moins l'avantage, si elle était mise en œuvre, de sauver ces espèces de l'extinction à laquelle elles semblent promises dans un proche avenir.

LES CARNIVORES, LES RONGEURS ET QUELQUES AUTRES ENCORE

L'ordre des Pinnipèdes, qui fait transition avec celui des Carnivores, n'entretient, du moins pour l'instant, pas d'autre rapport avec la domestication que celui qui est connu de tous les amateurs de cirque à travers les numéros, souvent étonnants, d'otaries dressées (*Zalophus californianus*).

Il en va tout différemment des Carnivores vrais, qui sont, après les Herbivores, ceux des Mammifères qui ont noué avec l'homme les relations les plus étroites – du moins certains d'entre eux, car les autres restent pour celui-ci de redoutables prédateurs. Ces relations extrêmement tranchées s'expliquent par le fait que les Carnivores sont, comme les humains, des « consommateurs secondaires », que la quête des proies a, tantôt opposés, tantôt réunis. C'est ainsi que, de certains de ses complices, l'homme a pu faire des auxiliaires, qui n'ont certes pas l'importance économique des herbivores mais qui jouent souvent un rôle technique non négligeable et dont certains comptent en tout cas parmi ses plus proches compagnons. Cependant, la diversité des statuts occupés par les Carnivores dans l'univers de l'homme témoigne des difficultés de leur domestication.

Les membres de la famille des Ursidés sont les plus grands des Carnivores. Fauves redoutables (malgré leur allure pataude et bonasse), ils sont aussi capables d'une grande familiarité avec l'homme. Largement répandu en Amérique du Nord, en Asie et, dans une moindre mesure, en Europe – pour combien de temps encore? –, et de régime alimentaire omnivore, l'ours brun (*Ursus arctos*) ne craint pas de s'approcher des habitations (j'ai moi-même été témoin d'incursions de ces animaux dans des villages d'Iran). S'ils sont capturés suffisamment jeunes et nourris au biberon par l'homme, les ours s'apprivoisent facilement : c'est ce qui fit la fortune des « montreurs d'ours » ambulants – il s'agissait souvent de Tsiganes –, autrefois très fréquents dans toute l'aire eurasiatique, des Pyrénées à l'Himalaya.

L'ours est en outre présent, à des degrés divers, dans toutes les religions de l'hémisphère Nord (les « nounours » en peluche de nos enfants sont probablement le lointain vestige d'une telle présence). Les Aïnous méritent cependant une mention spéciale pour la place toute particulière qu'ils accordent à cet animal : cette population des îles d'Hokkaïdo, de Sakhaline et des Kouriles, au nord du Japon, pratique en effet un culte de l'ours qui se distingue *à la fois* par le sacrifice (par fléchage puis étranglement) et la consommation rituels de l'animal *et* par les soins et la tendresse dont celui-ci est entouré jusqu'à sa mort : l'ourson rapporté par les chasseurs grandit dans les maisons, où il joue avec les enfants et est nourri par une femme au sein ou avec de la nourriture prémastiquée donnée de bouche à gueule ; même lorsque, devenu grand, il doit être enfermé, sa cage est décorée et les mêmes témoignages d'affection continuent de lui être prodigués ; enfin, l'heure du sacrifice venue, on implore le pardon de l'ours, et sa « mère » nourricière manifeste (d'une manière qui n'est pas toujours feinte) son chagrin et sa colère contre ses meurtriers[19].

La famille des Mustélidés se compose notamment de très efficaces destructeurs de rongeurs. A ce titre, la belette (*Mustela nivalis*) et l'hermine (*M. erminea*) sont tolérées dans beaucoup de campagnes, malgré le danger qu'elles représentent pour la volaille. D'autres Mustélidés, surtout recherchés pour leur fourrure, peuvent être élevés : c'est le cas, par exemple, du skunks ou moufette d'Amérique (*Mephitis mephitis*), de la martre d'Asie (*Martes martes*) et du vison d'Europe (*Mustela lutreola*). Mais cet élevage est délicat car il suppose la réalisation d'un subtil équilibre entre, d'une part, un certain degré de « sauvagerie » en dessous duquel la fourrure perd de sa qualité et, d'autre part, un degré d'apprivoisement suffisant pour que les mères ne détruisent pas leur portée à la moindre contrariété. Plusieurs sources mentionnent, sans plus de détail, l'utilisation de la loutre (*Lutra lutra ?*) pour la pêche en Inde. En réalité, le seul Mustélidé qui mérite vraiment le qualificatif de domestique est le furet (*Mustela putorius furo*), variété albinos du putois (M *putorius*) dont on se sert dans certaines chasses au lapin. Le « furetage » consiste à introduire l'animal, muselé, édenté ou la lèvre percée d'un anneau, dans le terrier pour en faire sortir ses occupants. Cette utilisation du furet, attestée depuis l'Antiquité, serait à l'origine de sa domestication. Couramment pratiquée dans tout le Moyen-Orient médiéval, elle pourrait avoir été introduite en Occident par les Croisés. En tout cas, elle se trouve décrite dans tous les traités pratiques d'agriculture et de chasse européens à partir du XVIIe siècle[20].

Les exemples de Canidés, fennecs (*Fennecus zerda*), renards (*Vulpes vulpes*), chacals (*Canis aureus*) et même loups (*C. lupus*) apprivoisés fourmillent, montrant assez que la famille présente des dispositions certaines. On discute même encore d'une possible domestication du renard dans le Néolithique méditerranéen. Une espèce contemporaine (*Vulpes fulva*), dans sa variété dite renard argenté, est d'ailleurs élevée pour sa fourrure... Mais ne tournons pas plus longtemps autour du pot : *le* Canidé domestique, et même *l'*animal domestique par excellence, celui auquel chacun pense immédiatement, c'est le chien (*C. familiaris*). Le chien est en tout cas le plus ancien compagnon de l'homme : les premières traces de sa domestication remontent à – 7000 en Anatolie, à – 7600 en Europe occidentale, à – 8400 en Amérique, à – 9500 en Palestine et en Perse, à – 10000 en Europe centrale et septentrionale, et même à – 13000 en Sibérie.

En fait, le chien – que ses amis me pardonnent ! – est, sur plus d'un point, comparable au porc. La domestication du premier, comme celle du second, est intervenue de manière indépendante en une multitude d'endroits et à partir de souches probablement différentes, loup commun ici, chacal là, loup indien ailleurs (*C. pallipes*), coyote ailleurs encore (*C. latrans*), etc. C'est que les caractères biologiques des chiens donnaient partout à l'homme au moins deux bonnes raisons (en même temps que deux moyens) de les domestiquer : 1) rabatteurs et pisteurs de gibier, ils faisaient des auxiliaires de chasse particulièrement précieux ; 2) omnivores (comme le porc), ils constituaient, aux alentours des habitations, d'excellents « éboueurs ». Ces deux usages s'observent encore actuellement à peu près partout, aboutissant même à des « races » spécialisées : chiens courants, lévriers pour la chasse, chiens parias des villes d'Orient pour le nettoyage.

Mais ses usages ne se limitent pas à cela. On peut même dire qu'à l'exception du cochon (où « tout est bon », y compris l'odorat pour la recherche des truffes), aucun animal n'en a connu d'aussi nombreux que le chien. Sa chair a été consommée dans l'Europe néolithique et dans l'Amérique pré-colombienne, et l'était encore, il n'y a pas si longtemps, en Chine, en Nouvelle-Zélande, au Ghana, au Canada et en Allemagne (où la dernière boucherie canine a fermé ses portes à Munich entre les deux guerres), ses poils étaient filés et tissés (en Amérique et dans les Pyrénées jusqu'au XIXe siècle), sa peau tannée, quelquefois même avec ses crottes comme décarnant; il a servi et sert encore pour la garde et la défense des personnes et des biens, la conduite des troupeaux, le combat (à la guerre ou contre d'autres animaux), les courses (lévriers), le portage, la traction (de traîneaux dans les régions arctiques et de carrioles en Europe), la mise en mouvement de moteurs (chiens « tourne-broches » du Moyen Age et des rémouleurs jusqu'au XIXe siècle), les recherches en tous genres (de disparus, de délinquants, de truffes, de drogue), le guidage d'aveugles, la compagnie, la zoothérapie, la zoophilie… L'homme a décidément tout fait subir au chien, lui imposant les transformations les plus extrêmes, du lévrier au bouledogue et du dogue au bichon – plus de deux cents races au total, sans compter les corniauds de tout poil, par ailleurs fort estimables –, n'hésitant pas, en plus, à lui « courtauder » les oreilles et la queue quand il juge cela utile ou seyant.

Enfin – et ceci explique sans doute cela –, aucun autre animal (à l'exception, encore, du porc) n'a connu de telles inégalités de statut et de traitement : adoré ou honoré là (dans l'Égypte pharaonique, au Japon), il est méprisé et malmené ailleurs (en Islam, en Afrique). Même en Occident, il a suscité les attitudes et les jugements les plus extrêmes : aujourd'hui choyés, au point d'être parfois mieux traités que les enfants, les chiens (à l'exception de ceux de chasse et de compagnie) étaient classés avec la « vermine » jusqu'au début du XVIIe siècle. Il faut dire qu'à cette époque leur prolifération à l'état libre représentait un danger réel (notamment à cause de la rage), qui justifiait des battues périodiques. Plus récemment, vers 1920, la situation était devenue telle à Constantinople que les Jeunes-Turcs décidèrent de débarrasser la ville de ses chiens parias. Ceux-ci furent donc capturés et « transportés sur un îlot désert et privé d'eau [dans la mer de Marmara] où ils se dévorèrent entre eux ou moururent de soif; cet îlot d'agonie, vu du large, à plusieurs reprises, par des voyageurs, présentait un spectacle atroce[21] ».

Aussi n'est-il pas étonnant de trouver sur le chien, en Occident même, des jugements opposés, des plus élogieux – « la conquête la plus remarquable, la plus complète, la plus utile que l'homme ait jamais faite […], le seul animal qui ait suivi l'homme sur toute la surface de la Terre[22] » – aux plus impitoyables : « Le chien, au contraire du chat, est une bête dégénérée, domestique dans le sens le plus plat du terme, dont il n'existe à l'état sauvage aucun équivalent exact. L'homme fait du chien comme il malaxe le beurre, du basset au danois, visant toujours plus haut dans son caprice. Aussi le chien a-t-il surenchéri sur les vices de son maître sans en retenir les rares qualités. Sodomite et onaniste dans son âge tendre, voué à des étreintes baveuses et interminables dans son âge mûr, pissant partout et à l'affût des relents les plus ignobles, le chien n'a même pas pour lui la qualité d'être fidèle car son aveugle dévouement a sauvé plus de canailles qu'il n'a protégé d'honnêtes gens. Le chien est un être de rebut, qui vit au niveau des poubelles[23]. » Plus que d'un compagnonnage, il y a donc, entre l'homme et le chien, les principaux ingrédients d'un véritable mariage : le meilleur et le pire[24].

En comparaison, la famille des Viverridés ferait bien pâle figure si l'on n'y trouvait quelques exemples fort intéressants de cet équilibre fonctionnel, déjà évoqué, entre état sauvage et état domestique. Très recherchée pour son musc, la civette (*Viverra civetta*) était autrefois élevée en Éthiopie ; mais il fallait la tourmenter pour que, sous l'effet de la colère, elle éjacule le précieux liquide. Très courante dans le nord et l'est du bassin méditerranéen et s'apprivoisant facilement, la genette (*Genetta vulgaris*) était utilisée dans l'Antiquité pour détruire les souris. Les Arabes la firent connaître aux Croisés, qui l'introduisirent dans leurs châteaux. Progressivement chassée d'Europe occidentale par l'arrivée du rat noir (*Rattus rattus*) au XIe siècle, qui assurera le triomphe du chat, la genette ne subsisterait plus aujourd'hui que dans quelques demeures de Grèce et d'Italie du Sud. Enfin, vénérée sous les Pharaons, la mangouste d'Égypte (*Herpestes ichneumon*) jouit encore d'un respect certain dans toutes les régions à serpents pour la consommation qu'elle fait de ces reptiles. Domestiquée en Inde pour cette même raison, la civette mungo (*H. griseus*) montre une remarquable agilité à esquiver la détente des serpents[25].

Chassée dans la Préhistoire, la hyène tachetée (*Hyaena crocuta*) est le seul Hyaenidé à avoir connu, dans l'Égypte ancienne, une forme de domestication. On ne regrettera certainement pas que l'expérience n'ait été, ni prolongée, ni étendue à d'autres membres de la même famille[26].

Le chat (*Felis catus*), principal représentant domestique de la famille des Félidés, est souvent considéré comme l'antichien : « L'homme a domestiqué le chien, mais c'est le chat qui a domestiqué l'homme », écrivait Marcel Mauss[27]. Venu à l'homme en même temps que les souris, c'est d'abord par ses qualités de prédateur qu'il s'est fait remarquer. Les nombreuses momies de chats retrouvées en Égypte ont longtemps fait penser à une domestication sur les bords du Nil vers – 3500. On s'oriente de plus en plus aujourd'hui vers l'idée de plusieurs foyers indépendants : – au Pakistan, où vit encore à l'état sauvage le chat orné (*F. ornata*), tigré et de faible capacité crânienne comme le chat domestique actuel : (c'est de là qu'il serait passé, déjà domestiqué, en Égypte) ; – en Libye, à partir du chat libyque (*F. libyca*), de grande capacité crânienne ; – peut-être aussi en Extrême-Orient méridional, expliquant l'origine séparée du chat siamois. Comme pour bien d'autres espèces domestiques, l'aspect initial du chat a été modifié par différentes mutations (albinique, mélanique, pie, angora, glabre, sans queue au Japon, etc.) que l'homme a plus ou moins encouragées.

Quoi qu'il en soit, la diffusion du chat domestique vers l'Occident a été extrêmement lente. Les Romains, qui le connaissaient pourtant, semblaient lui préférer, pour la chasse aux souris, la genette et même les couleuvres. Son implantation en France est postérieure à l'époque gallo-romaine et ses mérites n'apparaîtront vraiment qu'avec la généralisation du rat noir. En revanche, il ne pourra rien contre l'invasion massive et définitive, en 1727, du terrible rat gris (surmulot ou « rat d'égout », *Rattus norvegicus*), venu d'Asie ; on lui préférera alors le chien ratier. Phénomène curieux mais fréquent : de même que l'adulation occidentale du cheval date du développement des transports motorisés, c'est à partir du moment où le chat fait la preuve de son inutilité qu'il est pris en affection par l'homme, à l'égal du chien mais dans un registre différent. Auparavant, pour rester un chasseur efficace, il devait être maintenu à distance. Les représentations médiévales soupçonnaient d'ailleurs les chats (surtout les noirs) d'incarner des créatures infernales ; il n'était donc pas mal vu de les brûler, ni même de les martyriser par simple jeu : les célèbres « orgues à chat », qui consistaient à tirer sur la queue de chats entassés dans une caisse percée de trous pour les faire miauler, en sont certainement l'exemple le plus horrible[28].

Les autres Félidés domestiqués ou, plus exactement, apprivoisés sont l'exception, ne serait-ce qu'en raison de leur taille et du danger qu'ils représentent – sauf pour le cirque, où ces inconvénients font précisément la valeur des numéros de lions (*Panthera leo*) ou de tigres (*Panthera tigris*). Seul le caracal ou lynx fauve (*Lynx caracal*) a été domestiqué en Perse, en Syrie et à Byzance pour la chasse aux gros volatiles (outarde, grues, oies) ; mais plusieurs auteurs arabes médiévaux le jugent d'un maniement délicat et se plaignent des dommages qu'il cause au gibier[29].

En réalité, surtout chasseurs à l'affût comme lui, les grands Félidés ne présentaient pour l'homme qu'un intérêt limité, A l'exception d'un seul, le guépard (*Acinonyx jubatus*), qui poursuit ses proies. Grâce à la vitesse de sa course (avec des pointes à 100 km/h), cet animal est capable de rattraper les gibiers les plus rapides (gazelles, lièvres). Doué d'un caractère doux, il s'apprivoise en outre très facilement. Son utilisation pour la chasse a été très répandue de l'Antiquité (depuis – 3000 chez les Sumériens) à nos jours, de l'Afrique du Nord à l'Inde et à l'Asie centrale. Marco Polo fut très impressionné par le millier de guépards que l'empereur Koubilaï entretenait dans sa résidence d'été dans le Karakorum. Cet animal était également très prisé en Inde, à la cour des Grands Moghols. Bien que connue en Occident, la chasse au guépard restait une curiosité exceptionnelle : on raconte que Louis XI possédait un de ces Félidés, qu'il s'amusait, les jours de pluie, à lancer contre les rats qui couraient dans sa chambre[30].

Si l'on en juge par leur nombre (des milliards d'individus répartis entre quelque 1 700 espèces), les Rongeurs sont, avec l'homme, les Mammifères qui ont le mieux « réussi ». Ils doivent ce succès à leur rythme de reproduction très élevé, ainsi qu'à leur régime alimentaire et à leurs incisives, qui leur permettent de s'attaquer à presque toutes les nourritures. Ces caractéristiques ont aussi contribué à perdre ceux (mais ils sont rares) que leur appétit a poussés à approcher l'homme de trop près : à force de les combattre, celui-ci a fini par comprendre le parti qu'il pouvait en tirer.

Le plus typiquement domestique des Rongeurs est le cochon d'Inde ou cobaye (*Cavia porcellus*). Depuis maintenant six mille ans, ce petit Caviidé familier est élevé en liberté dans les habitations rurales des Andes où il constitue une réserve permanente de viande. Importé en Europe, il est devenu, pour la facilité de sa manipulation et de son entretien, et pour son rythme de reproduction élevé, le premier animal de laboratoire (c'est d'ailleurs de son nom en tupi-guarani, *kobaya*, via le latin *cobaya* des naturalistes du XVIIIe siècle, que vient le mot français « cobaye », sujet d'expérience). Le caractère doux et enjoué du cochon d'Inde a aussi fait de lui l'un des animaux de compagnie favoris de nos enfants.

Les Muridés sont plus désagréablement envahissants, et seules les variétés albinos de la souris grise (*Mus musculus*) et surtout du surmulot (*Rattus norvegicus*) sont utilisables. Le dernier né (vers 1930) des animaux de laboratoire est le hamster doré des steppes d'Eurasie (*Mesocricetus aureus*, Cricetidés) ; apprivoisé, il fait un compagnon amusant et actif, mais dont les escapades peuvent être ravageuses. Bien que plus farouche, l'écureuil d'Europe (*Sciurus vulgaris*, Sciuridés) s'apprivoise bien également. Enfin, plusieurs Rongeurs d'Amérique du Sud, comme le chinchilla (*Chinchilla laniger*, Chinchillidés) et le ragondin ou myocastor (*Myocastor coypus*, Capromyidés), et d'Amérique du Nord comme le castor (*Castor fiber*) et le rat musqué (*Neofiber alleni*), sont élevés pour leur fourrure[31].

Rongeur qui n'appartient pas à l'ordre des Rongeurs mais à celui des Lagomorphes, le lapin (*Oryctolagus cuniculus*) est l'hôte familier des petits élevages des campagnes et même de beaucoup de « jardins ouvriers » français : se contentant d'un clapier sommaire et se nourrissant d'épluchures, de l'herbe des talus et à l'occasion de ses propres excréments, il fournit en retour une chair au goût délicat et des peaux autrefois très prisées. Pourtant, qui sait que la domestication du lapin n'a pas cent ans d'âge ? Quasiment relégué, des glaciations au début du Ier millénaire av. J.-C., en Espagne – qui lui doit son nom (Hesphania, de *i shephan im,* « pays des lapins » en phénicien) –, le lapin gagne progressivement tout le nord du bassin méditerranéen, passant (évidemment aidé par l'homme) la Manche au XIIe siècle et la Vistule au cours des XIIIe-XIVe siècles. Cependant, il reste un gibier : tout au plus le protège-t-on dans des « garennes » (du germanique *war*, « défense », et *waron*, « garder ») qui ne lui étaient d'ailleurs pas réservées. Les Romains, dans leurs *leporaria*, avaient fait de même pour le lièvre (*Lepus europaeus*), dont ils étaient friands.

Les premières garennes « closes » ou « forcées », entourées de fossés remplis d'eau ou de palissades maçonnées aux fondations profondes, datent du XVIe siècle. C'est dans une de ces garennes qu'est née, en Angleterre, peu avant 1700, la première « race » de lapins connue : le lapin argenté ou « lapin riche », le seul dont, à l'époque, la peau valait plus cher que la viande. L'élevage fermier en clapier et, avec lui, les nombreuses races de lapins d'aujourd'hui (géant des Flandres, fauve de Bourgogne, argenté de Champagne pour la viande, angora pour la bourre, russe blanc à queue et oreilles noires, etc.) n'apparaissent que vers 1830, donnant lieu, en France notamment (avec une production annuelle de 100 millions de lapins), à une véritable industrie.

Pour récente qu'elle soit, l'histoire de la domestication du lapin n'en est pas moins fertile en épisodes dramatiques, qui illustrent moins le caractère nuisible de cet animal doux et casanier que la folle inconscience de l'homme. C'est ainsi que l'Australie fut ravagée pendant plusieurs décennies par des centaines de millions de lapins, descendants de vingt-quatre sujets sciemment introduits en 1859; seule l'arme bactériologique permit d'enrayer la catastrophe : introduite plusieurs fois à partir de 1930, une maladie brésilienne en principe mortelle pour les lapins européens, la myxomatose, ne prit qu'en 1952, ramenant la population de lapins d'Australie à un taux supportable. Un autre apprenti sorcier, français celui-là, qui, voulant se débarrasser des lapins qui infestaient son parc, leur avait inoculé la myxomatose, déclencha la même année la catastrophe inverse : en quelques mois, lapins de clapier et de garenne furent décimés à presque 100 %. Le vaccin antimyxomateux (mis au point en 1953) permit de rétablir le cheptel domestique; le lapin sauvage, lui, ne se remit jamais tout à fait du massacre – au grand dam des chasseurs et des protecteurs des animaux, pour une fois d'accord, mais pour la plus grande satisfaction des agriculteurs qui, depuis le Moyen Age, ne cessaient de se plaindre de ses méfaits[32].

Dans l'ordre des Édentés, les paresseux (*Choloepus* et *Bradypus species*) sont assez fréquemment apprivoisés chez les Indiens de la forêt amazonienne. Une espèce voisine, aujourd'hui disparue, le paresseux gérant (*Mylodon domesti-cus*), aurait même été élevée en Patagonie[33].

L'ordre des Cétacés est ici représenté par le dauphin souffleur (*Tursiops truncatus*, Delphinidés) et par différentes espèces de baleines (baleine grise de Californie, *Eschrichtius gibbosus*, de la famille des Eschrichtiidés, et plusieurs Balaenidés du genre *Balaena*). A propos de ces dernières, James Downs fait judicieusement remarquer que ni la chasse, dans les conditions traditionnelles (au harpon, à partir de frêles esquifs), ni même l'approche d'animaux aussi énormes et aussi dangereux (du simple fait de leur taille) n'auraient été possibles sans une sorte de familiarisation préalable des baleines. Les relations ont été poussées beaucoup plus loin avec les dauphins. Pline rapportait déjà que certains pêcheurs de la Méditerranée avaient coutume de les appeler en renfort pour pousser les bancs de poissons dans leurs filets ; cette pratique est encore attestée de nos jours, sur les côtes de la Mauritanie par exemple. Aujourd'hui couramment exploitées à des fins de spectacle dans les « delphinariums », l'intelligence et les étonnantes facultés d'apprentissage de ce Mammifère marin ont même fait envisager de possibles utilisations civiles (pour éloigner les requins de certaines plages d'Australie) et militaires (communication, déminage)[34].

Il serait trop long d'énumérer toutes les espèces de Primates qui acceptent de vivre en contact étroit avec l'homme. Du ouistiti (*Callithrix jacchus*) et du singe laineux (*Lagotrix* sp.), qui font d'excellents animaux de compagnie, aux plus grands Pongidés, gorille (*Gorilla gorilla*) et orang-outan (*Pongo pygmeus*), qui ont été approchés dans leur état sauvage par les éthologistes de terrain, en passant par le macaque rhésus (*Macaca mulata*) de laboratoire et par le chimpanzé (*Pan troglodytes*) de cirque, tous les singes ou presque peuvent s'apprivoiser et s'élever en captivité. L'Égypte ancienne et les sociétés amérindiennes actuelles en offrent de nombreux exemples[35] de même que l'Asie du Sud-Est où des singes sont dressés à la cueillette du thé et des noix de coco[36].

Chez les Insectivores, le hérisson (*Erinaceus europaeus*) a peut-être connu dans la préhistoire une forme de domestication ; il aurait en tout cas été transporté par l'homme dans des îles où il n'existait pas. Aujourd'hui encore, les Tsiganes d'Europe préfèrent sa chair à toute autre, et la chasse qu'ils réservent à ce « compagnon du buisson » n'est pas celle d'un gibier ordinaire[37].

L'ordre des Marsupiaux offre quelques cas non moins étonnants. Le koala cendré ou « paresseux australien » (*Phascolarctus cinereus*), à allure de nounours, s'apprivoise parfaitement. L'opossum ou sarigue d'Amérique (*Didelphis marsupialis*) est élevé pour sa fourrure. Le kangourou roux (*Megaleia rufa*), après avoir été chassé jusqu'à presque épuisement, s'élève maintenant dans certaines fermes d'Australie. Je me souviens d'avoir, dans mon enfance, feuilleté de vieux magazines d'avant la Première Guerre[38] qui montraient aussi des kangourous géants (*Macropus giganteus*) affrontant, gants aux poings, dans des simulacres de combats de boxe, de splendides athlètes à maillot à bretelles et moustaches en guidon de vélo. A l'inverse, des kangourous nains (de création récente ?) commencent à nous arriver (entre autres calamités) des États-Unis, comme animaux de compagnie.

Chapitre VI

Essai d'inventaire : des Oiseaux aux Invertébrés

Les Oiseaux

Les Mammifères sont loin d'épuiser la liste des animaux « domestiques ». La contribution de la classe des Oiseaux à la domestication est importante, aussi bien par l'étendue des produits fournis (viande, œufs, plumes et même travail) que par le nombre des espèces concernées. Rares sont pourtant les oiseaux domestiques dont l'histoire est connue avec précision : cette lacune s'explique par les faibles dimensions et la fragilité de leurs os qui laissent peu de traces dans les niveaux archéologiques[1].

Composé d'oiseaux de grande taille, incapables de voler et vivant en troupeaux, l'ordre des Coureurs offre des exemples d'élevage industriel de type *ranching*. Depuis l'Antiquité, l'autruche (*Struthio* sp.) a été chassée pour les plumes de sa queue (utilisées dans diverses parures) et aussi pour le sport (cet animal étant capable de rivaliser en vitesse avec un cheval au grand galop). Autrefois très répandue dans toute l'Afrique, l'autruche se trouvait en voie d'extermination au milieu du XIXe siècle. Des essais (concluants) de domestication conduisirent à la mise sur pied d'élevages, dont certains connurent un développement considérable, avant que les matières synthétiques ne viennent remplacer la plume d'autruche. Les principales régions d'élevage étaient l'Afrique australe, le bassin du Niger, le bassin du Tchad, le Kordofan, le Darfour, l'Égypte et l'Algérie. L'élevage de l'autruche s'est également pratiqué en Californie, à Madagascar et à l'île Maurice. Mais c'est dans la colonie anglaise du Cap que cet élevage fut le plus actif, grâce à la pratique systématique de l'incubation artificielle : de 85 en 1865, le nombre des autruches domestiques passa à 350 000 en 1904 et à 1 200 000 en 1912, produisant 500 tonnes de plumes. Celles-ci étaient non pas arrachées mais sectionnées au ras de la peau. Pour maintenir leur qualité, Le Cap importait chaque année des autruches sauvages du Soudan et d'Algérie; le prix des plus beaux reproducteurs pouvait atteindre 8 000 francs de l'époque (environ 250 000 francs actuels). Se reproduisant parfaitement en captivité, les autruches peuvent aussi être dressées pour l'attelage et même la monte : en témoigne encore le derby des autruches, qui a lieu chaque année en Californie.

Chassé pour sa chair en Amérique du Sud, d'où il est originaire, le nandou (*Rhea americana*) a également été élevé pour ses plumes en Argentine, qui en exportait 60 tonnes par an à la fin du siècle dernier. Pour une raison que j'ignore, les plumes de nandou étaient connues sur le marché comme « plumes de vautour »; elles servaient notamment à confectionner les boas de nos aïeules. Je n'ai pas connaissance d'élevage et d'utilisation de l'émeu d'Australie (*Dromoeus* sp.). En revanche, capturé jeune, le casoar (*Casuarius* sp.) s'apprivoise très facilement[2].

Plusieurs oiseaux domestiques appartiennent à l'ordre des Palmipèdes. Pour les Anatidés (canards), deux cas doivent être distingués. On attribue l'origine de la plupart des races domestiques actuelles au canard sauvage ou « col-vert » (*Anas platyrhynchos*). Cette origine est en réalité très mal connue. Comme toujours quand l'aire de répartition de l'espèce sauvage est très vaste, il y a probablement eu plusieurs foyers de domestication : Europe centrale, Proche et Extrême-Orient. En tout cas, le foyer européen doit être relativement récent puisque, dans l'Antiquité et encore au Moyen Age, les canards des basses-cours provenaient le plus souvent d'œufs dénichés et donnés à couver à des poules ou à des oies; en outre, la plupart des manuels d'élevage de la fin du siècle dernier ne mentionnaient encore que deux variétés du canard commun (le canard « barboteur » ordinaire et le canard de Normandie, plus fort) et leurs gravures figuraient des animaux très peu différents de l'espèce sauvage.

Le cas du canard domestique à caroncules rouges sur le bec est tout à fait différent. Il suffit de savoir qu'on l'appelle « canard de barbarie » en français, *Muscovy duck* en anglais et *turkische Ente* en allemand pour deviner que son origine est restée longtemps mystérieuse. On sait maintenant très précisément qu'il provient du canard musqué (*Cairina moschata*) dont la première domestication se situe au début de notre ère sur la côte septentrionale de l'Amérique du Sud, d'où il aurait gagné, à l'époque précolombienne, d'une part le reste du sous-continent sud-américain, d'autre part l'Amérique centrale, avant d'être importé en Europe au milieu du XVIe siècle par les Espagnols. Sa généralisation semble tardive (XVIIIe siècle), d'où, certainement, l'hésitation que traduisent ses divers noms. Plusieurs autres espèces domestiques, comme le canard mandarin (*Dendronessa galericulata*, importé de Chine au XIXe siècle) ou le canard de Caroline (*Anas sponsa*), sont vouées par la beauté de leur plumage à un usage ornemental.

Pour les Anséridés (oies), les foyers sont à peu près les mêmes que précédemment. Néanmoins, la domestication de l'oie commune (*Apriser anser*), au moins en Europe et au Proche-Orient, semble avoir précédé de beaucoup celle du canard commun, puisqu'on la situe actuellement au – IIIe millénaire. On connaît l'anecdote des oies qui sauvèrent Rome d'une attaque barbare en donnant l'alerte par leurs cris lorsque les assaillants arrivèrent au pied des remparts de la ville. Les oies des Romains étaient bien déjà des oies domestiques : il en existait de toutes blanches et leur démarche était déjà alourdie par l'engraissement. Le gavage pour l'obtention de foies gras était d'ailleurs déjà pratiqué par les Romains et les Égyptiens. La Gaule et la Germanie étaient réputées pour leur production d'oies. Rome en importait de ces contrées : les animaux faisaient le voyage « à pied », en grands troupeaux, à travers l'Italie. Les cygnes (*Cygnus* sp.) ont été mangés (comme les paons, les grues, etc.) jusqu'au XVIIIe siècle mais n'ont plus maintenant qu'une fonction ornementale. Les canards et les oies sont élevés pour leur chair, leur foie et leur graisse ; leur duvet (750 g par an et par oie) est également très recherché pour la literie[3].

Le sous-ordre des Totipalmes offre un curieux cas de domestication d'un oiseau comme auxiliaire de pêche : le grand cormoran (*Phalacrocorax carbo*). La pêche au cormoran peut être comparée, dans son principe, à la fauconnerie, mais sa pratique est réduite à sa plus simple expression : il suffit en effet de munir l'oiseau d'un fil à la patte et d'une bague autour du cou (pour l'empêcher d'avaler ses proies) et de le poster au-dessus d'une eau poissonneuse ; lorsqu'il a plongé, l'homme n'a plus qu'à le ramener en tirant sur le fil et à lui faire rendre gorge ; il faut toutefois veiller à l'encourager en lui laissant avaler le poisson toutes les quatre à cinq prises. Cette pêche est surtout fréquente en Chine et au Japon; mais il y aurait eu dans la maison du roi d'Angleterre une charge de maître des cormorans instituée par Jacques Ier en 1611. Un autre cormoran (*Phalacrocorax bougainvillei*) s'est rendu célèbre en Amérique du Sud pour sa volumineuse production d'un guano très prisé comme engrais agricole, en raison de sa forte teneur en matières azotées. Très courant sur les bords du Nil et de la mer Rouge, le pélican blanc (*Pelicanus onocrotalus*) était autrefois recherché en Égypte, sans doute pour un motif identique[4].

Il n'y a pas, chez les Longipennes, d'oiseaux domestiques à proprement parler. On sait pourtant que les albatros (Diomédéidés) suivent fréquemment les navires pour leurs détritus, et rares sont les marins qui ne connaissent pas quelque histoire de mouettes ou de goélands (Laridés) apprivoisés. Jusqu'au début du siècle, dans l'île Laysan, au nord d'Honolulu, les œufs d'albatros, bien que de qualité médiocre, étaient activement recherchés pour être consommés. Ces animaux se reproduisent dans l'île de novembre à décembre, déposant leurs œufs à même le sol. Une petite voie ferrée, sur laquelle circulaient des wagonnets tirés par des mules, avait été installée à travers le domaine des albatros. Les œufs étaient récoltés dans des brouettes qui rayonnaient en tout sens au large de la voie. On sait également qu'attirées par les décharges, les mouettes pénètrent aujourd'hui de plus en plus profondément à l'intérieur des terres; bien qu'elles soient indésirables en beaucoup d'endroits (notamment sur les aéroports), elles sont en passe de devenir, au même titre que les moineaux et les pigeons, des oiseaux commensaux de l'homme[5].

Les Échassiers offrent de nombreux cas d'oiseaux dont l'homme recherche plus ou moins activement les services et la présence. L'ibis (*Ibis oethiopica*), dont l'arrivée annonçait la crue du Nil, était vénéré dans l'Égypte ancienne : c'était le hiéroglyphe du nom du dieu Toth, qui lui-même était représenté par une tête d'ibis parfois surmontée du disque solaire et de deux cornes en croissant. Le jabiru (*Mycteria senegalensis*) et surtout le marabout (*Leptoptilus crumenterus*) jouent le rôle d'éboueurs dans de nombreux villages d'Afrique. Le garde-bœuf (*Bubulcus ibis*) monte sur le dos des bovins domestiques pour les débarrasser de leurs parasites; en Inde, il rend des services analogues aux éléphants. La cigogne blanche (*Ciconia ciconia*) n'hésite pas à nicher sur les habitations autour desquelles elle détruit, pour se nourrir, une grande quantité de petits animaux nuisibles. Enfin, plusieurs espèces de grues, notamment la grue cendrée (*Grus grus*) et la grue couronnée (*Balearica pavonina*), sont élevées comme oiseaux d'ornement. L'une d'elles, la « demoiselle de Numidie » (*Anthropoides virgo*), jouait, dans l'Égypte ancienne, le rôle de chien de garde, avertissant par ses cris les autres animaux de basse-cour de l'approche d'un danger ; d'autres échassiers auraient un rôle analogue en divers points de l'Amérique du Sud. Tous ces oiseaux peuvent ainsi devenir très familiers et même s'apprivoiser.

Les oiseaux domestiques les plus typiques et les plus nombreux appartiennent à l'ordre des Gallinacés. Aujourd'hui répandu dans le monde entier, le coq (*Gallus gallus*) est originaire du bassin de l'Indus, où l'espèce souche probable, le coq bankhiva, subsiste à l'état sauvage. La domestication du coq remonte au Néolithique. Diffusé d'abord en Chine, où les premières traces de son élevage remontent à – 6000, il aurait été introduit en Europe avant l'Age du Bronze, via la Perse et l'Asie Mineure. Sa généralisation en Europe occidentale, à partir de – 500, coïncide avec l'apogée de la civilisation celtique (gauloise en France). Travaillé depuis lors par la sélection, le coq a donné un grand nombre de variétés adaptées à des contextes d'élevage et/ou à des utilisations particulières, des grandes « races » européennes pondeuses (Leghorn) ou à viande (Bresse, Houdan, Mans) aux petites poules naines d'agrément, en passant par les coqs de combat. Son adaptabilité, sa rusticité, son large spectre alimentaire, la simplicité de son élevage et la qualité de ses produits ont fait du coq l'un des animaux domestiques les plus répandus dans le monde.

Mais le coq n'est pas le seul Gallinacé domestique. La pintade (*Numida meleagris*) est l'un des rares animaux domestiques originaires d'Afrique. Disparue d'Europe aux temps préhistoriques, elle y a été réintroduite par les Romains, qui la découvrirent en Numidie (Algérie actuelle). Dispersées avec les débris de l'Empire romain, les pintades seront à nouveau réintroduites en Europe, cette fois définitivement, au milieu du XVe siècle par les explorateurs portugais de l'Afrique occidentale (le nom de la pintade viendrait du portugais *pintada* : « peinte »). En fait, l'élevage de cet oiseau coureur, beaucoup plus difficile à contrôler que le coq, ne s'est vraiment développé qu'au XXe siècle (à partir des années 1950). D'Amérique, où ils venaient de transporter la pintade, les conquistadores rapportèrent, dans les années 1520, le dindon (*Meleagris gallopavo*), domestiqué au Mexique vers – 5000. Peut-être à cause de ce chassé-croisé, la pintade (appelée « poule d'Inde ») et le dindon (dénommé « pintade ») furent longtemps confondus. Moins agité que la première et d'une taille suffisante pour nourrir une « tablée », le second accéda assez rapidement (sous le règne de François Ier) au statut d'animal de ferme.

Plusieurs autres Gallinacés sont surtout connus en Occident comme gibier. Leur état sauvage ne doit cependant pas faire illusion car ils sont depuis fort longtemps élevés pour repeupler les chasses et orner parcs et jardins. Tous les Phasianidés sont originaires d'Asie. A côté du faisan commun (*Phasianus colchicus*) et du vénéré (*Syrmaticus reevesi*), réputés « faisans de chasse », on y trouve plusieurs très belles espèces ornementales comme le faisan doré (*Chrysolophus pictus*) ou le faisan argenté (*Gennoeus nycthemerus*). Le paon (*Pavo cristatus*, Pavonidés) vient de l'Inde, où sa domestication est ancienne. L'apparition en Europe du faisan commun et du paon est antérieure au Moyen Age ; les autres espèces ornementales y ont été introduites ultérieurement (entre le XVIIe et le XIXe siècle) par des amateurs d'oiseaux exotiques. Signalons encore les perdrix, rouge (*Alectoris rufa*) et grise (*Perdix perdix*), très largement répandues dans tout l'Ancien Monde, et la caille (*Coturnix coturnix*), qui migre de part et d'autre de la Méditerranée. Toutes ces espèces sont également chassées et élevées.

La fourniture de viande, d'oeufs, de plumes, et la facilité de leur élevage ne suffisent pas à expliquer le succès des Gallinacés. Le rôle que certains jouent dans l'ornementation et même dans l'animation des espaces habités ne doit pas non plus être sous-estimé : le coq de ferme tellement français, trônant sur le fumier d'où il surveille jalousement son harem de poules et sonne aux premières lueurs de l'aube le réveil de la maisonnée, en est l'humble mais efficace symbole. En d'autres lieux (Afrique et monde musulman), le coq (ou la poule) est l'animal de sacrifice de tous ceux – les plus nombreux – qui ne peuvent donner un mouton ou un bœuf. Les Gallinacés, enfin, du fait de l'agressivité que se témoignent les mâles, font d'excellents animaux de combat : des races spécifiques ont été sélectionnées à cet usage, de l'Indonésie à l'Europe occidentale – surtout en Angleterre, en Belgique, dans le nord de la France (où les combats de coqs font encore fureur) et en Espagne –, d'où cette pratique est passée aux Antilles et en Amérique. En Chine, en

Asie centrale, dans le nord de l'Inde et au Moyen-Orient, on fait aussi se battre des perdrix et des cailles. Tous ces usages « non utilitaires » ne peuvent être négligés : on sait que Hahn, qui consacra une part importante de son ouvrage classique aux Gallinacés, y voit l'origine de la domestication de ces oiseaux[6].

Les Colombidés tirent surtout leur célébrité de l'étonnante faculté de retour du pigeon à son pigeonnier. Cette faculté, présente à des degrés divers chez tous les oiseaux migrateurs et à un degré extraordinairement développé chez le pigeon voyageur, n'a toujours pas été entièrement élucidée : elle ferait intervenir, non pas un, mais plusieurs sens combinés (géomagnétisme, olfaction, etc.). Bien que l'utilisation du pigeon comme messager soit attestée, par exemple en Perse et en Égypte, dès le début du Ier millénaire avant notre ère, il n'est pas prouvé qu'elle soit, comme on le dit souvent, à l'origine de la domestication de cet oiseau. En fait, l'histoire du pigeon, grand migrateur présent sur presque tous les continents, est à peu près inconnue. Comme souvent en pareil cas, sa domestication a probablement eu lieu indépendamment en plusieurs points d'Europe, d'Asie et d'Amérique. Sa souche européenne est le pigeon de roche ou biset (*Columba livia*), que l'on trouve encore à l'état sauvage.

L'observation des pigeonniers troglodytiques encore utilisés de nos jours, en divers endroits de Turquie et d'Iran, permet de se faire une idée de ce qu'a pu être la domestication du pigeon à ses débuts. Ni la viande ni les œufs des pigeons ne sont ici consommés. La destination principale de ces pigeonniers est l'accumulation et la récolte de cet engrais naturel qu'est le guano. A cela s'ajoute une destination « récréative » : quand vient la fraîcheur du soir, les pigeons sortent en compagnies pour voler; ce spectacle, qui marque la fin d'une journée de chaleur et de labeur, est très prisé des villageois. Donc, après avoir sans doute cherché à éloigner ce pilleur de grain qu'est le pigeon, l'homme a dû finir par trouver une utilité et même du charme à cet oiseau, au point de tolérer et même d'encourager, sous certaines conditions, sa présence auprès des habitations.

Pour secondaire qu'elle puisse paraître, la vocation récréative et ornementale du pigeon n'en est pas moins celle qui a suscité le plus d'efforts de sélection de la part de l'homme (efforts que Darwin a rendus célèbres en leur consacrant une large part de ses travaux sur l'évolution des espèces). Les spectaculaires acrobaties en vol auxquelles se livre le pigeon « basculant » d'Orient continuent de donner lieu, en Iran par exemple, à des compétitions qui n'ont rien à envier aux lâchers de pigeons voyageurs de nos modernes colombophiles. De leur côté, les Chinois agrémentent le vol de leurs pigeons en leur accrochant à la queue des clochettes et des sifflets qui donnent de véritables « orchestres aériens ». Enfin, en Occident, les pigeons capucins, boulants, bouvreuil, à queue de paon, etc. n'ont pas d'autres destinations qu'ornementales.

En somme, les deux utilisations du pigeon aujourd'hui les plus réputées chez nous – chair et retour au pigeonnier – pourraient être restées longtemps marginales et n'avoir connu qu'assez tardivement leur plein développement. En effet, plusieurs siècles se sont écoulés entre, d'une part, les « fuies » et pigeonniers seigneuriaux de l'Ancien Régime, où l'on se contentait de venir prélever pour la consommation les pigeonneaux des bisets à demi sauvages qui y élisaient domicile, et, d'autre part, les races actuelles sélectionnées et élevées pour leur viande (pigeons mondains, texans, King, etc.). Quant aux techniques d'emploi, pourtant fort anciennes, et à la sélection du pigeon voyageur, elles n'ont atteint leur niveau actuel qu'à la fin du XIXe siècle, à la faveur (si l'on peut dire) de la guerre de 1870 (qui vit naître les mots « colombophile » et « colombophilie ») et de celle de 1914, *donc parallèlement au perfectionnement de la téléphonie.* Le sort du pigeon voyageur n'est donc pas sans rappeler celui du cheval ou du chat : c'est seulement lorsque son inutilité a été consacrée par le téléphone sans fil que la colombophilie a commencé à connaître son véritable succès populaire.

Parmi les autres Colombidés domestiques, il faut surtout retenir la tourterelle (*Streptopelia turtur*), aujourd'hui retournée à l'état sauvage, mais qui s'apprivoise et se reproduit parfaitement en captivité, et qui était bien plus familière au Moyen Age que le pigeon. La tourterelle aujourd'hui connue comme domestique est la tourterelle à collier (*S. risoria*), importée d'Afrique au XVIe siècle par les Hollandais, et dont la blanche colombe est une variété albinos. Les autres espèces, comme la jolie colombe diamant d'Australie (*Geopelia cuneata*), sont exclusivement des oiseaux de volière[7].

L'ordre des Grimpeurs est surtout représenté ici par les perroquets et les perruches. Recherchés depuis l'Antiquité pour leur capacité à singer l'homme, les couleurs de leur plumage et leur attachement à leur maître, les premiers ont été très tôt introduits en Europe. D'abord la grande perruche ou perruche d'Alexandre (*Palaeornis torquata*), verte à nuque rose, répandue dans toute la partie chaude de l'Ancien Monde : connue des Grecs et des Romains, cette espèce fut le papegaut ou papegay du Moyen Age, qui « dit paroles articulées en semblance d'ome, si l'on li enseigne en sa jonesce ». Vinrent ensuite le très bavard gris du Gabon, à queue rouge (*Psittacus erythacus*), le plus connu aujourd'hui, puis, de taille supérieure, les aras vert et rouge d'Amérique du Sud (*Ara* sp.) et les cacatoès blancs à huppe jaune ou rouge d'Australie (*Cacatua* sp.). Les perruches proprement dites, plus petites, ont été introduites beaucoup plus tard mais ont remporté un succès immédiat. Rapportée d'Australie en 1840, la perruche ondulée (*Melopsittacus ondulatus*), verte à tête jaune à l'état sauvage, a donné, après quelques décennies de captivité, des variétés blanche, jaune, olive, violette, qui sont à l'origine des multiples combinaisons de couleurs que les amateurs obtiennent aujourd'hui, par sélection et croisement. C'est, au total, plusieurs dizaines d'espèces de perroquets et de perruches qui sont actuellement élevées en captivité[8]. On peut y ajouter les toucans (*Ramphastos* sp.) qu'apprivoisent souvent les indigènes d'Amazonie.

La gamme d'utilisation des Rapaces est fonction de leurs comportements alimentaires. Le goût des Vulturniens pour les charognes et les détritus a conduit plusieurs d'entre eux à devenir des commensaux de l'homme : c'est ainsi, par exemple, que vautours fauves (*Vultur* sp.) et noirs (*Urubus*) vaquent en toute tranquillité à leur rôle d'éboueurs dans de nombreuses petites villes d'Inde, d'Afrique et d'Amérique du Sud; probablement pour la même raison, le vautour oricou (*Otogyps auricularis*) était sacré en Égypte ancienne. Un Falconien africain, le serpentaire (*Serpentarius serpentarius*), grand amateur de reptiles comme son nom l'indique, a fait l'objet au XIXe siècle d'essais d'acclimatation (apparemment infructueux) dans d'autres régions infestées de serpents venimeux.

Cet exemple malheureux mis à part, les Falconiens dans leur ensemble occupent vis-à-vis de l'homme une place tout à fait particulière. Leurs dons exceptionnels pour s'emparer, en vol ou à terre, de proies vivantes également convoitées par l'homme, ne pouvaient manquer d'attirer l'admiration et l'envie de celui-ci. Aussi, la chasse à l'aide de ces oiseaux a-t-elle donné lieu à l'élaboration de tout un ensemble de techniques – un « art », disent ceux qui le pratiquent – connu sous le nom générique de fauconnerie. Attestée en Orient dès le début du Ier millénaire avant notre ère, la fauconnerie aurait été introduite en Europe par les Croisés. Les Rapaces se reproduisant mal en captivité, il faut les capturer jeunes, lorsqu'ils sont encore « niais », et les dresser (« affaiter », « duiter ») à chasser pour leur maître. Tout l'art en question consiste à parvenir au juste équilibre entre deux extrêmes également nécessaires : la familiarisation avec le fauconnier et la conservation de l'instinct naturel de chasse. Les oiseaux employés déterminent en fait deux types de chasse assez différents : la chasse au haut-vol ou fauconnerie proprement dite utilise des Rapaces qui fondent sur d'autres oiseaux en vol; au contraire, en chasse au bas-vol ou autourserie, le gibier, à plume ou à poil, est terrassé au sol. A l'inverse des Orientaux, qui semblent avoir surtout pratiqué la basse-volerie, les Européens préférèrent la haute-volerie; eux seuls cultivèrent la distinction entre fauconnerie et autourserie.

Il ne faut pas déduire de ces termes génériques que seuls les faucons et les autours furent ainsi utilisés. Au contraire, d'Orient en Occident, et des origines à nos jours, les espèces concernées ont été extraordinairement nombreuses : cinq aigles du genre *Aquila* (dont l'aigle royal ou doré, *A. chrysaetos*, et l'aigle impérial à épaules blanches, *A. heliaca*) et deux du genre *Hieraaëtus* (dont l'aigle de Bonelli, *H. fasciatus);* le faucon pèlerin (*Falco peregrinus*), l'émerillon (*F. colombarius*), le gerfaut (*F. rusticolus*), le sacre (*F. cherrug*) et au moins trois autres faucons ; l'épervier (*Accipiter nisus*), l'autour des palombes (*A. gentilis*) et quatre autres espèces du même genre ; la buse variable (*Buteo buteo*) ; plusieurs busards (*Circus* sp.) et plusieurs milans (*Milvus* sp.). Cet arsenal d'une bonne vingtaine de Rapaces a permis à l'homme de s'attaquer à un large éventail de gibiers, des classiques pigeons et lièvres jusqu'à des proies beaucoup plus volumineuses comme l'outarde, la grue, l'autruche et même le loup (chassé à l'aigle à Byzance et en Asie centrale, chez les Kirghizes). En Orient, un Strigien, le hibou grand duc (*Bubo bubo*), était aussi utilisé pour s'emparer, de nuit, des petits animaux à fourrure comme l'écureuil gris ou la zibeline. La même source cite aussi un Passereau corvidé, le grand corbeau (*Corvus corax*), pour la chasse au lièvre[9].

De fait, les Coracirostres (corneilles, freux, choucas, pies, geais) peuvent s'apprivoiser aisément mais leur utilisation ne va jamais bien loin, les quelques cas connus avec certitude de ces oiseaux dressés à la rapine demeurant – fort heureusement ! – des exceptions.

Parmi les autres Passereaux, nombreuses sont les espèces qui passent facilement du simple commensalisme à la domestication. Pour s'en tenir aux oiseaux les plus courants dans nos régions, rappelons que les insectivores comme les rossignols (*Luscinia* sp.), les fauvettes (*Sylvia* sp.) et surtout le rouge-gorge (*Erithacus rubeculus*) peuvent devenir très familiers et, capturés, se reproduire en captivité. Les granivores sont plus nombreux encore dans ce cas : du moineau (*Passer domesticus*) au serin (*Serinus canarius*), en passant par le chardonneret (*Carduelis carduelis*), le verdier (*C. chloris*), le tarin (*C. spinus*), le bouvreuil (*Pyrrhula pyrrhula*), le pinson (*Fringilla cœlebs*), etc., on trouve toute une gradation de cas et de situations que de nombreuses possibilités d'hybridation viennent encore élargir (la plus courante donnant le « mulet », produit du chardonneret et de la serine).

Quant aux mandarins, becs-de-corail, cordons-bleus, cous-coupés, diamants, bengalis et autres oiseaux exotiques, dits aussi (improprement pour nombre d'entre eux) « oiseaux des îles », et à leurs hybrides, on n'en finirait pas de les énumérer : en 1891, Henri Moreau estimait à « quatre à cinq cents *à peine* » (c'est moi qui souligne) le nombre des espèces de volière. Contentons-nous donc de rappeler que le modeste serin (ou canari) est l'un d'eux, mais il fait depuis si longtemps partie de nos familiers qu'on a parfois tendance à l'oublier. Importé des Canaries (d'où son nom de canari) au Moyen Age (où son chant était comparé à celui des sirènes, d'où son nom de serin), cet oiseau a connu sa véritable vogue en Europe à partir du XVIe siècle. Les chroniqueurs rapportent qu'au XVIIIe siècle des livraisons massives de canaris étaient effectuées deux fois par an, au printemps et à l'automne, au cabaret de la Boule Blanche, dans le Faubourg Saint-Antoine, par des Suisses qui apportaient « sur leur dos, en forme de balles, des milliers de Serins », qu'ils étaient allés chercher au Tyrol, où (pour de mystérieuses raisons) leur élevage avait pris des dimensions considérables ; chacun de ces arrivages attirait une foule de curieux et d'acheteurs de toutes les couches de la société, si bien qu'en quelques heures tout le stock était épuisé. Mais Hervieux, qui relate ces faits dans son *Nouveau traité des Serins* (1734), n'approuve ni cette origine, ni ce moyen de transport car, écrit-il, « les Serins que les Suisses nous apportent ici périssent presque tous, peu de jours après qu'on les a achetés » (*sic*).

Ces difficultés ne découragèrent nullement les amateurs, et

l'on peut considérer qu'en 1860, la manie du serin a déjà gagné toute l'Europe. Depuis, de multiples possibilités de sélection et de croisement des serins ont été développées – pour le chant (Saxons), pour le plumage (jaune, vert, blanc, isabelle, lisse ou frisé, avec ou sans huppe) ou pour la « posture » (Yorkshire allongé, Norwich rond, Hollandais voussé), etc. –, qui font les délices d'éleveurs passionnés, groupés en associations serinophiles, et des visiteurs des nombreux concours et expositions ornithologiques. La Chine est l'une des grandes civilisations qui a également poussé très loin la domestication des Passereaux de cage, pour le chant et même le dressage (oiseaux se saisissant de masques faits d'écorces de fruits de gingko peintes aux figures du théâtre traditionnel)[10].

Des Reptiles aux Poissons

A la fois moins nombreuses et moins approfondies, les actions domesticatoires qui ont pu s'exercer sur les animaux autres que les Mammifères et les Oiseaux n'en sont pas moins intéressantes.

Ainsi, plusieurs cas d'élevage de Reptiles méritent d'être signalés. Le maintien en captivité et l'engraissement de Crocodiliens étaient fréquent en Égypte ancienne, où le culte rendu au Nil utilisait le truchement de crocodiles (*Crocodylus niloticus*) auxquels des sacrifices et des offrandes étaient faits. L'élevage moderne de ces animaux répond à une tout autre nécessité : la production de peaux pour la maroquinerie, qui en utilise 350 à 400 milliers par an. Créées pour compenser la raréfaction des Crocodiliens à l'état naturel dans le monde, les premières « fermes à crocodile » virent le jour en Thaïlande en 1950. Actuellement au nombre de trente réparties entre une dizaine de pays, ces fermes produisent environ 50 000 peaux par an, soit un peu plus du dixième de la consommation mondiale.

Les élevages de crocodiles sont de trois sortes : 1) dans des stations d'engraissement, des crocodiles sauvages, capturés jeunes, sont nourris durant deux à trois ans, puis abattus; il s'agissait de petits élevages familiaux de quelques crocodiles, surtout présents en Nouvelle-Guinée, mais d'où ils semblent avoir aujourd'hui disparu; 2) dans des « ranches », des œufs prélevés dans la nature sont incubés et les jeunes élevés jusqu'à la taille commerciale de 1,50 à 2 m; ce type, surtout représenté dans les pays d'Afrique australe (République Sud-Africaine, Zimbabwe) pour le crocodile du Nil et en Nouvelle-Guinée pour G *novaeguinae* et *C. porosus*, est aujourd'hui le plus courant; 3) les « fermes » proprement dites contrôlent tout le cycle de reproduction en captivité, grâce à des reproducteurs soigneusement sélectionnés; c'est la formule adoptée en Thaïlande pour *C. siamensis, C. porosus* et *Tomistoma schlegeli*, et aux États-Unis pour l'alligator du Mississippi (*Alligator mississipiensis*). Dans ces fermes, la sélection et les conditions d'élevage permettent d'obtenir une croissance des animaux trois fois plus rapide qu'à l'état sauvage[11].

La maroquinerie est le débouché principal mais non exclusif de ces élevages : ceux-ci accueillent aussi de nombreux touristes et vendent les dents des crocodiles, leur viande et même des animaux vivants. Depuis les années 1920, la mode du « crocodile de compagnie » (*pet crocodile*) s'est en effet développée chez les Américains, qui n'en sont décidément pas à une excentricité près. Les Français, dont les complexes d'infériorité sont bien connus, pousseraient-ils l'imitation de leurs amis d'outre-Atlantique jusque dans ce domaine ? C'est en tout cas la question que l'on se posa quand la découverte fut faite, voici quelques années, dans les égouts parisiens, d'un crocodile (visible depuis à la ménagerie du Jardin des Plantes) : il ne pouvait s'agir en effet que d'un animal acheté petit dans un bocal mais dont le propriétaire, pour conserver l'usage de sa baignoire, plusieurs mois après, dut se débarrasser en le jetant dans une bouche d'égout...

Chez les Chéloniens, les petites tortues de nos régions, qu'elles soient terrestres (*Testudo graeca, T. ibera*) ou aquatiques (*Emys orbicularis*), sans parler de plusieurs espèces exotiques d'aquarium, s'élèvent et même s'apprivoisent très bien, pour la plus grande joie de nos enfants.

Le maniement des Ophidiens est plus délicat : ne s'improvise pas charmeur de serpents qui veut ! Les Indiens avec le naja ou cobra ou encore serpent à lunettes (*Naja tripudians*) et les Égyptiens avec le naja d'Égypte (*N. haje*) excellent dans cet exercice dangereux. Ces derniers prétendent pouvoir obtenir à volonté l'immobilité et la raideur du naja en comprimant adroitement un point déterminé de la nuque de l'animal : ainsi s'expliquerait le bâton subitement changé en serpent qu'Aaron jeta devant Pharaon. L'Antiquité semble en tout cas avoir réservé à ces Reptiles des faveurs qui ne sont plus de mise aujourd'hui. On sait que les anciens Égyptiens vénéraient le naja et que les Romains, pour venir à bout des souris, abritaient des couleuvres (probablement *Elaphe longissima*) jusque dans leurs demeures. De même, chez les Aïnous, « les serpents jouent le rôle du chat des fermes européennes[12] ». Signe de la folie des temps modernes : certains élèvent maintenant des rats pour nourrir les serpents. Intrigué, il y a peu de temps, par la présence d'une cage pleine de surmulots sur l'étal d'un marchand de petits animaux du marché de mon quartier, je demandai à celui-ci quelle sorte de clients ces sympathiques bestioles pouvaient bien intéresser. « Ceux qui ont des pythons chez eux, me répondit-il ; ils prennent leur pied en regardant les serpents bouffer les rats ! » En quelque sorte, les jeux du cirque à domicile...

Les Sauriens n'offrent pas de spectacles aussi délicats, mais certains, comme le caméléon (*Chamoeleo vulgaris*) et plusieurs espèces de lézards, peuvent devenir très familiers et s'approcher pour gober les insectes qu'on leur présente du bout des doigts. J'ai moi-même, dans mon enfance et au grand dam de ma mère (à qui je faisais croire qu'il s'agissait de serpents), conservé quelque temps des orvets (*Anguis fragilis*).

Parmi les Batraciens, seuls à ma connaissance les tritons (*Triturus sp.*) peuvent très facilement, sans doute en raison de leur régime Carnivore relativement peu spécialisé, être maintenus et même se reproduire en captivité.

Comme les Oiseaux de cage et de volière, les Poissons comptent de nombreuses espèces d'aquarium recherchées pour la beauté de leurs couleurs. Il serait trop long et sans intérêt de les énumérer toutes. Une autre espèce, le rémora (*Echeneis remora*, Scombridé), était autrefois utilisée, à Madagascar et aux îles de la Sonde, comme instrument de pêche à la tortue. Ce poisson présente en effet la particularité d'être muni d'une ventouse sur la tête, grâce à laquelle il peut se fixer sur toute surface lisse (coque de navire, abdomen de requin, etc.). En vue d'une tortue endormie à la surface de la mer, il suffisait donc de mettre le rémora à l'eau avec une ficelle à la queue, puis, lorsqu'il s'était fixé à la carapace, de tirer lentement sur la ficelle pour ramener la tortue.

On trouve aussi chez les Poissons plusieurs espèces domestiques classiques, dont les souches sont presque toutes originaires d'Extrême-Orient. La plus connue et probablement la plus ancienne est la carpe (*Cyprinus carpio*, Cyprinidé). En l'absence de documentation archéologique, on suppose que ce poisson a été importé de Chine en Asie Mineure. De là, les Romains le faisaient venir par bateaux-citernes pour en garnir leurs viviers. Au Moyen Age, une introduction massive s'est faite en Occident autour des demeures, seigneuriales et surtout des monastères, où des étangs ont été créés pour conserver vivante cette nourriture de carême. La carpe est l'un des rares poissons sur lesquels la sélection ait porté : sélection en vue de l'augmentation de poids (on arrive couramment à des spécimens comestibles de 2 à 2,5 kg) et sélection en vue du moindre effort d'écaillage ; dans ce dernier but, deux souches ont été créées : la carpe-miroir, qui n'a que quelques grandes écailles sur la région dorsale, et la carpe-cuir, qui n'en a pas du tout.

Un proche parent de la carpe, également originaire de Chine, a lui aussi été l'objet d'une sélection intensive : c'est le cyprin doré (*Carassius auratus*), notre « poisson rouge ». La domestication de cet animal a commencé en Chine au VIIIe siècle avec la capture et l'élevage en bassins de spécimens présentant des particularités remarquables. Au XIIe siècle, un empereur et sa cour s'étant pris de passion pour cette activité, une nouvelle profession voit le jour, celle d' « éleveurs de poissons d'or », dont l'art consiste à guetter l'apparition des mutations et à les maintenir. Une nouvelle étape est franchie au XVIIe siècle avec le passage des bassins creusés dans le sol à des récipients de moindre encombrement, qui permettent une meilleure surveillance des poissons. Dès lors, le nombre des races recensées va croître rapidement : de 92 en 1772, il passe à 158 en 1958. La sélection, qui isole des poissons bouledogues, d'autres à nageoire caudale ou à globes oculaires hypertrophiés, d'autres encore totalement ou partiellement dépigmentés, est ici à vocation ornementale.

La pisciculture moderne est donc l'héritière d'une très ancienne tradition. Des simples élevages en étang à destination gastronomique (truite) ou de repeuplement tels qu'ils se pratiquaient dans la deuxième moitié du XIXe siècle, celle-ci est passée, à partir des années 1950, avec le *sea-ranching*, au stade de l'industrie alimentaire. Ainsi, en France, une dizaine de centres d'aquaculture donnent annuellement un millier de tonnes de saumon, de sole, de turbot, de bar, de daurade. Au Japon, 3 000 gigantesques fermes marines off-shore produisent environ un million de tonnes de thon par an. En Malaisie, l'élevage du *milk-fish* (*Chanos chanos*) dans des lagunes saumâtres fertilisées par les égouts permet d'atteindre des rendements de 5 000 kg de poisson par hectare et par an. A Taiwan, l'élevage du poisson avec engrais assure des rendements de 2 000 kg par hectare et par an. On a pu calculer qu'en Asie du Sud-Est, 350 000 km^2 d'eau se prêtent à l'élevage du *milk-fish ;* mis à profit, ils pourraient donner, au taux de productivité de Taiwan, 70 millions de tonnes de poisson, soit l'équivalent des pêches mondiales. Bref, si ce que certains appellent déjà la « révolution bleue » se poursuit à son rythme actuel de croissance, la production piscicole mondiale pourrait atteindre 100 millions de tonnes en l'an 2000.

Cet horizon radieux est cependant obscurci par bien des difficultés, la pollution marine notamment. On connaît aussi la dégradation des qualités gustatives qu'entraînent, chez la truite par exemple, les méthodes « modernes » d'alimentation de ce poisson (avec les pires déchets). Souhaitons donc n'avoir jamais à nous nourrir uniquement de *milk-fish*[13]...

Les Invertébrés

On ne s'étonnera pas que, relativement au nombre total d'espèces connues de la classe des Insectes (environ un million), le nombre de celles qui ont fait l'objet d'actions domesticatoires, à des degrés divers, soit infinitésimal. Ces cas n'en sont que plus remarquables.

Le nom de la mouche domestique (*Musca domestica*) ne doit pas faire illusion : cet animal n'est qu'un commensal de l'homme, au demeurant fort agaçant. Également indésirable est la puce (*Pulex irritons*) ; mais c'est précisément ce qui faisait le succès des numéros de puces « dressées » de certains forains d'autrefois : en fait, les sauts périlleux de ces animaux étaient purement illusoires, toute l'habileté du « dresseur » consistant au contraire à attacher les puces avec des fils invisibles pour les empêcher de sauter ! Tous les Diptères ne sont pas aussi intraitables. L'un d'eux détient même – et de très loin – le record incontesté de sélection et de croisement de la part de l'homme : c'est la mouche du vinaigre ou drosophile (*Drosophila melanogaster*). Depuis qu'elle a été remarquée pour ses mutations par le biologiste Thomas Hunt Morgan en 1910, cette petite mouche à ventre noir a donné plus de 400 races, qui se différencient par la forme et la taille des ailes, la couleur des yeux, etc. Elle est ainsi devenue la mouche des généticiens[14].

L'ordre des Lépidoptères (papillons) est représenté principalement par le bombyx du mûrier (*Bombyx mori*), dont la chenille, dite « ver à soie », s'enferme dans un cocon qui peut donner de 800 à 1 700 m du précieux fil. Né vers – 2700 en Chine – plus précisément, dit la légende, en – 2640, de la découverte fortuite d'une princesse chinoise –, l'élevage du ver à soie restera longtemps le monopole de cette région, en raison des difficultés de transport et d'acclimatation de l'animal. La soie, en revanche, donna rapidement lieu à un commerce très actif, notamment le long de la fameuse Route de la soie qui, dès – 200, conduisait de la Chine à Rome, en passant par la Bactriane, l'Inde et la Perse. Le ver à soie lui-même et le mûrier blanc (*Morus alba*) nécessaire à son élevage ne progressèrent que très lentement vers l'ouest : ils semblent être arrivés, d'une part, en Grèce au VIe siècle par Byzance, d'autre part, en Italie et en France au XIIe siècle par le monde musulman, la Sardaigne et l'Espagne. Encouragée successivement par Louis XI, par François Ier et surtout par Colbert, la sériciculture, alimentant l'industrie lyonnaise de la soie, restera pendant trois siècles l'activité économique dominante des Cévennes et de la Provence. Un premier coup dur fut porté à la sériciculture par la pébrine, maladie parasitaire du tube digestif du ver à soie causée par les spores d'un champignon (*Nosema bombycis*), qui apparut en Europe vers 1845 et gagna peu à peu les autres centres de production (Iran vers 1875, Chine quelques années plus tard) mais que Pasteur réussit à juguler, en France, entre 1865 et 1870. Encore considéré au début de la dernière guerre comme une « activité patriotique » (pour la fabrication des parachutes), l'élevage du ver à soie déclina ensuite irrémédiablement face aux tissus synthétiques, posant à nombre de régions rhodaniennes de difficiles problèmes de reconversion (de 26 000 tonnes de cocons pour 2 200 tonnes de soie en 1853, la production française n'était plus que de 3 300 tonnes de cocons en 1980).

Sévèrement sélectionné et élevé en milieu entièrement artificiel, le ver à soie est incontestablement un animal domestique. Même les soies « sauvages » – « shantung » des cocons *d'Antherea paphia*, « tussah » de *Saturnia mylitta*, « fagara » d'*Attacus atlas*, etc. –, « cueillies » jusqu'au XIXe siècle par les Chinois et les Indiens, résultaient elles aussi d'un processus d'élevage : en réalité, c'étaient les œufs des papillons qui étaient « cueillis » ; après leur éclosion, les chenilles devaient être transportées d'arbre en arbre, au fur et à mesure de l'épuisement des feuilles, protégées des oiseaux, etc., jusqu'à la formation des cocons[15].

Beaucoup moins dépendante de l'homme que le ver à soie, l'abeille est pourtant l'un des animaux domestiques les plus largement répandus dans le monde. En fait, plusieurs espèces d'Hyménoptères – une vingtaine, plus ou moins différenciées des types sauvages originels – sont concernées. C'est ainsi que notre *Apis mellifica* d'Europe occidentale et septentrionale descendrait de l'espèce indienne *A. indica.* Dans l'Europe méditerranéenne, l'espèce la plus répandue est *A. ligustica*, déjà connue des Grecs et des Romains. Plus à l'est, on trouve encore *A. carnica* puis *A. caucasica.* Depuis l'Antiquité égyptienne, *A. fasciata* est restée africaine car, transportée ailleurs, elle ne supporte pas l'acclimatation et se montre d'un caractère irascible. Plusieurs autres espèces exploitées ailleurs, comme *Melipona quadrifasciata* d'Amérique du Sud et la grande *Megapis dorsata* de l'Asie méridionale et orientale, restent en grande partie sauvages. Depuis le simple (mais périlleux) prélèvement du miel d'essaims incontrôlés jusqu'à l'élevage proprement dit, les rapports de l'homme et de l'abeille connaissent une infinie diversité. L'élevage lui-même offre de nombreuses variantes, qui se traduisent dans la forme et la conception des ruches : ruches mobiles (pour l'apiculture transhumante) ou fixes, du simple tronc grossièrement évidé aux ruches à pièces mobiles, des ruches de plein air à la ruche-placard, construite dans l'épaisseur du mur de la maison pour profiter de la chaleur des pièces d'habitation, etc. Comme pour beaucoup d'autres cas de domestication, c'est dans la deuxième moitié du siècle dernier que l'apiculture a enregistré ses progrès les plus décisifs[16].

Chez les Hémiptères, seule la cochenille *Coccus cacti*, originaire d'Amérique du Sud et dont la femelle était recherchée pour la production du carmin, semble avoir fait l'objet d'un élevage véritable. L'élevage de ce parasite du cactus nopal (*Opuntia* sp.) consistait essentiellement à lui fournir la quantité de cette plante nécessaire à sa subsistance et à sa reproduction. A cette fin, d'immenses champs de nopals cultivés étaient ensemencés de cochenilles, recueillies dans des étuis en feuille de palmier que l'on piquait sur les cactus ; les insectes en sortaient bientôt et se fixaient sur les plantes dont ils suçaient la sève; leur croissance durait trois à quatre mois. Déjà pratiqué à l'époque précolombienne, cet élevage fit longtemps la fortune du Mexique; il fut également introduit aux Canaries et en Europe. Le remplacement du carmin par l'alizarine artificielle a entraîné sa ruine[17].

Un autre Hémiptère, la cigale (*Cicada* sp.), et un Orthoptère, le grillon domestique (*Acheta domestica*), offrent de curieux exemples d'utilisation ludique d'insectes. En Chine, sous les Han (206 av. J.-C.-220 apr. J.-C.), la première était capturée et élevée pour son chant qui, sous les Tang (618-907), devint objet de concours. Également recherché pour son chant, le second commencera à être utilisé dans des combats à l'époque Tianbao (742-756). Rien n'était alors assez beau (cages d'or et d'ivoire) pour garder ces champions, qui valaient des fortunes. Six traités sur les grillons de combat, les qualités à rechercher, les soins à leur prodiguer, verront même le jour entre 1265 et 1931 ; le dernier en date ne recense pas moins de 117 types différents de ces animaux. Cet engouement ne faiblira pas au cours de l'histoire; seuls les paris seront interdits en 1949[18].

Avec les Crustacés, l'économique et même l'alimentaire reprennent le dessus. L'écrevisse (*Astacus astacus*) était déjà élevée au XIXe siècle; à peu près disparue en 1880 à la suite d'une épizootie, elle a été remplacée par l'écrevisse turque (*A. leptodactylus*) à croissance plus rapide et qui vit très bien en bassin et en eau stagnante. L'élevage du homard européen (*Homarus gammarus*) était aussi pratiqué mais à une échelle relativement modeste; son hybridation avec l'espèce américaine (*H. americanus*), plus résistante et à croissance plus rapide, récemment réalisée à l'île d'Yeu, va peut-être donner un nouvel essor à cette activité. L'élevage des autres Crustacés est plus récent ou encore au stade expérimental; le plus développé actuellement est celui des grandes crevettes pénéides (*Penoeus* sp.) en Méditerranée ainsi qu'à Tahiti et en Nouvelle-Calédonie[19].

L'embranchement des Mollusques, par quoi s'achèvera cet inventaire, offre plusieurs cas d'animaux dont l'élevage est, lui, pratiqué depuis fort longtemps. L'escargot, ce flegmatique et caoutchouteux Gastéropode bien connu de la gastronomie française, a été consommé dès la Préhistoire, si l'on en juge par les amas de coquilles trouvés sur de nombreux sites d'Europe et d'Asie. Il était également apprécié des Grecs et des Romains, qui furent les premiers à en faire l'élevage. Les Gaulois en mangeaient aussi, grillés, à la fin du repas. Sauf dans le sud de l'Allemagne et de la France et surtout en Italie, où l'on continua à en consommer de grandes quantités, cet animal semble avoir connu, en Europe, à partir du Moyen Age, une période de discrédit qui durera plus d'un millénaire : considéré comme nourriture de disette et de carême, il ne sera plus guère élevé que dans les couvents.

Au cours du XIXe siècle, l'escargot retrouve peu à peu des amateurs dans le nord de la France, ainsi qu'en témoigne cette lettre, significative à plus d'un égard, écrite en 1874 par un habitant de Montpellier en visite à Paris : « [...] Nous sommes loin de cette époque où les Parisiens nous appelaient par dérision “mangeurs d'escargots” et où les aubergistes de la banlieue de Paris faisaient payer la marmite dans laquelle les Méridionaux avaient préparé un régal de ces mollusques. Le Parisien s'est en partie ravisé et soit par goût, soit par économie, soit par nécessité même (car Paris a ses misères comme la province quoiqu'il soit l'enfant gâté du budget) le Parisien, dis-je, a fini par comprendre que l'escargot est un aliment sain, nutritif et même de facile digestion pour les estomacs non encore usés par les excès de la civilisation[20]. » Si bien qu'il fallut commencer à en importer de grandes quantités (surtout d'Allemagne) et à donner à son élevage de nouvelles dimensions : l'héliciculture était née. De 800 tonnes en 1910, la consommation annuelle d'escargots en France passa à 8 000 tonnes en 1950. Les espèces concernées sont, en France, l'escargot de Bourgogne (*Helix pommatia*) et le petit-gris (*H. aspersa*). Un Gastéropode marin, le bigorneau (*Littorina littoralis*), est également élevé en Bretagne.

Plusieurs Bivalves ont intéressé l'homme : le premier à avoir été élevé est l'huître plate (*Ostrea edulis*). Dès la période romaine, des colonies d'huîtres ont été parquées et engraissées en Méditerranée. L'exemple des Romains a très rapidement été imité sur l'océan Atlantique. L'ostréiculture aurait d'ailleurs exercé une influence non négligeable sur l'évolution des transports rapides : les dépôts énormes de coquillages datant du IIe siècle de notre ère, trouvés à Clermont-Ferrand, prouvent que le commerce des huîtres se faisait déjà à cette époque sur des distances considérables. Les difficultés de l'acheminement des huîtres vivantes sont à l'origine de la préférence accordée aux animaux de la zone de battement des marées qui ne bâillent pas. Cela dit, la sélection des huîtres est restée à peu près inexistante jusqu'aux travaux que les Français Bon et Coste lui consacrèrent dans les années 1860 et qui fondèrent les méthodes de l'ostréiculture moderne aujourd'hui partout adoptées.

En partie détruite à la même époque par une épizootie, l'huître plate a été peu à peu remplacée sur les côtes atlantiques, à partir de 1867, par la gryphée ou huître portugaise (*Crassostrea angulata*), de forme plus allongée. On raconte qu'à cette date, un cargot portugais en difficulté à l'embouchure de la Gironde dut, pour s'alléger, jeter à la mer son chargement de gryphées. Celles-ci s'acclimatèrent si bien qu'elles prirent la relève des huîtres plates, lorsque ces dernières furent de nouveau frappées par la maladie entre 1920 et 1925. A son tour décimée par une parasitose vers 1970, l'huître portugaise a été progressivement remplacée depuis par l'huître japonaise (C. *gigas*), dont l'acclimatation sur les côtes françaises fut couronnée de succès, alors que toutes les tentatives faites auparavant avec l'huître américaine (C. *virginica*) restèrent infructueuses. En 1978, enfin, des bancs naturels d'huîtres plates, ayant résisté aux maladies, ont été découverts près de La Rochelle, grâce auxquels on espère reconstituer peu à peu la production de marennes. Tirant les enseignements de ces mésaventures, l'ostréiculture moderne s'oriente actuellement vers la recherche de souches résistantes aux maladies et vers la production artificielle de naissains en écloseries. Les techniques d'élevage diffèrent par ailleurs selon le produit commercialisé : huîtres vivantes et donc entières comme en France (premier producteur de la CEE) ou chair seule, congelée ou en conserve, comme en Amérique du Nord et au Japon.

Ce dernier pays élève également l'huître perlière (*Avicula margaritifera*), à qui l'on fait produire des perles « de culture » en introduisant dans son manteau un corps étranger que l'animal est incapable d'expulser et qu'il neutralise en le recouvrant de nacre (la perle naturelle résulte d'une défense analogue de l'huître contre la forme larvaire d'un ver Plathelminthe parasite d'une raie).

L'élevage de la moule (*Mytilus edulis* sur la façade atlantique et *M. gallo-provincialis* en Méditerranée) ou mytiliculture consiste essentiellement à fournir à l'animal des supports (bouchots) situés dans des espaces abrités de la violence des marées, de manière à diminuer le byssus, immangeable, grâce auquel il se fixe. Signalons, pour finir, que des essais encourageants d'élevage sont actuellement en cours sur la coquille Saint-Jacques (*Pecten maximus*)[21].

Nous voici donc arrivés au terme d'un inventaire qui nous a conduit du bœuf le plus sûrement domestiqué à la coquille Saint-Jacques dont l'élevage est prometteur mais encore incertain. Chemin faisant, nous avons rencontré, si je compte bien, quelque quatre-vingt-cinq espèces de Mammifères, une soixantaine d'Oiseaux (sans parler des innombrables volatiles exotiques de cage et de volière), une bonne vingtaine de Reptiles et de Poissons (là encore, espèces exotiques d'aquarium exclues), et une trentaine d'Invertébrés, soit un total de près de deux cents espèces. Nous sommes donc loin, très loin des vingt-cinq à trente espèces reconnues comme domestiques par les zoologistes...

Précisément, vous êtes allé trop loin! me reprocheront certains. Ma crainte est plutôt, à vrai dire, d'en avoir oublié[22]. Vous placez sur le même plan des animaux qui ne sont pas comparables, me dira-t-on encore, où voulez-vous en venir? Rien n'est plus simple. Mon but n'est en aucun cas de décerner – sur quels critères? – des brevets de domestication à certaines espèces et pas à d'autres; il est de chercher à savoir comment et pourquoi certains hommes agissent sur les animaux comme d'autres agissent sur les plantes ou d'autres encore sur les métaux (que ces actions soient nommées domestication, agriculture ou métallurgie n'est qu'une convention de pure commodité). Or, à cet égard, le nombre et la répartition des espèces concernées, d'une part, et l'infinie variété des formes et des degrés de l'action – de la prédation protégée à la domestication intégrale – que l'homme exerce sur elles, d'autre part, nous en apprennent déjà beaucoup. Deux conclusions principales se dégagent en effet de l'inventaire qui vient d'être effectué :

1) L'homme a domestiqué, à des degrés divers, ou essayé de domestiquer à peu près toutes les espèces qui pouvaient l'être. Il a, pour cela, usé de tous les moyens disponibles dans chaque société concrète à un moment donné de son histoire. Et si, dans tel ou tel cas, il n'a pas poussé plus loin l'entreprise, c'est vraiment parce qu'il n'en a pas eu la possibilité ou parce qu'il n'en a pas vu l'intérêt.

2) Toute action domesticatoire – comme toute action en général – est soumise à des limites qui contribuent à en déterminer la forme et l'intensité. S'agissant de la domestication, ces

limites sont de deux sortes. Les unes tiennent évidemment à la nature des animaux eux-mêmes (anatomie, physiologie, comportement) et aux milieux dont ils sont issus : une coquille Saint-Jacques n'est pas un bœuf, et personne n'a jamais essayé ni même imaginé d'élever et d'utiliser l'une comme l'autre. Les autres limites tiennent aux hommes eux-mêmes, à leur société, à leur culture en des lieux et à des moments précis : comment expliquer, sinon, que certaines zones, comme le Moyen-Orient, se montrent si riches en foyers de domestication alors que d'autres, comme l'Afrique, apparaissent à cet égard comme de quasi-déserts ? Que certains animaux comme le renne d'Eurasie septentrionale et l'éléphant d'Asie, par exemple, aient été domestiqués alors que leurs homologues d'Amérique du Nord et d'Afrique ne l'ont pas été ? Que les domestications et les innovations zootechniques explosent littéralement à certaines périodes (Néolithique, Antiquité orientale, XIXe siècle européen) tandis qu'à d'autres (Moyen Age) règne un calme plat ?

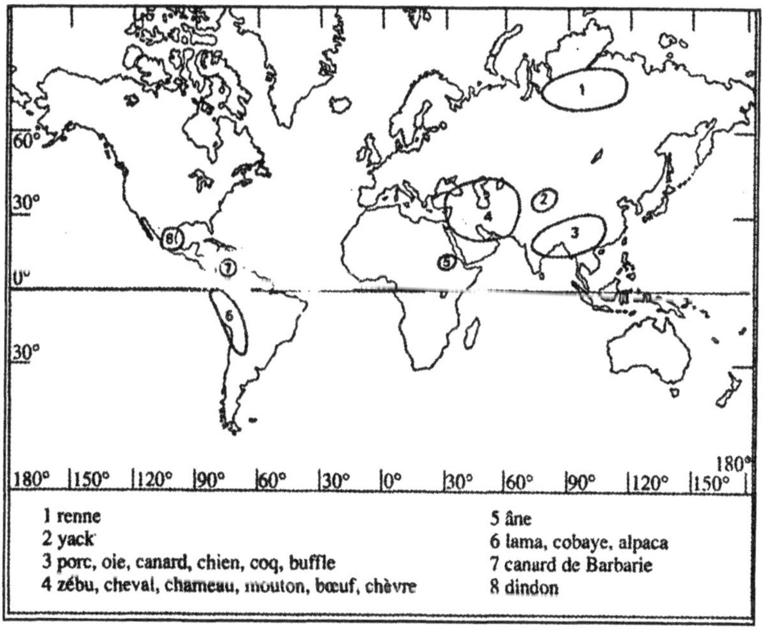

Figure 1. Carte des principaux centres de première domestication de quelques espèces animales (d'après Hafez, 1962).

Où, quand, comment, pourquoi bascule-t-on (ou ne bascule-t-on pas) du sauvage au domestique ? Déjà une première certitude : à de telles questions, il ne peut pas y avoir de réponses simples, ni, sans doute, *a fortiori*, de réponse unique, applicable à toutes les situations. Or si la diversité des actions humaines et des espèces animales concernées nous est tellement précieuse, c'est justement parce qu'elle permet de repérer des cas limites de domestication, des cas où, précisément – à la différence des cas types –, l'équilibre entre sauvage et domestique est instable et où il suffit encore de très peu de chose pour faire pencher la balance dans un sens ou dans l'autre. Sans apporter encore de solution définitive – mais ne brûlons pas les étapes –, l'analyse de quelques-uns de ces cas va nous permettre, comme en laboratoire, d'isoler certains facteurs et de saisir comment ils agissent.

Chapitre VII

Entre nostalgie de la nature et tentation de la culture : les cas limites et leurs enseignements

Sur le fil du rasoir

Peuvent être considérés comme cas limites tous les animaux domestiques – et ce sont, de loin, les plus nombreux – qui appartiennent à une espèce zoologique n'entrant pas dans une classification binaire en espèces sauvages/espèces domestiques ; autrement dit : à une espèce qui possède des représentants dans les deux camps, les uns étant domestiqués et les autres subsistant à l'état sauvage. Le caractère de limite et, donc, l'intérêt du cas de ces animaux domestiques tient au fait que ceux-ci se trouvent, vis-à-vis de l'homme, dans une position permanente, quasi normale, d'équilibre instable entre état domestique et état sauvage – équilibre que l'homme ne contrôle bien souvent qu'à grand-peine.

L'exemple le plus classique d'une telle situation est celui du renne. On a vu que l'espèce *Rangifer tarandus* comprend à la fois des sujets sauvages et des sujets domestiques. Entre les uns et les autres, il n'y a pas de coupure nette : les rennes domestiques retournent à la vie sauvage dès que la pression de l'homme diminue ; certains éleveurs conduisent même les femelles domestiques à proximité de mâles sauvages pour que ceux-ci les saillissent. Dans la plupart des cas, la relation d'élevage nomade est tellement lâche que plusieurs auteurs ont pu se demander qui, de l'homme ou du renne, suit l'autre. Ce flou et la remarquable plasticité comportementale de l'espèce[1] ont permis à la domestication du renne de se développer, sous l'influence de différents facteurs, dans des sens et jusqu'à des degrés extrêmement variés, donnant une mosaïque de situations dont la complexité n'a probablement pas d'équivalent[2].

Très schématiquement, celles-ci se répartissent, dans la zone de domestication originelle, l'Eurasie septentrionale, selon un double découpage. Le premier est un découpage par aires culturelles réparties d'est en ouest. Ainsi, chez les peuples sibériens du Nord-Est (Choukchis, Koryaks), le renne n'est à peu près utilisé que pour la traction de traîneaux. Au nord de la Mongolie, chez les Bouriates, les plus influencés par les peuples cavaliers d'Asie centrale, le renne est monté, avec selle et étriers, et les femelles sont traites. Plus à l'ouest, chez les Toungouzes, la selle existe mais sans les étriers. Plus à l'ouest encore, chez les Samoyèdes, le renne n'est de nouveau utilisé que pour la traction. Enfin, en Scandinavie, chez les Lapons, il est attelé mais aussi trait. Seuls ces deux derniers peuples utilisent des chiens pour la garde des troupeaux. Presque partout, la sélection est réduite à l'élimination des mâles en surnombre (par abattage ou par castration) et la consommation de la viande reste exceptionnelle : le renne demeure avant tout un animal de transport.

La diversité qui résulte de ce premier découpage s'accroît encore du fait d'un deuxième découpage, écologique celui-là, entre une zone septentrionale de steppe gelée à mousses et lichens (toundra) et une zone méridionale de forêt de conifères (taïga) : à la première, correspond un élevage très extensif de vastes troupeaux semi-sauvages, alors que la tendance est plutôt, dans la seconde, aux petits troupeaux mieux domestiqués. L'opposition, assez nette, entre « Lapons de montagne », dont l'économie est fondée exclusivement sur l'élevage du renne, et « Lapons de forêt », à l'économie plus diversifiée, est l'un des exemples les plus spectaculaires de l'effet produit, à l'intérieur d'un même groupe ethnique, par ce deuxième découpage.

Sans doute conviendrait-il d'ajouter un troisième découpage : celui produit, avec le temps, par le rythme des évolutions et par l'intensité des phénomènes d'acculturation subis inégalement par les différents groupes d'éleveurs de rennes. En effet, alors que certains en sont restés à la situation de « proto-élevage », où l'animal est systématiquement « conservé dans son biotope et son comportement naturels[3] », d'autres, parfois au sein de la même ethnie, ont accru, pour répondre aux sollicitations d'un marché, leurs interventions sur la vie de l'animal au point de parvenir à des situations proches de l'élevage industriel; d'autres encore, comme les Lapons de Norvège, ont été conduits, par des modifications du contexte extérieur, sur la voie de ce qu'il faut bien appeler des régressions : après la Seconde Guerre mondiale, la disparition des loups (qui a réduit les nécessités de surveillance des troupeaux) et l'abandon de la traite de subsistance au profit de l'exploitation marchande de la viande (qui a supprimé le contact physique, quotidien, de l'homme avec l'animal) ont profondément modifié les rapports des éleveurs et de leur bétail : les rennes se sont « ensauvagés » et les Lapons n'entretiennent plus avec eux que des rapports de simple prédation, qui s'apparentent de plus en plus à la chasse. *Last but not least*, cette dégradation contamine de proche en proche les rapports des éleveurs entre eux, minés lentement mais sûrement par un individualisme croissant[4]. L'exemple du renne montre donc bien comment des facteurs aussi différents que ceux relevant de la culture, de l'écologie, de l'histoire, etc., peuvent agir sur l'équilibre entre état sauvage et état domestique et le faire pencher dans un sens ou dans l'autre.

Deux autres exemples particulièrement intéressants de cas limites – exemples extrêmes et situés à l'opposé l'un de l'autre – sont offerts par le porc et par l'abeille. Le premier est un animal dont la domestication ne saurait être mise en doute, puisqu'elle a conduit à la formation d'une espèce, *Sus domesticus*, distincte des souches sauvages. Pourtant, la diversité des « races » porcines et des conditions de leur domesticité montrent assez que même les plus certainement domestiques des animaux sont loin de constituer des ensembles homogènes. Presque partout, en Europe, en Asie, en Océanie, voisinent des systèmes d'élevage du porc qui n'ont presque rien en commun : tantôt les animaux sont hypersélectionnés pour être engraissés dans une situation de claustration, tantôt ils sont livrés à eux-mêmes dans une perméabilité avec la population sauvage telle qu'il n'est pas toujours aisé de dire si c'est le cochon qui s'ensauvage ou le sanglier qui se domestique (rappelons que *S. domesticus* et *S. scrofa* sont inter-féconds).

En France même, si le croisement est actuellement évité, il a sûrement été recherché dans un passé proche, à la fois pour éviter une trop grande consanguinité et pour accroître le format du porc domestique, qui était alors plus petit que le sanglier : ainsi, Nicolas Restif de la Bretonne, dans ses souvenirs d'enfance en Basse-Bourgogne au milieu du XVIIIe siècle, témoigne que les truies n'étaient pas menées à la glandée dans un but uniquement alimentaire[5].

Véritable laboratoire pour l'étude des variantes techniques, sociales et culturelles, la Nouvelle-Guinée présente, sur un espace bien délimité et relativement restreint, un échantillon sans équivalent ailleurs de presque tous les systèmes possibles d'élevage du porc – de la liberté totale à la cage –, de son utilisation – pour l'alimentation (accessoirement), la parure, les échanges, la voirie, le défrichage agricole (1 ha par jour !), la chasse (les femelles domestiques servant à attirer les mâles sauvages) – et des degrés de sa domestication. D'une tribu à une autre, on voit ainsi le porc « domestique » passer de la quasi-sauvagerie à la plus extrême familiarité. Chez les Anga et surtout chez les Awa, les rapports de l'homme et du porc sont d'une rare violence : les animaux qui attaquent les humains sont fouettés sur les yeux ou aveuglés au fer rouge. Au contraire, chez les Kouma, les porcelets sont cajolés (masturbés même) et nourris par les femmes au sein ou avec des aliments prémastiqués ; celles-ci pleurent si l'un d'eux vient à mourir accidentellement ; ils portent des noms et sont maintenus en laisse ou en filet jusqu'à ce qu'ils sachent rentrer seuls ; on leur apprend également à fouiller, à éviter les pièges, etc. Ces variantes répondent de toute évidence à des différences de culture et d'organisation sociale (sociétés à *big men* ou non, etc.) beaucoup plus qu'à des nécessités écologiques ou technoéconomiques, selon des corrélations qui restent d'ailleurs à élucider[6].

L'autre cas extrême, celui de l'abeille, est particulièrement intéressant. La domestication de cet insecte est évidemment beaucoup plus discutable que celle du porc. On se souvient en effet que l'exploitation de l'abeille peut revêtir toute une gamme d'interventions, qui va du simple prélèvement du miel d'essaims sauvages jusqu'à l'élevage proprement dit, avec nourrissage d'hiver, en passant par diverses modalités de surveillance, d'appropriation et même d'aménagement des abris naturels où les abeilles sont susceptibles de nicher (« apiculture de forêt »). L'élevage lui-même n'était encore, il n'y a pas si longtemps, qu'une forme sophistiquée de la prédation. En effet, les essaims devaient être capturés – depuis le XIXe siècle, on les retient à la ruche par le « clippage » (désailage) de la reine – et la « récolte » du miel et de la cire supposait la destruction des abeilles. La méthode employée à cette fin était, soit la noyade par immersion de la ruche (ce qui présentait l'inconvénient supplémentaire de détériorer le miel), soit l'asphyxie par la combustion de soufre. Il aura fallu attendre l' « invention » indépendante, en France et aux États-Unis, en 1851, des casiers mobiles pour récolter sans sacrifier les insectes. Longtemps également, on a pratiqué la « récolte totale » : même si les abeilles étaient épargnées, la colonie se trouvait ainsi perdue. Pourtant, le « clippage » de la reine, les casiers mobiles (au moins dans leur principe) et la méthode de la « récolte partielle » étaient déjà connus dans l'Antiquité[7]...

En fait, si les innovations techniques ont eu tellement de mal à s'installer dans le domaine apicole, c'est probablement parce que les apiculteurs n'étaient pas prêts à les recevoir. Particulièrement révélatrice est, à cet égard, l'attitude de cet apiculteur anglais du XVIIIe siècle qui, critiquant l'« humeur pitoyable » de ceux qui trouvaient dommage de devoir sacrifier les abeilles pour obtenir leur miel, écrivait : « Est-ce que Dieu ne nous a pas donné toutes les créatures pour notre bénéfice et pour être employées selon ce qui nous semble bon pour notre bien? [...] Ne nous est-il pas licite d'utiliser ces créatures stupides de telle sorte qu'elles servent mieux à notre avantage, ce que je tiens être leur bonne utilisation et la fin même de leur création[8]? »

Malgré les progrès enregistrés depuis la deuxième moitié du XIXe siècle en matière de mellification, d'insémination artificielle, de sélection (pour la longueur de la langue, la docilité, etc.) et même de dressage[9], les abeilles demeurent, encore aujourd'hui, pour nombre d'apiculteurs, un « matériel sauvage », qui « n'appartient qu'à celui qui les tient en permanence »; pour y parvenir, tous les moyens (ou presque) sont bons et l'empirisme reste la règle[10]. D'autres, à l'inverse, ont tendance à prendre ces insectes pour plus domestiques qu'ils ne sont en réalité, notamment en minimisant ce véritable fléau que représente pour les apiculteurs l'essaimage naturel[11]... et les risques qu'il peut parfois comporter, dans certaines situations extrêmes, pour les non-apiculteurs, ainsi qu'en témoigne cet accident survenu le 12 mai 1989 : « Sorties de leurs huit ruches pour une raison inconnue, quatre cent mille abeilles appartenant à un apiculteur de Moissac (Tarn-et-Garonne) ont semé la terreur dans un hameau [...]. Les insectes ont pris en chasse tout ce qui bougeait. Un chien et une cinquantaine d'oiseaux de basse-cour ont succombé aux piqûres, tandis que les habitants se claquemuraient chez eux. L'apiculteur a finalement calmé ses abeilles en les arrosant d'eau et leur a fait regagner les ruches qui ont été déplacées dans un bois voisin[12]. »

Toutes proportions gardées, le cas de l'abeille n'est pas sans rappeler celui du renne : même diversité de situations, même indépendance de l'animal vis-à-vis de l'homme en dépit d'une domestication certaine, même problème de contrôle de larges collectivités (troupeaux dans un cas, essaims dans l'autre). Il y a cependant peu d'exemples d'action domesticatoire où les représentations de l'animal concerné jouent un rôle aussi grand qu'en apiculture.

Les plus domestiques ne sont pas toujours ceux qu'on croit

Des insectes domestiqués, comment est-ce possible ? s'entend-on souvent demander. Si, comme l'affirment les zoologistes, les animaux domestiques sont ceux qui vivent entièrement sous le contrôle de l'homme, reproduction comprise, alors c'est incontestablement parmi les insectes que se trouvent les plus domestiques des animaux. L'exemple le plus achevé en est celui du ver à soie, chenille du bombyx du mûrier. Pour célèbre que soit l'animal, son élevage n'en est pas moins fort méconnu. Il n'est donc pas inutile d'en rappeler ici les grandes lignes[13].

De son éclosion à la formation du cocon, d'où la soie est « tirée » (« tirage »), soit en trois semaines environ, le ver à soie, après quatre mues successives, multiplie son poids par dix mille. Durant toute cette période, il faut lui fournir, en quantité et en qualité adéquates, les feuilles de mûrier dont il se nourrit exclusivement (l'élevage de l'animal suppose donc, parallèlement, la culture du végétal). On doit également protéger les vers à soie des prédateurs et leur garantir en permanence un état thermique et hygrométrique convenable de l'air. Dans le sud de la France, l'élevage des « magnans » (vers à soie) a suscité la création de locaux spécialement aménagés, avec installations de chauffage et d'aération : les magnaneries (ou, selon les régions, magnanières, magnassières, magnanderies). Parvenus à maturité en une soixantaine de jours, les vers à soie cherchent à se percher pour former les chrysalides : il faut alors procéder à l' « encabanage », qui consiste à disposer à leur portée des branches de bruyère arborescente ou de genêt ou encore – c'est la version moderne – des « hérissons » en bois ou en plastique, sur lesquels ils puissent monter pour filer les précieux cocons. Une fois formés, ceux-ci sont détachés de leur support et triés.

Les plus beaux sont conservés pour la reproduction : au terme de la délicate opération du « sexage », on retient généralement un quart à un tiers de cocons mâles et deux tiers à trois quarts de cocons femelles. Les autres, destinés à la production de la soie, seront passés à l' « étouffoir », étuve dont la vapeur tue les chrysalides sans abîmer les cocons.

Les cocons choisis pour la reproduction sont soigneusement rangés, sur deux couches d'épaisseur, dans des tiroirs ou dans des boîtes, et maintenus dans des pièces dont la température oscille entre 15 et 18°. La sortie des papillons intervient une quinzaine de jours après. Presque aussitôt libérés des cocons, les mâles cherchent les femelles pour s'accoupler. La copulation dure entre quinze et vingt-quatre heures ; certains couples doivent être séparés et les mâles remis à d'autres femelles. Dès qu'elles sont séparées des mâles, les femelles sont placées dans des tiroirs garnis d'étoffe afin qu'elles y déposent leurs œufs (la « graine »). Chaque femelle en pond environ 500, la plus grande partie dans les trente-six premières heures. Les papillons, ne prenant aucune nourriture, ne tardent pas à s'épuiser ; la plupart meurent au bout de dix à douze jours. Blancs au début, les œufs changent progressivement d'aspect, prenant une teinte gris-roux, en une dizaine de jours. Les linges sur lesquels ils se trouvent peuvent alors être pliés et rangés, au frais (en cave), pour être conservés jusqu'au moment où, l'année suivante, il sera nécessaire de les détacher pour préparer l'éclosion des vers à soie.

L'éclosion spontanée, qui se produit à une température ambiante de 12° environ, présente deux inconvénients principaux : elle peut s'étaler sur plusieurs semaines et intervenir avant la frondaison des mûriers. Aussi convient-il de la provoquer, en exposant la « graine » à une source de chaleur artificielle, dès que les premières pousses (« sauvageons ») apparaissent sur les mûriers. Plusieurs sources de chaleur ont été ou sont encore utilisées à cette fin. La première dont on fit usage fut celle du fumier ; mais la difficulté de contrôler la répartition de la chaleur et d'éviter les effets indésirables des exhalaisons du fumier entassé, fit renoncer à ce moyen.

D'abord en Italie puis dans toute l'Europe méridionale, la méthode d'éclosion par la chaleur du corps humain resta longtemps – jusqu'au début du XXe siècle, dans certaines régions ou chez certains petits éleveurs – la seule utilisée : « Ce sont ordinairement les femmes qui sont chargées de l'éclosion ; elles distribuent la graine dans de petits nouets de toile contenant chacun une once de graine, qu'elles placent autour de leur ceinture pendant le jour et sous le chevet de leur lit pendant la nuit. Ces nouets sont ouverts une fois par jour, dans les commencements, pour aérer la graine et la remuer ; dans les derniers jours, on les visite et on les remue deux fois dans les vingt-quatre heures, pour s'assurer du moment où les vers commencent à paraître[14]. » Il y eut même, en Italie et dans le Midi de la France, des couveurs « professionnels », homme cette fois, qui passaient au lit tout le temps de l'incubation... Cette méthode a ensuite été remplacée par de plus prosaïques bains-marie, étuves et, en dernier lieu, couveuses artificielles.

Pour schématique qu'elle soit, la description qui vient d'être donnée suffit à montrer le luxe de soins et de manipulations dont le bombyx et sa larve sont l'objet. Faute de pouvoir entrer plus dans le détail, on se contentera de souligner ici trois des aspects essentiels de l'élevage du ver à soie. Le premier aspect est l'intensité de la sélection. Du fait des triages qui sont opérés à chacun des quatre stades du développement du bombyx (graine, vers, cocons, papillons), on peut dire qu'il existe assurément peu d'animaux qui sont soumis par l'homme à une sélection aussi rigoureuse. Le second aspect est corollaire du premier. *Bombyx mori* n'a plus que de lointains rapports avec son ancêtre *B. mandarina* ; c'est un papillon qui est incapable de voler ; sa reproduction, sa survie et celle de sa larve, et donc son existence en tant qu'espèce, dépendent entièrement de l'homme. A cela s'ajoute, pour l'Europe, l'impossibilité d'acclimater l'animal : l'homme doit donc lui aménager un cadre et des conditions de vie totalement artificielles. Les contraintes qui pèsent, de ce fait, sur l'ensemble du processus font que celui-ci reste relativement fragile.

Il ne faudrait pas croire pour autant que l'homme ne dispose d'aucune marge de manœuvre. Il existe même, d'une région à l'autre, de nombreuses variantes techniques, dont l'étude systématique reste à entreprendre. On se bornera à en donner un exemple, à titre d'illustration. L'un des aspects les plus saisissants de la sériciculture est la division du cycle du bombyx en deux opérations distinctes : la reproduction du papillon, qui donne la graine, et l'élevage du ver à soie proprement dit, qui donne les cocons. Certaines régions assuraient l'ensemble du cycle, parfois même jusqu'au dévidage ; les produits commercialisés étaient alors les cocons ou la soie grège. D'autres régions, également productrices de cocons ou de soie (comme l'Ardèche), n'effectuaient cependant que la deuxième opération; elles devaient donc se fournir en graine dans d'autres régions encore (comme le Var), qui étaient spécialisées, elles, dans la première opération.

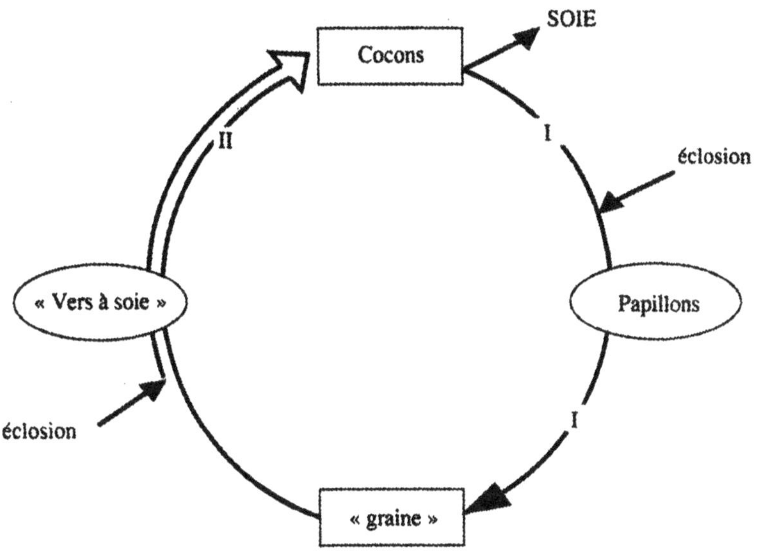

Figure 2. Schéma du cycle du bombyx du mûrier.

A la coupure entre régions « naisseuses » et régions spécialisées dans l'élevage du ver à soie *stricto sensu* correspond donc une coupure entre deux types de rapport à l'animal : dans un cas, contrôle de la seule reproduction (éclosion, accouplement, ponte), sans aucune alimentation; dans l'autre, au contraire, nourrissage intensif – « embouche », pourrait-on presque dire – associé à une culture fourragère (celle du mûrier). On peut donc se demander – car on en est pour l'instant réduit aux conjectures – si les spéculations économiques qui fondent cette spécialisation ne répondent pas également à des différences de comportements culturels.

L'exemple du ver à soie et celui, évoqué précédemment, de la « mouche-à-miel », comme l'on disait au XVIIe siècle, montrent donc, chacun à leur manière, combien il faut se méfier de la notion de distance entre l'homme et l'animal que suggèrent les noms d'élevages composés avec le suffixe – culture : sériciculture, apiculture, pisciculture, etc.

Domestication impossible ou sauvagerie cultivée ?

Revenons aux cas d'animaux en équilibre instable entre état sauvage et état domestique. A la différence du renne, du porc et de l'abeille, qui connaissent une grande variété de situations, ceux qui vont être examinés maintenant campent à peu près uniformément sur la frontière entre sauvagerie et domesticité. La question est donc de savoir ce qui les y maintient : est-ce la nature qui les retient, et comment? Ou bien est-ce l'homme qui les repousse, et pourquoi? On verra qu'il n'est pas toujours aisé d'apporter à ces questions des réponses tranchées.

L'un des cas les plus curieux est celui de la vigogne. On sait que ce camélidé andin, très recherché pour la finesse et la résistance incomparables de sa laine, a été l'objet, dès l'époque préincaïque, d'un type d'exploitation intermédiaire qui consistait à capturer les animaux sauvages, à les tondre, puis à les relâcher. Sous l'Empire inca, au plus tard au XVe siècle dans le nord-ouest de l'actuelle Argentine, cette « chasse » (*chaku*) a été sévèrement réglementée et les cas d'abattage inconsidéré durement punis. Les opérations de capture ne pouvaient avoir lieu que tous les quatre ou cinq ans, généralement à la fin de l'été, et uniquement sous supervision officielle. Les chasseurs, très nombreux (jusqu'à 20 000 au Pérou), formaient un gigantesque cercle qui se rétrécissait peu à peu, enfermant les vigognes. Celles-ci étaient attrapées avec les *bolas* (arme de jet faite de plusieurs pierres reliées par des lanières) et tondues, après quoi on les rendait à la liberté. Toutefois, on abattait une certaine proportion de mâles, dont les peaux étaient réservées à l'Inca; leur viande, comme celle des guanacos et des cerfs pris en même temps, était, pour une part, consommée sur place, et, pour une autre part, boucanée pour être conservée. Il existait aussi une variante qui consistait à rabattre les animaux vers d'étroits défilés où on les capturait. Certains vestiges du nord-ouest argentin indiquent que des populations pré-incaïques construisaient également, dans ce but, des enclos de pierres.

Avec la colonisation espagnole et l'effondrement de l'Empire inca, les *chaku* se multiplièrent sans contrôle et l'abattage des vigognes se développa. La technique se maintint cependant jusqu'au XVIIIe siècle au Pérou et au début du XXe siècle dans le nord-ouest de l'Argentine. Les groupes de chasseurs étaient encore assez nombreux, sans toutefois atteindre les dimensions spectaculaires de l'époque incaïque. Un *capitan*, élu parmi les participants, distribuait les tâches, coordonnait les manœuvres et arbitrait les différends qui ne manquaient pas de survenir au moment de la répartition du butin. En effet, si l'encerclement continuait à nécessiter une organisation collective, la capture elle-même était devenue individuelle : chaque chasseur partait avec un grand nombre de *bolas* identifiables grâce à une marque qui lui était personnelle ; pour éviter les pertes de temps, les *bolas* étaient lancées au cou de l'animal et celui-ci, une fois pris, était laissé, étouffant, sur place... Le décompte des prises était effectué une fois la chasse terminée (en général, trente à quarante peaux par expédition et par homme).

Aux environs de 1920, la diffusion des armes à feu et les transformations des sociétés andines ont entraîné l'abandon de la pratique du *chaku* collectif : les chasseurs, solitaires ou en petits groupes, commencèrent à décimer les vigognes à la carabine, parfois avec l'aide de chiens. L'espèce échappa de justesse à l'extinction, grâce à diverses lois, promulguées à partir de 1921 au Pérou et de 1926 en Argentine, qui interdirent la chasse et la commercialisation des produits de la vigogne[15].

Donc, avant de dégénérer à l'époque moderne, un mode original d'exploitation de la vigogne a subsisté en Amérique du Sud pendant près de quatre siècles, parfois beaucoup plus dans certaines régions. Tenant de la chasse par nombre d'aspects, ce mode d'exploitation était aussi apparenté à la domestication par beaucoup d'autres, sur le plan technique – l'animal était exploité vivant, une sélection était opérée sur les mâles, etc. – comme sur le plan des représentations : avant tout *chaku*, les chasseurs devaient solliciter, par des offrandes et des prières, le consentement d'un certain Coqueña (ou Jujuy ou Salta, selon les lieux), *berger* mythique des vigognes, dont il était dit que celles-ci étaient les « petits lamas » (*llamitas de Coqueña*), c'est-à-dire les animaux domestiques[16]... Bref, entre la « chasse » des vigognes pour leur toison et, par exemple, l' « élevage » des rennes tel qu'il était pratiqué par les Tchouktchis, il n'y a qu'un pas.

Or ce pas n'a jamais été franchi. Pourquoi ? L'explication classique, qui consiste à dire que la domestication de la vigogne est impossible, n'est guère convaincante. On ne comprend pas, en particulier, pourquoi cet animal, qui s'apprivoise très bien, ne se reproduirait pas en captivité, alors que l'alpaca, qui n'est pas moins fragile, a été, lui, domestiqué – les deux espèces donnant d'ailleurs des hybrides fertiles (*pacovicuna*)[17]... En vérité, l'homme a réalisé bien des domestications plus difficiles que celle de la vigogne. La raison du maintien de ses relations avec cet animal à un stade intermédiaire entre la chasse et l'élevage se situe donc probablement ailleurs. L'hypothèse la plus vraisemblable est que la domestication de la vigogne aurait risqué de nuire à la valeur de sa laine. On sait en effet que l'état domestique entraîne à la longue, notaimment chez les ruminants[18], d'importantes modifications des toisons – modifications qui ne vont pas toujours, à moins d'une sélection très poussée, dans le sens d'une amélioration (du point de vue de l'homme). Rappelons aussi, pour en terminer avec ce sujet, les cas, évoqués au chapitre précédent, de petits carnivores élevés pour leur fourrure (comme le vison) : on se souvient en effet que l'efficacité de cet élevage suppose la réalisation d'un subtil dosage de familiarité, sans quoi ces animaux seraient trop perturbés pour se reproduire en captivité, et de sauvagerie, dont la qualité des peaux dépend.

Certains carnivores, mais aussi d'autres animaux, offrent des exemples bien plus tranchés encore de limitation volontaire, par l'homme, de son action de domestication. Sont dans ce cas tous les animaux prédateurs dont les humains ont pu s'entourer pour se débarrasser d'autres animaux qu'ils jugeaient nuisibles ou indésirables : mangouste et civette mungo contre les serpents en Égypte et en Inde, genette contre les rongeurs dans la Méditerranée antique et médiévale, etc. Tous ces animaux devaient être des familiers de l'homme mais pas au-delà d'un certain point : pour remplir leur office, il fallait qu'ils restent des chasseurs ; à cette fin, l'homme ne devait jamais, par exemple, leur donner de nourriture.

On oublie trop souvent que des animaux que nous considérons aujourd'hui, en Occident, comme nos compagnons domestiques par excellence – le chat et le chien – se trouvèrent longtemps et se trouvent encore, dans de nombreuses régions du monde, exactement dans la situation qui vient d'être décrite. Nul doute que les bêtes sciemment affamées et maltraitées, pour renforcer leur agressivité, qui s'illustrèrent contre le rat noir entre les XIe et XVIIIe siècles – consacrant ainsi la réputation du chat en Europe – devaient être plus proches des fauves que de nos lymphatiques matous actuels ronronnant au coin du feu.

Le chien lui-même était, dans bien des cas, il n'y a pas si longtemps, soumis à un régime comparable. On sait que l'invasion du surmulot, adversaire autrement plus coriace que le rat noir, entraîna peu à peu le remplacement du chat, dans son rôle de prédateur, par le chien ratier (probablement à partir de la fin du XVIIIe siècle, le mot lui-même datant, selon le *Robert*, de 1869). Un de mes arrière-grands-pères, épicier en gros dans la seconde moitié du XIXe siècle, possédait à cet usage plusieurs fox-terriers. Quand il devait dresser un, de ces chiens, il faisait attraper deux ou trois rats au piège et les lâchait dans une lessiveuse. Puis il jetait le chien au milieu des rats et ne l'en sortait que lorsque celui-ci était venu à bout des rongeurs. Résultat de ce traitement de choc : ses fox-terriers nourrissaient envers les rats une haine féroce. Mon père rapporte le cas d'un chien qu'il avait lui-même dressé de cette manière et qui tua, seul, quatre-vingt-dix surmulots en une journée.

Autre exemple : on sait également que le chien de berger n'a pas toujours ni partout joué, dans la conduite des troupeaux, le rôle qu'on lui connaît aujourd'hui, en France notamment. C'est au géographe Xavier de Planhol que revient le mérite d'avoir, dans la première étude d'ensemble consacrée à la question[19], montré que cette technique d'utilisation du chien resta longtemps cantonnée à l'Europe – où sa diffusion fut relativement tardive (puisqu'elle n'apparut sur le continent qu'au XVIIe siècle, venant d'Islande via l'Angleterre) – et proposé des interprétations du phénomène, essentiellement : – disparition progressive des loups et autres grands carnivores, permettant l'évolution des races canines vers des modèles plus légers, mobiles et aptes à un travail de conduite ; – développement des paysages agraires de champs ouverts, aux parcelles étroitement imbriquées, imposant des limites précises aux parcours des troupeaux.

Ailleurs, au contraire, et notamment dans les régions pastorales de l'Asie – steppes, montagnes arides, semi-déserts – où l'élevage peut s'exercer sur de vastes étendues mais où les herbivores domestiques sont encore exposés à la convoitise de nombreux prédateurs (hommes et bêtes), le meilleur auxiliaire du berger reste dans la plupart des cas le molosse, bâti et dressé pour la défense et l'attaque. De nombreuses races canines actuelles (comme le mâtin espagnol, le chien de montagne des Pyrénées, le saint-bernard, le leonberg d'Allemagne, les bergers bernois, des Abruzzes, yougoslave, slovaque, polonais de Tatra, d'Anatolie, du Caucase, le dogue du Tibet, etc.) sont des représentants ou des descendants de ces chiens de défense du bétail.

Dans le contexte traditionnel, tel qu'il peut encore être observé en Turquie, en Iran ou au Tibet[20], le dressage de ces chiens consiste essentiellement à les traiter le plus durement possible pour exciter leur agressivité. La gorge enserrée par d'énormes colliers à pointes et les oreilles rognées pour augmenter leur acuité auditive, ils se tiennent à proximité des troupeaux et des tentes des nomades, semblant passer le plus clair de leur temps à dormir. Mais au moindre signe suspect, ils se mettent aussitôt à aboyer longuement et rageusement, n'hésitant pas à se ruer, le cas échéant, au-devant du danger, loups, ours ou voleurs de bétail. La difficulté principale, avec ces chiens, est d'orienter leur combativité vers l'extérieur. On n'y parvient pas toujours. Dans le doute, on les maintient, à coups de pierres et de bâton, à distance respectueuse des habitations et des autres animaux domestiques. Les bergers eux-mêmes ne sont pas toujours à l'abri de leur férocité : chez les nomades d'Iran, j'en ai vu plus d'un contraint d'attacher son chien pour traverser un village ou passer aux abords d'un campement, se servir de bâtons en guise de laisses afin d'empêcher le molosse, furieux d'être privé de sa liberté, de se retourner contre lui.

Le cas des animaux prédateurs de gibiers convoités par l'homme pose à celui-ci un problème bien plus difficile encore : il faut en effet, tout en conservant leur instinct naturel de chasse, les amener à un degré d'apprivoisement suffisant pour qu'ils supportent la captivité et aussi pour qu'ils ne consomment ou n'abîment pas leurs prises. Qu'un chien taille en pièces un rat ou un loup, c'est le but recherché ; en revanche, un guépard ou un autour dressé doit laisser (à peu près) intact le lièvre qu'il vient de tuer. Or il faut reconnaître que l'homme est rarement parvenu, avec ces animaux, à la maîtrise d'un tel équilibre. D'une part, il n'a pas trouvé à se procurer des animaux de proie utilisables pour la chasse autrement qu'en les capturant à l'état sauvage. D'autre part, et corollairement, le dressage auquel ces animaux doivent être soumis se heurte à des limites apparemment infranchissables. En particulier, pour leur soustraire leurs proies, il faut, soit user d'instruments de coercition (muselière ou anneau de nez du furet, bague de cou du cormoran), soit recourir à des subterfuges qui consistent généralement (si l'on arrive à temps sur les lieux) à détourner l'animal de sa prise en lui présentant un appât (guépard, oiseaux rapaces). Tous ces moyens apparaissent somme toute assez grossiers si l'on songe au dressage auquel on arrive, par exemple, avec les chiens de grande vénerie, qui ne sont pourtant pas des tendres...

Dans un domaine bien différent, un autre « art » – celui de la tauromachie – fait appel à la même recherche d'équilibre entre deux tendances contradictoires : un certain degré de familiarisation indispensable à tout élevage, même (surtout?) extensif, et la préservation de l'instinct naturel de combat des taureaux sans lequel les corridas ne seraient (ne sont souvent) que de révoltantes boucheries.

Nombre d'élevages d'herbivores domestiques représentent des cas très subtils de recherche d'un tel équilibre, cas d'autant plus intéressants et révélateurs qu'ils ne répondent, contrairement aux exemples précédents, à aucune nécessité d'utilisation proprement dite. L'élevage traditionnel du pottock, poney du Pays basque, sur lequel on dispose depuis peu d'une étude détaillée[21], illustre parfaitement cette situation. Encore actif dans les Pyrénées occidentales, des deux côtés de la frontière franco-espagnole, cet élevage est strictement confiné dans la moyenne montagne boisée et accidentée, entre les riches alpages de l'étage supérieur et les plaines agricoles de l'étage inférieur : là vivent en liberté 2 000 à 3 000 pottocks qui « rapportent peu mais ne demandent rien » (le prix de vente de ces animaux n'a pas varié depuis vingt ans). Il s'agit bien d'un élevage – les animaux sont marqués, surveillés, sélectionnés – mais d'un élevage qui correspond à un « état sauvage très encadré[22] » et s'exerce même « dans le sens d'une sauvegarde de la sauvagerie[23] » : les pottocks ne reçoivent jamais de noms individuels, leur sélection privilégie la « dureté » et la méfiance vis-à-vis de l'homme, et le prélèvement des jeunes et des bêtes de réforme, par encerclement et capture au lasso, s'apparente de façon flagrante aux techniques de chasse en battue (l'action elle-même est désignée, de manière révélatrice, par le mot basque *biltzea*, qui signifie à la fois « cueillir », « ramasser » et « se réunir »).

L'élevage traditionnel du pottock tranche donc doublement : d'une part sur les grands élevages voisins de bovins et d'ovins – bergers transhumants et agriculteurs des plaines méprisent d'ailleurs le pottock, le considérant comme un « parasite » de la montagne –, d'autre part sur les circuits modernes, officiellement « reconnus », de production des poneys de selle. De multiples indices invitent à voir en lui une forme relictuelle du système ancien d'élevage du cheval, « en forêt » ou dans les landes rocailleuses, marécageuses ou halophiles, tel qu'il s'est pratiqué, à défaut d'autres productions, dans presque toutes les régions pauvres de France jusqu'au XVIIIe siècle. A ce titre, il représente, pour ceux qui pratiquent cet élevage, une forte valeur emblématique : le pottock « apparaît comme un catalyseur de tensions sociales, un prétexte privilégié à discours polémiques et contradictoires sur la modernité et l'archaïsme, mais aussi sur la singularité de la culture basque dans l'hexagone[24] ».

Les animaux marrons

Dans les contextes du type de ceux qui viennent d'être décrits, où l'équilibre entre état sauvage et état domestique est précaire, il faut parfois très peu de chose pour faire pencher la balance dans un sens ou dans l'autre. En particulier, il suffit que l'homme perde un tant soit peu le contrôle de la situation ou que sa pression se relâche, involontairement ou non, pour que des animaux domestiqués, parfois des espèces entières, lui échappent et retournent à la vie sauvage. On dit de ces animaux qu'ils sont « marrons ». Ce mot, au sens d'« esclave nègre fugitif » (1667), provient d'une altération de l'espagnol d'Amérique *cimarrón* (même sens), lui-même dérivé de l'ancien espagnol *cimarra*, « fourré », qui se disait peut-être, d'abord des animaux domestiques qui se sont enfuis dans les bois, puis des esclaves fugitifs[25], avant de s'appliquer de nouveau, par analogie, aux animaux échappés ou abandonnés et revenus à l'état sauvage.

Du sort commun de ces deux catégories de fugitifs, la pintade apporte un témoignage qui mérite d'être noté. Transportés de Guinée aux Antilles, à Cuba, à la Jamaïque, dès 1508, par les navigateurs génois en même temps, nous dit l'*Encyclopédie*, que « les premiers nègres qu'ils s'étaient engagés d'amener aux

Castillans », ces volatiles s'échappèrent partout en si grand nombre qu'ils devinrent, en maints endroits, un véritable fléau. Sensibles à cet exemple, les esclaves qui, des montagnes d'Hispaniola où ils s'étaient réfugiés, appelaient leurs frères à la révolte, firent de la « pintade marronne » le symbole de la liberté. C'est pourquoi, de nos jours, ce gallinacé au cri perçant et à la course rapide figure encore, en souvenir de l'indépendance, sur les emblèmes de la République d'Haïti[26].

Le marronnage représente donc – le curieux destin de la pintade le laisse déjà deviner – un problème vaste et complexe, qui pourrait fournir à lui seul la matière d'un livre entier[27]. On ne pourra donc ici que l'effleurer. En effet, le phénomène revêt une ampleur que l'on ne soupçonne généralement pas – il touche plus ou moins toutes les espèces domestiques et toutes les parties du monde – et les questions qu'il soulève sont d'une grande importance pour la connaissance des processus et des contextes de la domestication.

On a vu plus haut avec quelle facilité rennes, porcs ou abeilles retournent à l'état sauvage : ils y retournent d'autant plus facilement que leur domesticité ne les en éloigne jamais beaucoup. Mais bien d'autres espèces sont concernées[28]. A l'époque où les chats étaient volontairement maintenus par l'homme dans leur rôle de prédateurs, nombreux furent ceux qui, préférant sans doute le gibier aux rats, devinrent harets, c'est-à-dire chats que l'on traque, que l'on « harasse » (de l'ancien francique *hara*, « par ici », radical d'où dérivent *haro* et l'ancien français *harer*, « crier hare », « traquer »)[29]. Les fameux mustangs des réserves indiennes d'Amérique[30] et les bœufs « sauvages » des parcs anglais de Chillingham ou de Woburn[31] sont également des animaux marrons typiques. L'exemple des bovins anglais suggère d'ailleurs un rapprochement inattendu avec celui des chats : en Angleterre, à la fin du Moyen Age et au début de l'époque moderne, les taureaux étaient considérés comme impropres à la consommation, et il était recommandé, soi-disant pour leur « éclaircir le sang » et « attendrir la viande », de les « harceler » avec des chiens[32].

Ces derniers, dont le penchant pour le vagabondage est bien connu, retournent fréquemment aussi à un état qui peut se révéler dangereux : actuellement, rien qu'en France, la divagation des chiens (notamment de ceux que leurs propriétaires abandonnent à l'approche des vacances) fait chaque année « plusieurs dizaines de milliers de victimes » parmi les troupeaux à l'estivage; l'auteur qui rapporte ces faits y voit une raison suffisante pour restaurer l'usage des chiens de défense (comme le grand « montagne » des Pyrénées) parallèlement à celui des chiens de conduite[33].

Certains cas de marronnage sont particulièrement remarquables pour leurs conséquences à long terme et/ou leur exceptionnelle ampleur. Il a été récemment démontré que certaines espèces autrefois considérées comme « naturelles » ont en réalité pour origine des populations domestiques introduites par l'homme dans leur habitat actuel, où elles sont repassées ensuite à l'état sauvage. Tel est le cas du mouflon de Corse (*Ovis musimon*), produit du marronnage de moutons domestiques (encore très proches, à l'époque, du mouflon d'Asie Mineure) qui furent transportés dans l'île par voie maritime dès le VIIe millénaire av. J.-C.[34]. Tel pourrait être aussi le cas du chien dingo, arrivé « dans la foulée des hommes » par le « pont » qui soudait l'Australie au continent lors des dernières glaciations[35]. En cessant d'être dépendants de l'homme, les animaux marrons peuvent perdre les caractères qu'ils avaient acquis avec la domestication et retrouver, par l'effet de la sélection naturelle, un aspect physique proche de celui des espèces sauvages voisines : les actuels porcs sauvages de Nouvelle-Zélande offrent un bon exemple de population marronne qui, après une période relativement courte, présente un phénotype uniforme plus proche du sanglier que de ses ascendants hautement domestiqués[36].

En certaines régions, les phénomènes de marronnage sont si nombreux et prennent une telle ampleur (parfois à l'échelle continentale) qu'on est fondé à parler de zones de marronnage aussi bien que de zones de domestication ailleurs. Incontestablement, l'Amérique est l'une d'elles. Pour curieuse qu'elle soit, l'aventure de la pintade évoquée plus haut fait figure d'anecdote à côté de la véritable épopée que représentent l'introduction du grand bétail par les Espagnols et les bouleversements sans précédent qu'elle entraîna, en moins de trois siècles, sur presque tout le continent[37]. Or – et ce fait est peu connu ou, du moins, pas assez souligné –, l'histoire du bétail en Amérique (on pourrait même dire : l'histoire de l'Amérique) n'aurait pas été ce qu'elle est sans le marronnage. Faute de pouvoir entrer dans le détail de cette histoire, on se contentera d'en relever les traits les plus significatifs pour notre propos.

Premier trait : partout où il trouve des conditions ne serait-ce qu'acceptables, l'élevage des grands herbivores se propage à une vitesse incroyable. En quelques décennies, des *estancias* sont créées dans presque toute l'Amérique du Sud. Au milieu du XVIe siècle, le grand élevage bovin américain est présent dans le nord et le nord-ouest du Mexique : il atteint le Nouveau-Mexique en 1598 et le Texas au XVIIIe siècle[38]. Parallèlement, l'élevage du cheval se répand : dès avant 1650 chez les Apaches, peu après chez les Navajos et chez les Indiens des Plaines, vers 1660 chez les Ute, 1700-1705 chez les Ponca et les Pawnee, 1714 chez les Comanches, 1738 chez les Cree et les Arikara, 1750 chez les Blackfoot et les Cheyennes, 1775 chez les Dakota, 1784 chez les Gros Ventre et les Sarsi[39].

Deuxième trait, corollaire du premier : cet élevage florissant est souvent mal contrôlé. A peine installés, les conquérants donnent déjà l'impression d'être débordés par leur cheptel, à tel point que « dans les *pampas* argentines, comme dans les *campos* brésiliens et les *llanos* de l'Orénoque, il y eut des millions de bêtes bien avant qu'il y apparût un seul établissement européen : la première occupation fut souvent réalisée d'abord par les troupeaux. [...] Aussi existait-il une quantité de dénominations pour désigner ces bêtes plus ou moins sauvages ; on distinguait le bétail *cimarrón* ou *chimarrão*, c'est-à-dire sans propriétaire et sans marque, le bétail *alzado* ou *alçado* [...] qui a perdu sa domestication, mais conservé cependant une marque, le bétail *teatino*, qui est domestiqué et marqué, mais dont on ne sait qui est propriétaire, le bétail *chucro*, qui n'a jamais été domestiqué ; le bétail *brabeza* était celui qui vivait complètement sauvage, caché dans les forêts, on disait aussi *baguas* et, dans le Nord-Est brésilien, *barbatão*[40]. »

Un point culminant sera atteint avec les grandes révoltes indiennes de la fin du XVIe siècle : les vols et les disparitions de bétail se multiplient, de nombreuses *estancias* sont abandonnées par leurs occupants, des troupeaux entiers de chevaux et de bovins retournent à la vie sauvage[41]. Au XVIIIe siècle, dans le nord du Mexique, les troupes espagnoles appelées à combattre les Indiens du Sonora se déplacent avec tellement de chevaux (six à dix par cavalier) qu'elles arrivent à peine à les contrôler, perdant ainsi leur mobilité et leur efficacité[42]. Des phénomènes analogues s'observent en Amérique du Nord à partir de 1598, date à laquelle auront lieu les premiers retours massifs de chevaux à la vie sauvage[43].

Effarés, dans un premier temps, par ces animaux gigantesques et fougueux, les Indiens comprirent assez rapidement le parti qu'ils pouvaient en tirer. Certains, comme les Indiens du Chaco et de Patagonie[44] ou comme les Chichimèques du Mexique[45], commencèrent par les chasser pour le cuir (*cuerear*) ou pour la viande (*carnear*) ; puis ils empruntèrent l'équitation, soit par imitation – « pour s'hispaniser » – comme les *curaca* péruviens (anciens chefs incas), soit, le plus souvent, par résistance, pour faire la guerre aux Espagnols, comme les Araucans du Chili[46]. D'autres, comme les Guajiros de Colombie, passèrent directement, dans la seconde moitié du XVIe siècle, à l'élevage des bovins[47]. D'autres encore, comme nombre d'Indiens des Plaines, transposèrent progressivement du chien, leur seul animal domestique précolombien, au cheval leurs techniques de transport et d'élevage[48]... Mais le fait important à retenir est celui-ci : quelles qu'aient pu être les motivations et les voies suivies, la transition de la chasse à l'élevage, chez les Indiens d'Amérique à partir du XVIe siècle, s'est presque toujours opérée à travers la re-domestication d'animaux marrons[49].

Le marronnage ne disparaîtra pas pour autant d'Amérique : aux États-Unis – seul pays pour lequel on dispose d'estimations –, il restera endémique jusqu'à la fin du XIXe siècle. Évalués à plusieurs millions en 1800 et à deux millions en 1900, les mustangs étaient encore 17 000 en 1971, date à laquelle une loi a été promulguée pour protéger ces « symboles vivants de l'esprit pionnier et de l'histoire de l'Ouest » – en raison de quoi ces animaux sont aujourd'hui 40 000, coûtant annuellement 17 millions de dollars en entretien de corrals fédéraux et en dédommagement des dégâts qu'ils causent[50]. Aux chevaux marrons, il faut ajouter des bovins et des ânes (une dizaine de milliers dans l'Ouest), des moutons et des chèvres (dans des îles au large de la Californie) et surtout des porcs, très nombreux (un million et demi) dans les marais, les deltas et les forêts des Etats du Sud-Est, de la Virginie au Texas[51].

La situation apparaît plus préoccupante dans cette autre grande zone de marronnage qu'est l'Australie. La raison en est simple. Cet immense pays, qui se trouvait vide d'animaux domestiques à l'époque de sa colonisation, a été le champion des essais d'acclimatation chers au XIXe siècle : le chien, le cheval, l'âne, le porc, le bœuf et surtout le mouton, introduits dès la fin du XVIIIe siècle en même temps que les premiers *convicts*, furent suivis du lapin en 1859 (avec les conséquences que l'on sait), du dromadaire l'année suivante, puis du buffle. Inconsidérément lâchés (comme les lapins) ou abandonnés quand ils ne servaient plus (comme les ânes, les chevaux, les dromadaires et les buffles), ces animaux – auxquels s'ajoutent les kangourous – se sont multipliés à l'état sauvage au point de livrer aux troupeaux domestiques, sur des pâturages déjà pauvres et marqués par des sécheresses prolongées, une sévère concurrence alimentaire, Pour tenter de remédier aux conséquences de leur imprévoyance, les Australiens ne reculent devant aucun moyen – hier myxomatose contre les lapins, aujourd'hui hélicoptère et fusil contre les grands herbivores –, donnant périodiquement le spectacle lamentable de monstrueux carnages[52].

Comment s'expliquent ces phénomènes de marronnage? Quelles conclusions peut-on en tirer quant à la connaissance de la domestication? Leurs causes sont complexes en ce sens qu'elles font intervenir en même temps des facteurs très différents.

Une première série d'explications relève des animaux eux-mêmes. Ceux qui ne peuvent survivre sans l'homme (cas limite du bombyx et plus généralement de tous les animaux maintenus depuis longtemps dans des conditions artificielles) ne sont évidemment pas concernés par le marronnage. En revanche, les animaux qui ne peuvent être élevés que dans un environnement proche de leur biotope naturel (comme le renne) ou qui présentent un régime alimentaire peu spécialisé (comme le porc) ou encore dont la domestication ne peut jamais être poussée très loin (comme l'abeille) retournent, on l'a vu, facilement à la vie sauvage.

Une seconde série d'explications tient essentiellement à l'homme. La comparaison entre l'Amérique du Nord et l'Australie esquissée par Tom Mac Knight[53] montre que le marronnage est un phénomène typique de la colonisation pastorale des nouveaux mondes, dans un contexte de faible densité humaine. Le retour d'animaux à la vie sauvage est également favorisé par les périodes d'instabilité politique, économique et sociale : les aléas de la conquête en Amérique hispanique, les incertitudes de la colonisation de l'Ouest américain, les conflits incessants entre ou avec les tribus indiennes, la guerre de Sécession aux États-Unis ne sont certainement pas étrangers à la permanence du marronnage bien au-delà du XVIIIe siècle.

Sont également en cause les techniques d'élevage : les systèmes extensifs, fondés sur la recherche du nombre et l'exploitation de grands espaces, et qui laissent, notamment pour la recherche de nourriture, une grande initiative aux animaux (comme dans les steppes d'Argentine ou d'Australie), de même que ceux où la domestication est volontairement limitée (comme chez les Indiens des Plaines qui ne dressaient qu'à moitié leurs chevaux pour les rendre plus difficiles à voler) sont forcément plus instables et exposent en permanence l'homme à une perte rapide du contrôle des animaux en cas d'accident de parcours. Rappelons enfin, pour mémoire, les domestications qui n'ont pas tenu ou qui ne se sont pas révélées utiles à l'usage, et qui ont conduit soit au retour, soit à l'abandon volontaire par l'homme d'animaux dans la nature.

Dans la réalité, il n'est pas toujours aisé de démêler les facteurs qui tiennent à l'homme et ceux qui tiennent aux animaux : il est évident que les niveaux de domestication, par exemple, dépendent tout autant du premier que des seconds. On peut cependant dire que, sauf rares exceptions, *une espèce animale ne peut jamais être considérée comme totalement et définitivement domestiquée*, et que, dès lors qu'elle l'a été, son maintien dans cet état dépend avant tout de l'homme et de son action, quels qu'en soient les déterminants.

Les domestications récentes : réussites ou échecs ?

Aux essais d'acclimatations de la seconde moitié du XIXe siècle, ont succédé, dans de nombreuses parties du monde, des tentatives de domestications nouvelles[54]. Même si elles procèdent de la même curiosité et du même souci utilitariste, les deux démarches ne sauraient être confondues : alors qu'il s'agissait, pour la première, d'implanter en Europe (ou dans des colonies européennes) des animaux déjà domestiqués ailleurs, la seconde consiste à domestiquer sur place des espèces indigènes qui ne l'avaient jamais été ou qui ne l'étaient plus depuis très longtemps. Leur intérêt essentiel, pour notre propos, réside précisément dans leur caractère contemporain : de ce fait, elles sont bien documentées et fournissent une foule d'informations utiles pour la compréhension des causes d'échec ou de réussite des domestications animales.

Pour la même raison (dont c'est la contrepartie), les domestications récentes ne sont pas tout à fait des domestications comme les autres. Elles diffèrent notamment des premières domestications par la somme de moyens, de connaissances et d'expériences accumulés dont disposent les domesticateurs modernes (d'autant plus qu'il s'agit souvent d'Occidentaux), accumulation qui faisait évidemment défaut aux hommes préhistoriques. De plus – et ce fait est très important –, les domesticateurs modernes pensent préalablement leur action en termes de « potentiel d'utilisation » (je domestique tel animal dans le but d'en obtenir tel service ou produit) alors que c'était loin d'être toujours le cas auparavant – non que les hommes du Néolithique n'aient pas eu les capacités intellectuelles de raisonner ainsi ; simplement, ils ne pouvaient pas toujours savoir, avant de l'avoir pratiquée, ce que la domestication pourrait leur apporter...

Les finalités conscientes des domestications récentes sont au nombre de deux : la production d'énergie et la production de nourriture (viande). La première finalité a donné lieu à deux domestications : celle du zèbre et celle de l'éléphant d'Afrique (la seule à avoir connu, dans l'ancien Congo belge, une certaine continuité). Toutes les autres répondent principalement à la seconde finalité. Après des essais commencés dès la fin du XIXe siècle au Canada et en URSS, l'élan est élevé sur une grande échelle dans ce dernier pays, dans les réserves de Pechero-Ilych et de Kostroma, ainsi que, depuis la dernière guerre, dans de nombreuses fermes de Sibérie, qui utilisent aussi des mâles castrés pour la traction. Le cas de l'élan est certainement l'une des domestications nouvelles les plus réussies[55]. Autre exemple de quelque ampleur : celui des grandes antilopes d'Afrique (éland du Cap, oryx, impala) dont l'élevage est désormais bien implanté dans plusieurs pays du sud de ce continent[56]. L'élevage du cerf élaphe et du daim devient également « une activité économique intéressante » en Nouvelle-Zélande, non seulement pour sa viande, dont la qualité et le rendement sont excellents, mais aussi pour la mousse de ses bois, dont on peut faire deux à quatre « récoltes » par an et qui serait très prisée des Orientaux pour ses vertus médicales et aphrodisiaques[57]. Les autres cas restent plus limités : ce sont surtout le bœuf musqué en Alaska, au Québec, en Norvège et tout récemment en Sibérie[58] et le buffle d'Afrique[59]. L'élevage du dugong et du lamantin ne se trouve encore qu'à l'état expérimental, mais il a d'ores et déjà de fervents avocats[60].

Ces tentatives de l'homme pour s'approprier de nouveaux animaux ont-elles connu tout le succès escompté ? Certaines furent d'incontestables réussites techniques. Les réalisations soviétiques avec l'élan ou sud-africaines avec les antilopes viennent d'être évoquées. De dimensions plus modestes mais infiniment plus spectaculaires est le travail effectué par les Belges sur l'éléphant d'Afrique[61]. L'initiative en est due au roi Léopold II : il s'agissait de fournir au Congo des animaux de travail et de transport que la piqûre des mouches tsé-tsé n'affectait pas. A cette fin, on importa d'Inde en 1900 quatre éléphants domestiques mais qui moururent peu après. Néanmoins, on réussit à capturer et à dresser trois éléphants d'Afrique. En 1907, la station de Gangala-na-Bodio en comptait 55. A partir de 1927, date d'ouverture officielle de la station, le gouvernement belge commença à louer des sujets dressés. Au début des années 1940, le nombre d'éléphants sous contrôle de l'État était d'environ 70, dont 15 animaux moniteurs, 20 en cours de dressage et 20 à 30 réservés à la location. Immédiatement après la guerre, la station connut une brève période d'essor (25 jeunes éléphants furent capturés en 1945, 40 en 1946 et 35 en 1947) avant de décliner rapidement avec la multiplication des engins mécaniques et l'accession du Congo belge à l'indépendance en 1960.

Mais, au total, le bilan de ces entreprises reste mitigé. Beaucoup furent abandonnées; la plupart restèrent étroitement confinées dans les régions d'habitat naturel des animaux concernés; aucune, en tout cas, n'a abouti à des élevages de l'ampleur de celui du bétail classique. Pourquoi? Nos modernes domesticateurs rencontrèrent des difficultés qu'il ne faut pas sous-estimer. Certaines, dues à l'impatience et à l'impréparation des hommes, donnèrent lieu, dans le meilleur des cas, à des épisodes rocambolesques. Ainsi, à propos des premiers essais sur le bœuf musqué, Owen Lattimore raconte que « les État-Unis firent l'acquisition de quelques *Ovibos* venus du Groenland, et les installèrent sur une île au large de l'Alaska. La "domestication" se fit de la manière suivante : un *Ovibos* était enfermé dans un enclos, et un homme, élevé en l'air par un appareil, était descendu sur le dos de la bête, tel un cow-boy du Wild West sur un cheval rétif; l'*Ovibos* jetait aussitôt son cavalier à terre, lui brisant les os. Un rapport fut envoyé à Washington : "L'animal ne peut être domestiqué." Fin de l'expérience[62] ».

D'autres difficultés, infiniment plus sérieuses, étaient posées par les animaux eux-mêmes. On comprend, à leur examen, pourquoi certaines espèces, que l'on sait maintenant domesticables, ne l'ont pas été plus tôt. Ainsi, l'une des explications de la non-domestication, jusqu'à une date récente, de l'éland du Cap paraît surprenante tellement elle est simple : cet animal est capable de sauter des clôtures de 2,50 m de haut[63] ! S'appuyant sur des considérations analogues, James Downs suppose que les Indiens des Plaines auraient certainement domestiqué le bison s'ils avaient connu le fil de fer barbelé[64].

Le cas de l'éléphant illustre, par ailleurs, la difficulté de certains choix. On sait que cet animal peut se reproduire en captivité mais que son cycle est très lent (en moyenne un produit par femelle tous les quatre ans) et donc très coûteux (du fait de l'entretien des mâles et surtout des femelles et des jeunes durant de longues périodes d'indisponibilité). Une solution moyenne consiste à mener les femelles domestiques en forêt pour les faire saillir par des mâles sauvages. L'acquisition d'éléphants par capture dans la nature est la plus économique; mais elle comporte aussi de sérieux inconvénients. On trouve, réparties entre l'Inde et la Malaisie, plusieurs techniques de capture : dans des fosses (Thaïlande), par encerclement avec une « muraille » d'éléphants domestiques (Inde, Cambodge), en poussant les éléphants sauvages dans des enclos (Birmanie, Cambodge, Malaisie, Laos, Viêt-nam, Inde du Sud), à courre au lasso (Cambodge, Viêt-nam, Laos, Inde) et même par harponnage pour les éléphants des marais (Cambodge). Violentes pour la plupart, ces techniques entraînent souvent des blessures physiques et psychiques graves chez les éléphants capturés, les rendant parfois inaptes à tout service[65]. Si les Belges ont choisi d'appliquer à l'éléphant d'Afrique la méthode par capture, c'est parce qu'ils pensaient que, puisqu'elle était la plus répandue, elle devait être la meilleure. Or il y a de bonnes raisons de penser au contraire que, si cette méthode était plus répandue, c'est parce qu'elle était, malgré ses inconvénients, plus valorisée socialement, en raison notamment du rôle qu'elle a joué dans les processus d'accession au pouvoir royal, dans les pays de l'Asie du Sud[66].

Enfin, nombre de domestications récentes, que l'on pouvait pourtant considérer comme techniquement réussies, se heurtèrent également à des difficultés situées, cette fois, à l'aval de la filière : débouchés limités ou incertains du fait de la concurrence de la motorisation pour les animaux de travail, ou des réticences de certains consommateurs pour les animaux de boucherie, etc.

L'un des aspects les plus intéressants des domestications contemporaines est leur répartition géographique, répartition qui est trop particulière pour être entièrement due au hasard. En effet, ces domestications se localisent surtout :

1) dans les régions à fortes contraintes naturelles (Afrique tropicale, ceinture péri-arctique) où l'acclimatation du bétail domestique exogène est difficile ou impossible et où il a donc paru moins risqué d'essayer de domestiquer des espèces locales déjà adaptées à l'environnement : c'est ainsi qu'on cherche depuis plusieurs années à domestiquer sur une large échelle phacochères et potamochères, qui ne sont pas affectés par la fièvre porcine d'Afrique et qui pourraient, de ce fait, représenter pour ce continent des substituts acceptables du cochon[67] ;

2) dans les parties du monde dont la colonisation, pastorale notamment, et le peuplement par immigration ont été relativement tardifs ou se poursuivent de nos jours, et où, par conséquent, l'idéologie pionnière demeure encore assez vivante (Nouvelle-Zélande, Afrique du Sud, Nord canadien, Sibérie) ;

3) dans des zones caractérisées par l'absence ou le très faible nombre de domestications anciennes (Afrique tropicale et subtropicale, régions arctiques) ou, au contraire, par un marron-nage endémique (Amérique du Nord, Nouvelle-Zélande) – comme si, dans ces zones, l'homme avait à satisfaire, par des domestications inédites, une sorte de devoir ou de désir de *revanche* sur la nature et sur l'histoire...

On se souvient que les marronnages montraient qu'à de rares exceptions près, une espèce n'est jamais totalement ni définitivement domestiquée. Les domestications récentes, qui en sont le contretype, montrent, elles, qu'*aucune espèce sauvage n'est jamais entièrement à l'abri d'une tentative de domestication*. Simplement, le succès de l'entreprise est rien moins qu'assuré : il sera fonction, bien sûr des animaux, de leurs caractères biologiques et bio-géographiques, mais aussi et surtout peut-être, là encore, de l'homme et de sa culture en un lieu et à un moment donnés, dont dépendra l'action que celui-ci voudra et pourra entreprendre.

La notion de système domesticatoire

On voit donc mieux, au terme de ce rapide survol, pourquoi il n'est pas pertinent de distinguer des espèces domestiques et des espèces sauvages comme font les zoologistes, ou de débiter les processus de domestication en stades successifs (apprivoisement, proto-élevage, etc.) comme les préhistoriens, ou encore de décomposer l'action de domestication en éléments indépendants (appropriation, familiarisation, exploitation) comme le proposaient Jennie Coy, Tim Ingold et François Sigaut. L'action de domestication est, *dans son essence, une et indivisible ;* simplement, il y a des animaux qui s'y prêtent et des hommes qui y réussissent plus ou moins, selon les contextes. Il est vrai que la diversité des animaux domestiqués, à un titre ou à un autre, et des formes de domestication a de quoi dérouter. Elle est même incompréhensible si l'on ne prend pas en compte une autre diversité, bien plus grande encore : celle des facteurs qui interviennent dans le succès ou dans l'échec de telle ou telle domestication, à telle ou telle époque, en tel ou tel endroit.

Une première série de facteurs nous est maintenant plus familière. André Leroi-Gourhan la résume ainsi : « L'apparition ou l'adoption de l'élevage est liée à l'interférence de deux systèmes de valeurs : les caractères biologiques et biogéographiques de l'espèce élevée et le milieu technoéconomique de l'éleveur. Les caractères biologiques expliquent que le chien, rabatteur et chasseur à la piste, soit passé à la domestication de préférence aux félidés, chasseurs à l'affût et inutiles à l'homme dans un tel exercice. Il en est de même pour les cervidés dont le comportement de fuite est la dispersion par opposition aux bovins qui restent groupés et sont susceptibles d'être dirigés en troupeau. Les caractères géographiques jouent de manière importante lorsqu'on oppose la courte migration en altitude des troupeaux de rennes lapons et l'immense randonnée en latitude des caribous américains. L'interférence du système techno-économique est sensible par exemple dans le cas du renne, élevé différemment par les Tchouktchis, véritables proto-éleveurs, et par les Toungouzes ou les Lapons du Sud, véritables éleveurs influencés par le voisinage des cultivateurs-éleveurs de Sibérie et de Scandinavie[68]. »

La domestication n'est-elle affaire que de biologie ou de technologie ? Les situations rencontrées au cours des pages qui précèdent nous montrent que non. On a même vu l'organisation sociale, l'idéologie politique, les représentations de la nature jouer, dans plus d'un cas, un rôle moteur. C'est ainsi que la concentration des innovations en matière de domestication sur le Néolithique et le XIXe siècle résulte de l'émulation qui a accompagné l'essor démographique et urbain caractéristique, sous des formes et à des degrés différents, de ces deux époques. De même, le fait que l'Afrique et que l'Amérique aient été, l'une une zone quasiment vide de domestications anciennes, l'autre un paradis du marronnage, a certainement stimulé, en revanche, la véritable frénésie de re-domestications ou de domestications nouvelles qui s'est emparée de ces deux continents à certaines périodes de leur histoire.

Les « faits négatifs », c'est-à-dire ceux qui ne se sont pas produits alors qu'ils l'auraient pu – théoriquement – en un lieu et à un moment donnés, sont encore plus intéressants (leur inventaire et leur cartographie restent d'ailleurs à faire : l'entreprise serait un peu folle mais ne manquerait certainement pas d'intérêt). L'un d'eux est la non-domestication du couagga d'Afrique australe *(Equus quagga)*, dont le dernier spécimen disparut vers 1858[69]. Ressemblant au zèbre mais sans rayures, le couagga était peu farouche. Il se joignait fréquemment aux troupeaux de chevaux domestiques, donnant l'alerte quand des carnivores s'approchaient. Très robuste, il était en outre résistant à la plupart des maladies qui décimaient le cheptel originaire d'Europe. Pourtant, l'idée ne vint pas alors aux Boers et aux Anglais d'essayer d'exploiter les qualités du couagga ; au contraire, ils le considéraient comme une « vermine », un « parasite » des troupeaux, et n'eurent de cesse de l'exterminer. Selon James Downs, qui rapporte le cas[70], cette hostilité s'explique par l'attachement des colons de l'époque au système de valeurs et de critères des fermiers européens, système auquel le « sauvage » couagga était trop étranger pour mériter ne serait-ce que l'essai d'une domestication.

Autre fait négatif – ou presque, en tout cas de très grande ampleur – que la non-utilisation des animaux de travail en Chine, à l'apogée de son développement (VIIe-IXe siècle ap. J.-C.) : « Des hommes étaient attelés pour tirer des péniches au long des canaux, pour haler des bateaux contre le courant violent des rapides du Yang-Tsé. Dans les plaines, les hommes poussaient des brouettes. Au sud du Yang-Tsé, il n'existait aucun véhicule sur roues et les hommes transportaient plus de charges que les animaux[71]. »

Cette utilisation maxima de la main-d'œuvre et minima des bêtes de somme s'explique, là encore, par la force d'une idéologie, le confucianisme, qui correspondait à une civilisation fondée sur l'agriculture intensive : il fallait « ne pas nourrir des animaux sur une terre qui pouvait être cultivée par l'homme[72] ». En raison de quoi l'élevage était laissé aux steppes d'Asie centrale et aux peuples qui les habitaient, « barbares » qu'on s'efforçait par tous les moyens de maintenir à distance et qui développèrent donc, contraints et forcés, en marge du monde chinois, le mode de vie pastoral que l'on sait.

Il n'est pas nécessaire de multiplier les exemples pour voir que c'est la combinaison de plusieurs facteurs, souvent de nature très différente mais toujours plus ou moins interdépendants, qui confère à chaque cas son sens et, partant, à la diversité des situations son intelligibilité. *Cette combinaison de facteurs constitue le système domesticatoire.* A chaque situation concrète correspond un système domesticatoire particulier, qui se compose de tout ce que l'homme investit dans la production et l'utilisation d'animaux : en action technique, en organisation sociale, en pensée (consciente ou inconsciente), en représentations, etc. Ainsi, on ne comprend le pottock qu'après l'avoir replacé dans son système domesticatoire. Et si le pottock, le postier breton et le « pur-sang » anglais sont si différents, c'est parce que chacun relève d'un système domesticatoire particulier. Il importe peu à l'ethnologue de savoir si l'un des trois est plus ou moins « domestique » que les autres. Il lui suffit de constater qu'ils sont différents. A partir de là, il pourra chercher ce que les Basques, les Bretons et les Anglais ont pu faire et penser pour qu'il en soit ainsi...

TROISIÈME PARTIE

Consommer et produire de la domestication

Si bœuf savait,
Si sourd entendait,
Si taupe voyait ;
Homme sur terre ne vivrait.

Dicton de Haute-Bretagne,
Paul SÉBILLOT, *Le Folklore de France.*

Chapitre VIII

Des animaux domestiques, pour quoi faire ?

La fin et les moyens

Le premier aspect d'un système domesticatoire à prendre en compte est la « consommation » des animaux domestiques, c'est-à-dire l'ensemble des produits et services de ces anim aux, ainsi que des moyens de les obtenir, envisagés dans la synchronie.

On pourra à bon droit se demander pourquoi je propose d'aborder la consommation des animaux domestiques avant leur production. La raison en est fort simple. Il y a, entre l'élevage des animaux, l'obtention de leurs produits ou services et l'utilisation par l'homme de ces produits ou services, à peu près les mêmes différences qu'entre, par exemple, la culture des végétaux alimentaires, leur récolte et leur préparation (culinaire entre autres). Mais dans le cas des premiers plus encore que dans celui des seconds – à quelques exceptions près comme la vigne, l'olivier, etc. –, les premiers maillons de la chaîne opératoire sont en grande partie conditionnés par les derniers.

Cette différence tient essentiellement au fait que les végétaux sont spécialisés alors que la plupart des animaux sont, au contraire, polyvalents. En gros, le blé ne donnera jamais que de la paille et du grain, dont on tirera de la farine ou de la semoule ; et quel que soit le produit recherché, farine ou semoule, il n'y a pas une infinité de manières de cultiver le blé : il faut préparer le champ, l'ensemencer, le herser, le rouler, puis attendre le moment de la récolte. On pourra sélectionner des variétés de blé ou des engrais qui permettront d'augmenter la productivité à l'unité de surface, ou encore des matériels agricoles plus performants pour améliorer la productivité du travail; mais, fondamentalement, la chaîne opératoire restera la même. Par contre, les bovins peuvent fournir à la fois du travail, du lait et de la viande, les ovins du lait, de la laine et de la viande, etc. Mais il n'est pas possible de privilégier l'une ou l'autre de ces productions sans introduire aussitôt des modifications sensibles dans les techniques d'élevage, dans l'organisation de l'espace agricole et du travail de l'éleveur (ne serait-ce qu'en raison de la nécessité quotidienne de traire les vaches laitières et d'affourager les animaux de travail, alors que ceux d'embouche peuvent se nourrir seuls sur les pâturages), ni sans provoquer à la longue des transformations tout aussi sensibles dans les races ou les variétés du bétail lui-même. C'est pourquoi il me paraît indispensable de chercher à savoir pourquoi l'on maintient des animaux en état de domesticité, avant de chercher à savoir comment on les y maintient.

On ne tombera pas pour autant dans l'erreur qui consisterait à croire que ce sont les fins ou les besoins sociaux qui déterminent les moyens; c'est même très souvent la situation inverse qui prévaut : une société peut fort bien disposer de moyens sans savoir à quoi les employer, jusqu'à ce que ceux-ci finissent par susciter des besoins que les acteurs ne soupçonnaient même pas auparavant... Les systèmes domesticatoires n'échappent pas à la règle : dans la plupart de ces systèmes, les besoins des éleveurs sont en gros réglés sur ce que ceux-ci sont en mesure de tirer de leurs animaux, et non l'inverse; et ce n'est que dans les sociétés industrielles que l'on voit se développer, avec la recherche zootechnique, la notion d'adaptation de la production animale aux besoins humains (avec toute l'ambiguïté que comporte ici le concept de « besoin », souvent confondu avec celui de « marché »).

Cette difficulté et l'attitude de prudence qu'elle impose ont déjà été évoquées à propos des recherches préhistoriques sur la domestication[1]. On avait vu, en effet, que les motifs, « utilitaires » ou non (rituels, sacrificiels, etc.), qui justifient aujourd'hui le maintien d'animaux en état de domesticité sont souvent fort éloignés de ceux qui présidèrent aux premières domestications. Ainsi, opposant une « hypothèse vestimentaire » ou « tégumentaire » à l'« hypothèse alimentaire courante » des préhistoriens, François Sigaut écrit : « Il paraît exclu qu'on ait domestiqué des bovidés pour leur lait ou leur travail, par exemple. Car la possibilité d'obtenir lait ou travail était inimaginable quand on ne connaissait ces animaux qu'à l'état sauvage. L'invention de ces produits – car c'est à n'en pas douter d'invention qu'il s'agit – implique une longue tradition préalable d'élevage. [...] Avec l'exception possible mais non certaine du chien [...], il est à peu près impensable que les premières domestications aient eu lieu pour des produits que l'animal ne peut fournir que vivant. [...] Que l'animal domestique soit finalement mangé, c'est évident. Mais qu'il ait été domestiqué *pour être mangé*, ce n'est pas vraisemblable [puisqu'il pouvait parfaitement être chassé][2]. » Et Sigaut de poursuivre : « Pour domestiquer un animal, donc, il faut d'abord le capturer vivant, ce qui renvoie aux techniques de chasse. Il faut ensuite avoir un intérêt quelconque à le garder vivant[3]. »

Or cet intérêt, encore une fois, n'a pas toujours été celui que notre culture d'Occidentaux de la fin du XXe siècle nous porte à imaginer. Gardons-nous donc de finaliser précipitamment la domestication : celle-ci reste une action *sur* l'animal avant d'être une action *pour* l'homme.

VERS UN INVENTAIRE DES PRODUCTIONS ANIMALES

L'établissement d'un « simple » inventaire des produits et des utilisations des animaux domestiques n'est pas une tâche aisée. Peu d'auteurs se sont risqués à l'entreprendre, et les plus téméraires n'ont pas vu ou pas réussi à éviter le piège que je dénonçais à l'instant. Ils se sont situés en effet dans la perspective qui consiste à adopter le point de vue de l'homme utilisateur et à identifier par conséquent les animaux domestiques et leurs produits en fonction des « besoins » humains qu'ils sont censés satisfaire. Des plus anciens[4] aux plus récents, leurs travaux classent donc ces produits et/ou les animaux eux-mêmes sous des catégories qui correspondent à des fonctions : compagnons et auxiliaires de l'homme, animaux moteurs, aliments, usages non alimentaires (peaux, toisons, etc.) et usages spéciaux (animaux de laboratoires, d'ornement, rituels[5]), ou : animaux compagnons de l'homme, animaux moteurs, animaux comestibles, animaux donnant une matière première, animaux d'ornement, animaux mascottes, animaux rituels[6]. Il suffit, par exemple, de se poser la question : où classer le chien ? pour qu'apparaisse immédiatement l'absurdité de cette façon de procéder.

Une seule tentative à ma connaissance, due à François Sigaut[7], adopte un point de vue technologiquement pertinent : celui de l'*animal-fournisseur*. Dans un tableau à double entrée (figure 3), les produits et utilisations de trois espèces domestiques choisies à titre d'exemple (le chien, le porc et le coq) sont recensés en suivant les caractères anatomiques et comportementaux des animaux. On parvient ainsi à un balayage à la fois exhaustif et fin : 1) des produits corporels, identifiés suivant des critères anatomiques : viande, abats, sang, peau, poils, plumes, excréments, lait, œufs ; 2) des utilisations comme sources d'énergie : foulage, port, trait, etc., selon le mode de harnachement, qui se fonde évidemment, lui aussi, sur des considérations anatomiques ; 3) des utilisations mettant à profit des comportements spécifiques : alimentaires et de prédation (nettoyage, chasse...), territoriaux (éveil, garde...), sociaux (compagnie, conduite, jeu...) ; 4) des fonctions de signes (repère temporel, divination, emblème de statut social, unité monétaire).

Pourquoi ce point de vue de l'animal-fournisseur est-il technologiquement pertinent ? On voit ainsi apparaître le degré de polyvalence ou, au contraire, de spécialisation de chaque espèce, et la proportion des productions de l'animal mort et de l'animal vivant. Mais surtout – et c'est ce qui fait la pertinence technologique du point de vue adopté par Sigaut –, en identifiant les produits et utilisations des animaux selon des critères anatomiques et comportementaux, on indique du même coup où et, déjà (dans une certaine mesure), comment l'action de l'homme sur l'animal devra s'exercer. Le point de vue de l'*animal-fournisseur* débouche donc directement sur celui de l'*homme-producteur*.

Conçu initialement (et modestement) par son auteur comme « un outil mnémotechnique, [...] un pense-bête[8] », le tableau (pp. 188-189) constitue la meilleure illustration possible de la méthode à suivre dans toute investigation ultérieure, espèce par espèce et utilisation par utilisation, cartographie à l'appui (on ne dispose en effet, sur les animaux domestiques, d'aucun travail comparable à l'*Atlas des cultures vivrières*[9]). Je m'y rallie donc – à une réserve près. La catégorie « signes » me semble en effet soulever une difficulté, dans la mesure où elle se réfère, non plus à l'animal-fournisseur, mais à l'homme-utilisateur. Pour rester cohérent jusqu'au bout et éviter ce changement de point de vue en cours de route, il conviendrait de faire entrer « repère temporel (migrations saisonnières) » dans les comportements, « divination » à peu près partout (puisque aussi bien de nombreux éléments animaux peuvent servir à cette fin) et « sacrifice » quelque part vers « viande ». Les aménagements à apporter pour « signes de statut, de richesse » et « unité monétaire » consisteraient à créer une nouvelle catégorie qui pourrait s'intituler : aspect extérieur et nombre des animaux.

Il serait dès lors facile d'étendre le tableau à d'autres espèces que les trois qui y figurent déjà. De crainte de lasser le lecteur par un inventaire qui, faute de place, serait fatalement décharné – là encore, il y faudrait un livre entier ! –, je me contenterai d'insister ici sur quelques-uns des aspects les plus remarquables de l'utilisation des animaux domestiques.

La polyvalence des animaux a déjà été soulignée. Cette notion est cependant entendue dans un sens bien souvent restrictif, qui ne donne qu'une faible idée de la complexité du phénomène. Ainsi, il ne suffit pas de considérer que la vache, par exemple, peut fournir du lait, du cuir, de la corne et de la viande. Il faut dire, aussi (et peut-être avant tout) : « La vache est une moissonneuse automotrice équipée d'une faucheuse et d'un concasseur à un bout et d'une épandeuse d'engrais à l'autre. Entre ces deux points se situe une fabrique d'une extraordinaire complexité appelée à convertir des matières premières (herbe, foin) en lait[10]. » C'est pour avoir oublié ou méconnu cet aspect essentiel des herbivores que nous voyons chaque année, en France, 40 000 à 50 000 hectares de forêt s'envoler en fumée – 60 000 ha en 1989[11] – et un nombre croissant de stations de sports d'hiver se désespérer de ne pas parvenir à stabiliser la neige sur les pentes dont l'herbe n'est plus broutée[12]...

De même que l'inventaire des espèces a montré que l'homme a domestiqué ou tenté ou envisagé de domestiquer tous les animaux qui pouvaient l'être, il apparaît, à l'inventaire des produits de ces animaux, que l'homme a – au moins, tendanciellement – utilisé ou essayé d'utiliser, de toutes les façons possibles, tout ce que ceux-ci pouvaient lui donner. En effet, il n'existe guère au monde d'exemple d'animal ou de partie d'animal mangeable qui n'ait été mangé (chien, y compris en Europe[13], abats divers, sang), d'animal attelable qui n'ait été attelé (chien encore, renne, chameau), d'animal bâtable qui n'ait été bâté (chien toujours, mouton au Népal[14], bovins en Asie et en Afrique du Nord[15]), d'animal montable qui n'ait été monté (bovins encore en Asie[16], élan en Scandinavie[17] et même lama

			Chien	Porc	Coq Poule
Produits corporels					
viande	quartiers		+	+	+
abats				+	+
sang		aliment		+	+
		colle, etc.			
graisse		aliment		+	+
		éclairage			
		autres			
sécrétions		liquides			
		solides (bézoards, gobes)			
membranes				+	
tendons					
os	crâne				
	os plats				
	os longs				
	osselets				
dents, défenses					
cornes, bois					
écailles					
peau	fourrure		+		
	cuir			+	
poils	crins				
	jarre			+	
	bourre	feutre			
		fil	+		
plumes	tectrices				
	duvet				
excréments	urine				
	feces	enduit, ciment			
		combustible engrais		+	+
lait	entier	cru, cuit			
		fermenté (yaourt)			
	crème	beurre cru			
		beurre fondu			
	caséine	caillé			
		fromages			
	sucres	boisson			
		boisson alcoolisée			
œufs	aliment				+
	coquille				

			Chien	Porc	Coq Poule
Énergie					
foulage	dépiquage				
	labour	préparation du champ			
		enfouissement des semis			
port	bât		+		
	litière				
	selle				
trait	travois		+		
	attelage	instrument à dépiquer araire,			
		charrue voiture, traîneau	+		
	manège	dalou			
		noria, *saqiya*, etc.			
		moulins			
roue-cage et assim.			+		
autres			+		
Comportements					
alimentaires et de prédation		nettoyage excréments humains	+	+	
		autres déchets	+	+	+
		lutte contre les rongeurs, etc.			
		auxiliaire de chasse	+		
		auxiliaire de cueillette	+	+	
territoriaux		éveil	+		?
		garde	+		
		transmission de messages			
sociaux		compagnie	+		
		substitut d'enfant	+	+	
		chant			?
		appelant de chasse			
		conduite des troupeaux	+		
		combats			+
		courses	+		
		spectacle et autres	+		
Signes					
		repère temporel (migr. saison.)			
		divination			+
		sacrifice	+	+	+
		signe de statut, de richesse	+	+	
		unité monétaire réelle		+	
		unité monétaire de compte			

I productions de l'animal mort
I productions de l'animal mort et/ou de l'animal vivant
production de l'animal vivant

Figure 3. Tableau des utilisations du chien, du porc et du coq (Sigaut, 1980).

au Pérou[18]), de fibre animale tissable qui n'ait été tissée (soie du ver, poil du chien chez les Indiens Kwakiutl de la côte ouest du Canada[19] et dans les Pyrénées), d'excrétat qui n'ait servi (bézoards comme antidotes, urine comme agent nettoyant, bouses, crottes et crottins comme engrais, combustibles, pansements), etc. Et l'on pourrait encore allonger considérablement cette liste[20].

Les « faits négatifs » et les « vides » qu'ils laissent sur une carte n'en sont que plus saisissants. La non-utilisation des bêtes de somme en Chine médiévale a déjà été signalée. Ici aussi, on pourrait ajouter bien d'autres exemples : nomadisme sans animal de transport chez les Peuls, non-consommation du porc dans le judaïsme et dans l'islam, du bœuf en Inde, du chien ou du cheval en de nombreux endroits, du lait en Extrême-Orient, etc. Les interprétations classiques de ces phénomènes oscillent entre un pôle « écologiste » et un pôle « symbolico-religieux »[21] qui sont également insatisfaisants : l'un rationalise *a posteriori* des pratiques culturelles qui contiennent généralement leur propre explication; quant à l'autre – et bien qu'il ne faille pas prendre à la légère les explications religieuses –, il apparaît bien souvent comme « le *deus ex machina* de l'historien embarrassé », comme « une échappatoire », qui « peut expliquer n'importe quoi et son contraire[22] ». En revanche, ces phénomènes (et bien d'autres) s'éclairent d'un jour nouveau si, au lieu de les considérer isolément, on les replace dans le cadre du système domesticatoire concret dont chacun fait partie.

Des utilisations aux systèmes d'utilisations

En matière de consommation d'animaux domestiques, toute société possède en réalité sa propre dose de « faits négatifs ». Autrement dit : aucune société n'exploite jamais à elle seule ni toutes les espèces disponibles ni tous les produits ou services que celles-ci sont susceptibles d'offrir. Chaque société en sélectionne un plus ou moins grand nombre qu'elle combine entre eux. Cette sélection s'opère généralement moins en fonction de besoins qu'en fonction de moyens. Par moyens, il faut entendre ici les stratégies alternatives qui s'offrent aux éleveurs – privilégier l'utilisation des animaux vivants ou celle des animaux morts, jouer sur la complémentarité des espèces ou sur leur

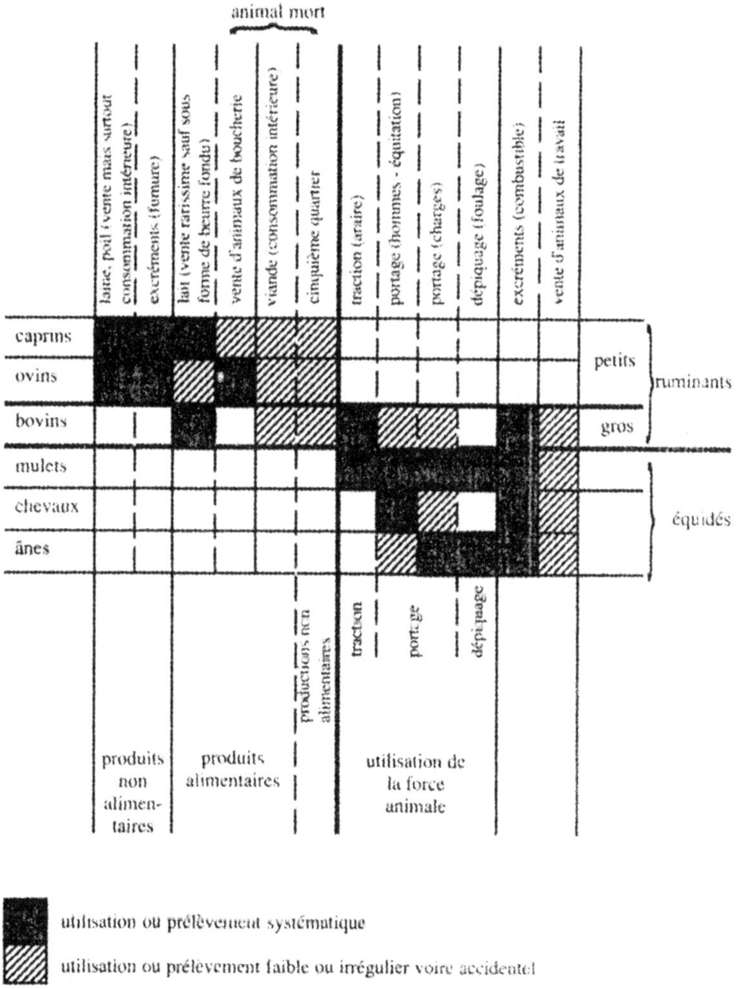

Figure 4. Tableau des utilisations des animaux domestiques chez les nomades Bakhtyâri d'Iran (Holtz, 1984).

polyvalence, sur la spécialisation de la production ou sur sa diversification, etc. –, stratégies alternatives qui sont elles-mêmes déterminées en grande partie par d'autres choix, écologiques, économiques, sociaux ou politiques.

Illustrons ces principes généraux à l'aide d'un deuxième tableau à double entrée, non plus, cette fois, de toutes les utilisations possibles des animaux domestiques mais de celles effectivement réalisées dans une société donnée[23] (figure 4).

La lecture du tableau (p. 191) appelle plusieurs commentaires :

– On voit qu'une nette préférence est accordée par les Bakhtyâri à l'utilisation des animaux vivants, mais avec deux grandes coupures : une coupure verticale entre deux grands groupes d'utilisation (produits/travail) et une coupure horizontale entre deux grandes catégories d'animaux (animaux utilisés pour leurs produits/animaux de travail), coupures qui indiquent par conséquent des relations de complémentarité entre les différents types d'animaux.

– Parmi les espèces animales élevées apparaissent deux types « purs » et un type intermédiaire, à savoir : 1) les petits ruminants (ovins et caprins) ; 2) les équidés ; 3) les bovins. Les petits ruminants et les équidés ont des fonctions totalement différentes : les premiers fournissent des produits mais aucun travail, les seconds fournissent du travail mais aucun produit, à l'exception de leurs excréments qui remplissent une fonction totalement différente (combustible) de ceux du petit bétail (fumure). Les bovins, qui constituent le type intermédiaire, présentent un caractère tout à fait polyvalent puisqu'on leur demande à la fois des produits et du travail.

– En rentrant plus encore dans le détail, on découvre d'autres coupures à l'intérieur de ces types 1) Les petits ruminants ont en commun de fournir principalement des produits de prélèvement (poil, laine) qui nécessitent que les animaux soient maintenus vivants ; en revanche, caprins et ovins se distinguent par le fait que la chèvre est meilleure laitière que la brebis et que le mouton fournit, lui, plus de viande ; il y a donc complémentarité chèvre/mouton. 2) Parmi les équidés, spécialisés dans la fonction travail, ânes et chevaux se distinguent par leur gabarit, leurs capacités et leurs fonctions de portage ; ils sont également complémentaires. Dans ce type, le mulet est au contraire polyvalent.

– Le tableau fait apparaître à la fois le point de vue de l'animal-fournisseur (les types de produits et services fournis), celui de l'homme-utilisateur (les principales destinations de ces produits et services) et celui de l'homme-producteur : on voit en effet se dégager certains des choix techniques que celui-ci a été amené à faire dans le cadre de l'exploitation de ses animaux (polyvalence et/ou complémentarité des espèces élevées) et déjà se profiler en filigrane certaines des contraintes que ces choix vont lui imposer au plan social (besoins en main-d'œuvre et division du travail augmentant en raison directe du caractère composite du cheptel).

a. exploitation multiforme d'une espèce polyvalente isolée
b. exploitation spécialisée de plusieurs espèces spécialisées
c. exploitation spécialisée d'une espèce spécialisée isolée
d. exploitation multiforme de plusieurs espèces polyvalentes
e. exploitation complémentaire de plusieurs espèces spécialisées.

Figure 5. Exemples de matrices correspondant à différents systèmes d'utilisation des animaux domestiques.

Le fait qu'à une situation assez caractéristique d'exploitation complémentaire d'espèces spécialisées et d'espèces polyvalentes, avec prépondérance de l'utilisation des animaux vivants, corresponde une configuration graphique également caractéristique, permet de penser que d'autres situations pourraient être synthétisées par un traitement identique et représentées par autant de configurations spécifiques, susceptibles d'être à leur tour regroupées et réduites à un ensemble fini de modèles types s'inscrivant plus ou moins sur un continuum (figure 5). On pourrait ensuite envisager d'entreprendre la cartographie de ces modèles ou leur corrélation avec d'autres niveaux de la réalité sociale (systèmes de représentations des animaux, etc.).

Si, d'un système domesticatoire à un autre, les alternatives majeures restent en gros les mêmes, elles peuvent se poser en des termes différents et susciter des solutions variables. Mais toujours, pour conduire à des systèmes viables, les choix qui sont faits doivent entretenir, entre eux et avec les autres éléments du système, des *rapports de compatibilité.* L'exemple qui suit donnera une idée de la complexité de ces connexions et de leur enchaînement.

– Entre les systèmes où ce sont les moyens qui dictent les besoins et ceux où c'est l'inverse qui prévaut (au moins idéalement), on trouve des systèmes – qui sont probablement la majorité – où la situation est la suivante : les hommes recherchent la satisfaction de leurs besoins, non pas en adaptant leur bétail à ceux-ci (ils n'en ont souvent ni les moyens techniques, ni même l'idée) mais en jouant sur sa polyvalence.

– Il existe au moins deux manières d'exploiter cette polyvalence : a) lorsqu'on dispose d'une espèce vraiment polyvalente (dont le dromadaire est l'exemple type), on peut jouer de cette seule espèce (Bédouins chameliers, éleveurs de bovins d'Afrique orientale, Lapons) ; b) lorsqu'on ne dispose pas d'une telle espèce ou lorsqu'on ne veut pas ou que l'on ne sait pas s'en contenter, il faut associer plusieurs espèces différentes pour les utiliser de manière complémentaire (cheval + mouton, ou chameau + cheval + mouton, ou bovin + âne + cheval + chèvre, etc., combinaisons qui peuvent encore être enrichies d'hybrides : bœuf x yak ou chameau x dromadaire ou encore mulet).

– On ne peut exploiter pleinement la polyvalence des animaux qu'en les maintenant en vie. De fait, chez la plupart des pasteurs nomades de l'Ancien Monde, l'abattage des animaux reste exceptionnel, et le prélèvement des produits sur l'animal mort n'intervient guère qu'à l'abattage de réforme de celui-ci ou à son décès accidentel, le cas échéant (figure 6). Le passage de la nécessité d'abattre l'animal-producteur (comme à la chasse) à la possibilité de l'utiliser vivant marque une étape décisive dans l'évolution des processus de domestication.

– Le plein-emploi des animaux suppose que l'on utilise pour le travail ceux qui peuvent l'être. Or l'animal au travail ne peut pas se nourrir seul ; il doit non seulement être alimenté, mais encore être alimenté en proportion de l'énergie qu'il dépense à travailler ; sa nourriture doit être récoltée, parfois même cultivée, conditionnée, stockée par l'homme. Par conséquent, pour être rentable, « l'animal au travail doit produire plus de travail que son affouragement ne consomme de travail humain[24] ».

– Dans la plupart des sociétés d'éleveurs, il n'y a pas d'utilisation exclusive de l'animal mort ou de l'animal vivant, mais utilisation simultanée ou alternative des deux à la fois, plus ou moins de l'un ou de l'autre en fonction des espèces élevées, des enjeux et des situations. Il va de soi que les possibilités de jouer sur ces deux tableaux augmentent en fonction de la polyvalence des animaux élevés et, surtout, du caractère composite du cheptel.

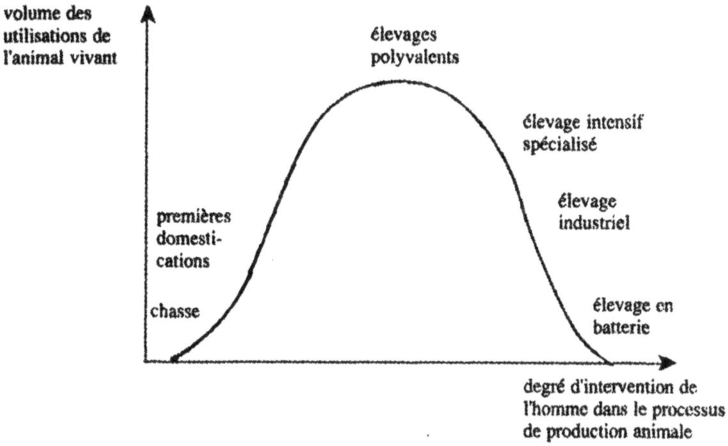

Figure 6. Courbe de variation des utilisations des grands herbivores domestiques en fonction du niveau technique des éleveurs.

– Même dans les systèmes où les prélèvements sur l'animal mort sont les plus importants, il est essentiel de pouvoir maintenir les bêtes en vie, ne serait-ce que pour être en mesure de choisir le meilleur moment pour leur abattage, en fonction soit de l'état des bêtes, soit de demandes saisonnières du marché, soit encore d'un calendrier religieux (sacrifices d'animaux), soit enfin d'une stratégie de sélection (élimination des animaux reproducteurs indésirables, trop âgés, en surnombre, etc.).

L'exemple donné plus haut n'est simple que parce qu'il est schématisé à l'extrême. Il est évident que le nombre des variables qui doivent être maîtrisées par les éleveurs est considérablement plus élevé dans la réalité. Cet exemple, d'autre part, ne rend pas compte – il s'en faut de beaucoup – de toutes les situations existantes.

DES ANIMAUX INUTILES ?

Certaines utilisations d'animaux domestiques posent des problèmes particuliers d'un grand intérêt. Ce sont, en général, toutes celles dont la logique n'est pas d'abord économique. Je pense notamment ici aux utilisations symboliques ou religieuses (en vue de sacrifices), ludiques ou sportives (combats ou spectacles d'animaux, courses), pour l'ornement ou la compagnie (oiseaux de volière ou de cage, nombreux animaux dits « familiers »).

Bien que la religion ait probablement joué, on l'a vu, un rôle déterminant dans certaines domestications, l'élevage d'animaux à des fins exclusivement religieuses (comme celui de l'ours chez les Aïnous) reste exceptionnel. En revanche, les utilisations ludiques et pour la compagnie donnent lieu à une production très élaborée d'animaux hyper-spécialisés : taureaux de corrida, chevaux de course, chiens et chats de race, etc. Les véritables fortunes que valent certains de ces animaux confèrent à leur élevage les apparences d'une finalité économique. Apparences trompeuses en l'occurrence. Un taureau de combat, un cheval de course n'ont pas de valeur d'usage; ils n'ont qu'une valeur d'échange. S'ils valent tant, c'est parce qu'ils « peuvent rapporter gros »; s'ils peuvent rapporter gros, c'est parce qu'il existe des *aficionados* et des turfistes, nombreux, et qui sont prêts à payer cher leurs places ou leurs coupons, mais dont les motivations (même pour les seconds) sont tout sauf économiques. Quelles sont-elles ? Là est toute la question.

Deux études récentes sur le tiercé[25] montrent que la passion populaire des courses ne s'explique ni par l'appât du gain, trop aléatoire, ni par un intérêt particulier pour l'animal, puisque le cheval n'est, pour la plupart des turfistes, qu'un « accessoire de course situé sous le jockey ou devant le driver » et la course elle-même qu'une « parenthèse entre les paris[26] ». Le moteur, ici, c'est le goût du jeu, d'un certain jeu assimilé à une pratique de loisir dans un contexte historique très particulier, celui des bouleversements démographiques et sociologiques qui marquèrent, dans la France des années 1950, la « fin des paysans », selon l'expression d'Henri Mendras. « La naissance du tiercé [en 1954] coïncide avec le début de ces mouvements et son expansion les accompagne[27]. » Pour judicieuse qu'elle soit, cette explication se révèle insuffisante pour notre propos puisqu'elle ne rend pas compte, par exemple, de la passion qui anime les amateurs de courses de chevaux ou de dromadaires dans les pays musulmans où les paris sont interdits.

En fait, ces courses, comme le rodéo américain ou les corridas espagnoles ou encore les numéros de fauves dans les cirques, malgré leurs évidentes différences, sont justiciables du même type d'interprétation que toutes les pratiques agonistiques qui associent ou opposent, d'une manière ou d'une autre, l'homme et l'animal. Car, après tout, entre l'action d'enfourcher un cheval sur une piste et celle d'affronter un taureau dans une arène ou un lion dans une cage, il y a des différences de degré dans le risque et dans la performance mais pas fondamentalement de différences de nature ; quant au spectateur, il assiste à une compétition équestre, à une corrida ou à une représentation de cirque avec le même mélange de satisfaction de voir l'homme triompher de la bête et d'attente inavouée du refus d'obéissance ou du coup de corne fatal…

Les combats mettant en jeu des animaux sont vieux comme la domestication, et sans doute même plus. Ils sont à peu près universels, comme les combats de coqs qui conservent, encore aujourd'hui, des amateurs sur les cinq continents. En Europe, ils connurent leur apogée dans l'Antiquité, à partir du IIIe siècle av. J.-C., avec les *venationes* (de *venatio*, chasse), « jeux » des arènes romaines où se mêlaient d'ailleurs courses et combats proprement dits[28]. Mais ils se poursuivirent activement jusqu'au début du XIXe siècle. Champions de la compassion moderne envers les animaux, les Anglais étaient autrefois célèbres pour leur cruauté envers les « bêtes brutes ». Le spectacle de taureaux, d'ours, de singes, de blaireaux et même de mules « harcelés » (*baited*) par des chiens (*bull-dogs*, devenus « bouledogues » en français) était un de leurs passe-temps favoris. Le harcèlement d'un taureau attaché ou en liberté (*bull-running*), écrit un témoin en 1694, « est un divertissement *[sport]* où les Anglais trouvent un grand plaisir ; et non seulement ceux de l'espèce la plus basse, mais les plus grandes dames[29] ».

Les Français ne se montraient guère plus raffinés. Vers 1800, à Montfaucon, une des barrières de Paris, se tenait régulièrement le « combat du taureau » contre des chiens[30]. De même, à partir de 1731, sur la route de Pantin, hors la barrière Saint-Denis, en la place du Combat (rebaptisée en 1945 place du Colonel-Fabien), des combats de chiens contre des taureaux, des ânes, des mulets, des sangliers, des ours ou des loups étaient organisés tous les dimanches et lundis par les bouchers; là aussi, raconte un témoin, on « voyait des dames d'un certain rang, à l'exemple des dames romaines, prendre plaisir à voir couler le sang, à voir le taureau mis à mort par la fureur des chiens[31] ». Ces « divertissements » furent interdits, du moins en public, à la fin du XVIIIe siècle en Angleterre et en 1833 en France. Chez nous, ils ne subsistent plus, aujourd'hui, que sous des formes extrêmement codifiées et, dit le Code pénal, dans les régions « de tradition locale ininterrompue[32] ».

Toutes les analyses de pratiques agonistiques avec des animaux[33] montrent que celles-ci procèdent d'une identification, à divers titres, des acteurs sociaux aux protagonistes. A cet égard, une distinction s'impose toutefois entre ces pratiques selon qu'elles opposent : 1) des animaux d'une même espèce (comme les combats de coqs); 2) des animaux d'espèces différentes (comme dans le harcèlement d'un taureau par des chiens); 3) un animal et un homme (comme dans la corrida ou le rodéo).

<table>
<tr><td rowspan="3" colspan="2"></td><td colspan="3">PROTAGONISTES</td></tr>
<tr><td rowspan="2">de même espèce</td><td colspan="2">d'espèces différentes</td></tr>
<tr><td>animal sauvage/
animal domestique</td><td>homme/
animal</td></tr>
<tr><td rowspan="2">PRATIQUES</td><td>combat</td><td>combat de coqs</td><td>Harcèlement du taureau attaché par des chiens</td><td>corrida
rodéo (cheval, bœuf)
dressage de fauves</td></tr>
<tr><td>course, poursuite</td><td>course de lévriers</td><td>bull-running chasse à courre</td><td>Courses montées ou attelées</td></tr>
</table>

Figure 7. Tableau récapitulatif des différents types de pratiques agonistiques avec des animaux

Ainsi qu'Elizabeth Lawrence l'a magistralement démontré pour le rodéo[34], le type 3 représente une métaphore de l'action de domestication. L'aspect le plus remarquable du type 2 est qu'il opposait presque immanquablement des animaux sauvages (ou rendus tels) et des animaux domestiques, auxquels l'homme déléguait en quelque sorte ses droits sur les premiers, comme cela s'observe encore aujourd'hui avec les chiens de meute en chasse à courre[35]. Type 1 mis à part, toutes ces pratiques consistent donc en la prolongation ou la reproduction (avec des animaux déjà domestiqués) de l'action domesticatrice primitive, mise en scène sur un mode plus ou moins violent.

Le cas des animaux de compagnie, qui sera étudié plus loin en détail[36], montrera que ceux-ci sont au centre de mises en scène dont la signification est voisine. Signalons pourtant sans plus attendre deux aspects très significatifs de l'utilisation de ces animaux.

Examinant l'hypothèse selon laquelle les grands herbivores domestiques, dont le travail n'était à l'origine pas rentable en termes de productivité (puisqu'il fallait les affourager), devaient présenter un autre intérêt que celui-là, par exemple une valeur de signe, Sigaut écrit : « Je me demande de plus en plus si la valorisation, extraordinaire à nos yeux, de signes tels que l'or ou le bétail (ou les cauris, ou les lingots de fer, ou n'importe quoi) n'exige pas l'absence de toute utilisation de ces objets autrement que comme signes[37]. »

Sigaut a raison et son interprétation peut sans aucun doute être étendue à tous les animaux dits aujourd'hui « familiers » : ceux-ci ne peuvent accéder aux hautes fonctions de compagnons de l'homme que lorsqu'ils n'ont plus rien d'autre à faire. Ce fut le cas du chat à partir du XVIIIe siècle. C'est depuis très longtemps le cas du chien, à travers la formation de « races de salon » distinctes des races de travail. C'est en passe de devenir le cas du cheval, avec sa disparition des champs de bataille, ensuite des champs tout court et, bientôt – lentement mais sûrement –, des boucheries. Un peu à la manière d'un amant abusif (et fortuné) qui entretiendrait sa maîtresse en s'imaginant ainsi s'assurer de sa fidélité, l'homme couve les animaux qu'il sent les plus malléables pour leur dispenser à sa guise un supplément d'action gratuit, que ne justifie aucune utilisation proprement dite.

On trouve donc de part et d'autre de la grande masse des animaux domestiques, dont l'homme tire tant bien que mal sa subsistance, des animaux qu'il joue à domestiquer, les uns sur le mode tragique, en les réduisant par la violence, parfois jusqu'à la mort, les autres sur le mode de la comédie sentimentale, en les sur-domestiquant. Que l'homme consomme des animaux domestiques, c'est indéniable. Qu'il consomme aussi – et, dans certains cas, surtout – de la domestication, voilà qui est à peu près sûr. On peut même se demander si l'action domesticatoire, à l'origine et, parfois, aujourd'hui encore, ne doit pas être considérée, au moins en partie, comme une fin en soi.

Chapitre IX

Domestiquer, comment ?

Les « moyens élémentaires d'action » sur l'animal

Le deuxième aspect à considérer dans un système domesticatoire est la production des animaux, aspect évidemment essentiel puisque le propre des animaux domestiques, ce qui les distingue des animaux chassés, est précisément d'être (du moins en partie) des produits de l'action de l'homme ; il s'agira donc ici pour nous de repérer ce que les productions domestiques comportent de spécifique par rapport aux produits tirés des animaux sauvages, de manière à identifier ce que les premières, comparées aux seconds, supposent comme supplément d'action de la part de l'homme.

Le moins que l'on puisse dire est que, dans ce domaine, celui-ci n'a pas ménagé ses efforts. De même qu'il a domestiqué ou essayé de domestiquer tous les animaux qui pouvaient l'être, et tiré ou essayé de tirer d'eux tout ce qu'ils étaient susceptibles de lui apporter, on peut dire que l'homme a tout essayé pour parvenir à ses fins, ne reculant devant aucune expérience, aussi coûteuse ou insolite soit-elle, ainsi qu'en témoigne, par exemple, ce curieux compte rendu d'expériences réalisées par le physicien et naturaliste René Antoine de Réaumur (1683-1757), extrait de l'article « Soie » de l'*Encyclopédie* :

« Il serait donc aisé de nourrir un grand nombre d'araignées [avec des plumes de jeunes oiseaux], mais on aurait bien de la peine de les [...] loger : si on les met plusieurs ensemble dans la même boîte au sortir de leurs coques, d'abord elles paraissent vivre en société ; elles travaillent plusieurs ensemble à faire une même toile dans les premiers jours, on en voit aussi plusieurs qui mangent ensemble sur le même morceau de plume ; mais bientôt elles s'attaquent les unes les autres, et les plus grosses mangent les plus petites : en peu de temps de deux ou trois cents qui étaient dans la même boîte, il n'en restait plus qu'une ou deux. C'est apparemment parce que les araignées se mangent les unes les autres qu'il y en a si peu, en comparaison du grand nombre d'œufs qu'elles pondent. [...] Il faudrait donc, pour avoir de la soie, nourrir des araignées dans des lieux séparés, où chacune aurait sa case ; alors il faudrait bien du temps pour donner à manger à chacune en particulier. Les vers à soie ne demandent pas cette précaution[1]. »

Fort heureusement pour la domestication, tous les animaux ne se sont pas montrés aussi irascibles. Les problèmes qu'ils ont posés à l'homme n'en sont pas moins très complexes, et celui-ci a dû élaborer, pour en venir à bout, tout un arsenal de moyens adaptés à chaque cas particulier. Faute de pouvoir dresser ici dans le double inventaire qui serait souhaitable – inventaire, action par action et espèce par espèce, des moyens mis en œuvre, et inventaire, société par société, des combinaisons de moyens –, on se contentera d'en dessiner les traits principaux, de manière à souligner l'étendue et l'organisation interne du champ concerné.

La méthode qui s'impose ici peut être définie, en bref, comme une ethnologie des « moyens élémentaires d'action sur l'animal », calquée sur celle des « moyens élémentaires d'action sur la matière » que prônait André Leroi-Gourhan pour l'étude des techniques de fabrication. Cet auteur entendait par là « une technologie fondée sur les matières premières[2] », « posant en principe que c'est la matière qui conditionne toute technique et non pas les moyens ou les forces[3] » : percussion posée ou lancée selon la densité du solide travaillé, perpendiculaire ou oblique selon sa nature, etc. Les animaux constituent toutefois, c'est le moins que l'on puisse dire, une « matière » un peu particulière : une matière vivante, animée, à l'organisation (individuelle et collective) complexe, douée de sens voire d'intelligence, capable d'autonomie. C'est donc à des processus biologiques (métabolisme, physiologie de la reproduction, etc.) et à des processus éthologiques, tant au niveau de populations qu'au niveau d'individus, que l'action humaine sur les animaux doit s'adresser.

Cette action est donc d'abord dictée par les exigences fondamentales qui doivent être satisfaites pour que les animaux survivent à la fois en tant qu'individus et en tant qu'espèces. Ces exigences sont au nombre de trois : la reproduction, l'alimentation et la défense contre les agressions de toutes natures[4].

La reproduction est évidemment essentielle puisque c'est d'elle que dépendent à la fois l'existence des espèces animales domestiques et le renouvellement de la richesse des hommes. Sa réalisation, qui constitue l'obsession de tous les éleveurs, a suscité un ensemble de pratiques, de stratégies et de représentations dont la richesse est sans doute incomparable.

Elle suppose d'abord la maîtrise d'opérations ponctuelles, limitées dans le temps, mais qui doivent être répétées à intervalles réguliers (un an, dans la majorité des cas). Il s'agit principalement :

1) de la préparation des femelles et surtout des mâles en vue de la reproduction : il faut savoir en effet que certains mâles, qui peuvent être appelés à « servir » plusieurs dizaines de femelles en une « saison de monte », doivent recevoir une nourriture et des soins particuliers ;

2) de la fécondation des femelles, selon des techniques qui peuvent aller de la « lutte libre » (par des mâles lâchés dans le troupeau) à l'insémination artificielle, en passant par la monte « en mains » (d'une femelle par un mâle donné, sous la surveillance et avec l'aide de l'homme) ; la réalisation de cette simple opération pose parfois des problèmes difficiles : de répartition dans le temps (de manière à grouper les mises-bas) en séparant les mâles des femelles hors des périodes de reproduction ou en munissant les uns ou les autres de dispositifs empêchant le coït, de détection de l'apparition des chaleurs chez les femelles par des mâles munis de tabliers colorants ou, chez les chevaux, par un « souffleur » ou « boute-en-train » (« entier » non destiné à la reproduction mais qui préparera, par ses approches, le terrain à l'étalon choisi et qui fera les frais de la colère de la jument si celle-ci n'est décidément pas réceptive) ;

3) de la surveillance plus ou moins active, selon les cas, de la gestation et surtout de la parturition, avec ces inévitables périodes de « surchauffe » qu'entraînent, pour les éleveurs, les mises-bas dans un grand troupeau quand elles se succèdent jour et nuit en l'espace d'un mois ;

4) du suivi de l'alimentation des jeunes par leurs mères ou, pour les orphelins, par des femelles ayant perdu leur petit (et dont il ne faut pas laisser tarir le lait) ou au biberon ou encore au sein par des femmes[5] ; dans les élevages où la mortalité à la

mise-bas est élevée, l'étendue des techniques et du vocabulaire de l'adoption témoignent de l'importance de ce problème[6] ;

5) de la réalisation, toujours délicate, du sevrage des jeunes, par des procédés variés (séparation, muselières diverses, maculation du pis des mères)[7].

Tous les résultats de ces opérations ne sont pas immédiatement visibles. Certes, on peut juger d'une saison de reproduction au taux de natalité, à l'état des produits, etc. Mais bien d'autres résultats n'apparaissent qu'après un nombre d'années variable selon les espèces, au terme d'une action prolongée. La maîtrise du processus de la reproduction dans son ensemble – et c'est peut-être là que réside sa caractéristique la plus fondamentale –, suppose en effet de la part des éleveurs une projection dans le futur, des stratégies s'inscrivant dans un projet (privilégier le nombre ou la qualité, favoriser tel ou tel produit, etc.). L'instrument principal de ces stratégies est la sélection des reproducteurs. Entre la simple réforme des animaux trop âgés et la moderne insémination artificielle, qui permet de féconder des centaines de femelles avec le sperme congelé d'un même mâle, on trouve toute une gamme de degrés et de procédés de sélection. La castration sous toutes ses formes joue ici un rôle tellement important qu'elle est presque partout pratiquée, y compris en terre d'islam malgré sa condamnation par Mahomet[8].

La diversité des critères de sélection, des plus « sentimentaux » (comme la dimension ou la forme des cornes, en Afrique, ou même leur nombre… en France[9]) aux plus « productivistes » (comme la vitesse de croissance ou le taux de prolificité), est bien plus grande encore. Si l'on ajoute à cela toutes les techniques de croisement (entre souches ou lignées différentes), de métissage (entre races ou variétés) et d'hybridation (entre espèces), on obtient un clavier très étendu de possibilités dont l'homme ne s'est pas privé de jouer depuis les temps les plus reculés.

Les succès enregistrés dans ce domaine difficile sont incontestables voire même spectaculaires. Je pense notamment ici aux hybridations du bœuf et du yak en Asie centrale[10], du chameau de Bactriane et du dromadaire chez les Turcs[11] et, presque partout, de l'âne et de la jument, malgré un accouplement laborieux qui doit être encouragé par de la musique et des attouchements (« brelandage »)[12]. Les échecs relatifs proviennent généralement de la difficulté à concilier des exigences contradictoires. C'est ainsi que, pendant des siècles et en de nombreux endroits, on a écarté de la reproduction, en les castrant pour les mettre au travail, les meilleurs étalons et taureaux. Un dilemme du même genre se pose à propos de la consanguinité. Les éleveurs du passé étaient tellement obnubilés par ses dangers qu'ils croyaient même à l'« imprégnation » des femelles par les mâles (télégonie) ; pour y échapper, ils avaient tendance à remplacer systématiquement les reproducteurs issus de leur propre élevage par d'autres qu'ils allaient chercher ailleurs, multipliant ainsi, au détriment de la qualité de leurs produits, des croisements qu'ils ne contrôlaient pas toujours[13] ; aujourd'hui, la pratique qui consiste à « associer le meilleur avec le meilleur pour obtenir le meilleur[14] », par *inbreeding* à l'intérieur de races pures très performantes, entraîne au contraire une consanguinité toujours plus poussée, qui nécessite périodiquement le retour à des croisements de souches différentes (*outcrossing*)[15]. On se souvient[16] des violentes polémiques, non exemptes d'arrière-pensées idéologiques, qui avaient opposé, au XIXe siècle, partisans des croisements et partisans des races pures ; ces polémiques, pour ne parler que de celles-là, montrent bien toutes les dimensions de la reproduction : à la fois instrument stratégique et « point sensible ».

La deuxième exigence vitale à satisfaire est l'alimentation des animaux. Les techniques utilisées à cette fin constituent un ensemble dont on n'imagine généralement ni la diversité ni l'étendue, ne serait-ce que du fait des multiples connexions qu'il suppose avec d'autres ensembles. Il faut en effet considérer :

1) La nature des aliments eux-mêmes. Il serait trop simple de croire que les carnivores ne mangent que de la viande et de n'importe laquelle, les herbivores que des végétaux et de n'importe lesquels. Il faut également leur fournir de l'eau (5 à 10 litres par jour et par tête pour le petit bétail, jusqu'à 80 litres par jour pour un bœuf de travail), du sel, etc. En Oman, les dromadaires consomment régulièrement du poisson séché, et l'on connaît même, chez les Arabes, chez les Turcs et dans l'armée… française, des cas de chevaux nourris, au moins temporairement, avec de la viande[17].

2) Les procédés de production de ces aliments. La nourriture des carnivores implique l'élevage (ou la chasse), celle des herbivores l'agriculture, à des degrés divers, quand ce n'est pas, pour certains composés modernes et pour certaines formes d'élevage dites « hors sol », l'industrie agro-alimentaire. Le « simple »

broutage sur des prairies qui n'ont bien souvent de « naturel » que le nom, pose lui aussi des problèmes complexes : il suppose tout d'abord d'assurer au bétail l'accès aux espaces et à l'eau nécessaires, ce qui n'est pas une mince affaire dans certaines régions où l'aridité entretient une concurrence et une insécurité chroniques ; il suppose également une gestion des ressources naturelles plus ou moins active selon les cas : débroussaillage (feux pastoraux), ensemencement, mise en défens périodique des pâturages, clôturage, aménagement des itinéraires de parcours (en montagne), des points d'abreuvement, etc. L'approvisionnement des herbivores en sel peut donner lieu soit à des déplacements d'animaux sur de longues distances (« cures salées » des Touaregs), soit à des échanges commerciaux très développés (comme en Amérique latine).

3) Les manières de dispenser leur nourriture aux animaux. Outre la question très spécifique de l'alimentation et du sevrage des jeunes évoquée plus haut, chaque catégorie d'animaux pose des problèmes particuliers de conditionnement et de conservation des aliments (secs ou frais), de récipients (rateliers, crèches, auges, sacs, abreuvoirs), de composition et de quantité des rations, de lieux (au pré, en stabulation libre ou à l'attache, en case ou box individuel), selon qu'il s'agit d'entretenir des animaux, de les préparer au travail ou bien de les engraisser pour la boucherie (on connaît l'exemple extrême du gavage de l'oie à l'embuc, sorte d'entonnoir à hélice actionnée par une manivelle). Même pour le broutage, il existe diverses modalités, qui dépendent des types d'animaux (*grazers*, « brouteurs » proprement dits, ou *browsers* attirés par la végétation arbustive), de la nature des pâturages et de leur « capacité de charge » : elles vont du simple écimage des plantes, que réalise le passage rapide d'un troupeau, à l'exploitation intensive en parc mobile.

La troisième exigence est une exigence de protection des animaux contre les intempéries, les prédateurs, les accidents, les maladies, etc. Y contribuent, chacun à leur manière :

1) les bâtiments d'élevage (étables, écuries, bergeries, clapiers, pigeonniers, magnaneries, etc.), les espaces ceints de barreaux, de murs, de fossés, de palissades, de haies ou – ce fut l'une des révolutions de la seconde moitié du XIXe siècle – de fil de fer (*kraal* africains, *corrals* américains, *enclosures* anglaises, garennes, cages…), les dispositifs d'attache (colliers, licols, bracelets, anneaux de nez… reliés à un point fixe ou coulissant), les entraves et semi-entraves posées sur un ou plu-

sieurs membres et qui se contentent de ralentir la marche des animaux[18] ;

2) toutes les techniques de garde et de conduite des troupeaux, à pied (bergers) ou à cheval (*cow-boys* ou *gauchos* d'Amérique, *ganaderos* espagnols, gardians de Camargue...), avec ou sans armes, avec ou sans animaux auxiliaires (chiens de conduite ou de défense, bœufs ou éléphants dressés à encadrer leurs congénères, boucs ou béliers castrés guidant d'autres animaux[19]) ;

3) les noms, appels, sonnailles, tontes partielles à valeur signalétique et surtout marques de propriété, très développées dans tous les élevages extensifs[20] ;

4) certaines mutilations, comme l'éjointage des oiseaux ;

5) tout l'immense domaine de la médecine vétérinaire, préventive et curative, traditionnelle et scientifique.

Bien qu'elles ne correspondent pas à la satisfaction d'une exigence vitale des animaux – qui n'en demandaient sans doute pas tant ! –, on ne saurait clore cette énumération sans citer, pour mémoire (car nous y reviendrons plus longuement dans un instant), les techniques qui ont pour but la familiarisation, l'apprivoisement ou le dressage des animaux.

« CHAÎNES OPÉRATOIRES » DE LA DOMESTICATION ANIMALE

Comment s'y retrouver dans ce foisonnement de techniques en apparence si différentes les unes des autres, tant par leurs finalités que par leurs champs et leurs modalités d'application ? Toutes présentent en commun plusieurs caractéristiques ou propriétés très révélatrices.

Ce sont des techniques relativement pauvres en outils matériels, des « techniques sans objets », pourrait-on même dire. Qui n'a jamais constaté le vide voire même l'absence de vitrines sur l'élevage dans la plupart des musées d'ethnographie ? La faute n'en incombe pas aux ethnologues ou aux conservateurs mais aux éleveurs : nombreux sont en effet, dans le monde, ceux chez qui on ne trouve, à part l'universel bâton du berger et une ou deux entraves ou muselières, aucun objet en rapport avec l'élevage. On se souvient[21] que le thème de la « pauvreté » de la « culture matérielle » des nomades, dont les évolutionnistes du XIXe siècle s'étaient emparés pour étayer la thèse (erronée) de l'antériorité de l'élevage sur l'agriculture, a été repris de nos jours à l'appui d'une nouvelle vision des sociétés pastorales comme de systèmes exclusivement « prédateurs », incapables d'évoluer séparément des grands modes de production dominants (thèse marxiste classique) ou d'engendrer des différenciations sociales ou des formations étatiques (thèse des néofonctionnalistes anglo-saxons, qui voyaient dans les tribus nomades des sociétés fondamentalement égalitaires).

Toutes ces thèses se fondent en réalité sur une conception véritablement indigente de la technique, qui réduit celle-ci à ses seuls témoins matériels, les objets. Or, si les marxistes lisaient Marx, ils sauraient (depuis 1867 !) que « le procès de travail se décompose [en] : 1) activité personnelle de l'homme, ou travail proprement dit ; 2) objet sur lequel le travail agit ; 3) moyen par lequel le travail agit. [...] Le procès s'éteint dans le produit, c'est-à-dire dans une valeur d'usage, une matière naturelle assimilée aux besoins humains par un changement de forme[22] ». Ils sauraient aussi que « ce qui distingue dès l'abord le plus mauvais architecte de l'abeille la plus experte, c'est qu'il a construit la cellule dans sa tête avant de la construire dans la ruche. Le résultat auquel le travail aboutit préexiste idéalement dans l'imagination du travailleur[23] ».

De même, si les anthropologues anglais et américains lisaient le français (car l'œuvre technologique d'André Leroi-Gourhan n'a jamais été traduite dans leur langue !), ils sauraient que « la technique est à la fois geste et outil, organisés en chaîne par une véritable syntaxe qui donne aux séries opératoires à la fois leur fixité et leur souplesse. La syntaxe opératoire est proposée par la mémoire et naît entre le cerveau et le milieu naturel[24] ». Et qu' « une technologie qui se limiterait à la classification des formes des outils et à l'analyse des états d'une fabrication entretiendrait vis-à-vis de l'ethnologie les mêmes rapports que la zoologie systématique vis-à-vis de la biologie animale. En effet, l'outil n'existe que dans le cycle opératoire ; il en est un bon témoin car il en porte généralement des traces significatives, mais au même titre qu'un squelette de cheval porte l'empreinte de l'être herbivore à course rapide dont il a été un jour la charpente[25] ».

Confirmant ces vues, une étude attentive montre que, même dans les systèmes domesticatoires en apparence les plus primitifs, la « pauvreté » de la « culture matérielle » s'explique – et se trouve largement compensée – par la place prépondérante occupée, dans tous les processus de domestication, par la richesse des savoirs fondés sur une observation très fine du comportement animal et du milieu, et par la complexité des opérations mentales (comptage, manipulation de séries, d'ensembles) que suppose la gestion dans le temps et dans l'espace d'un stock souvent important d'animaux. Toute la « formule technique » du pastoralisme nomade, par exemple, consiste en effet à agir sur des troupeaux, sur leurs dimensions, sur leur composition (en espèces, en âge, en sexe), sur leurs déplacements (et donc sur leur alimentation), en récupérant, pour les détourner au profit de l'homme, les règles naturelles du comportement grégaire des herbivores[26].

Les recherches récentes montrent également que la plupart des sociétés d'éleveurs nomades sont capables d'un dynamisme technique et social tout à fait remarquable : sans même parler des conquêtes fulgurantes qui ont conduit à plusieurs reprises les « Barbares » des marges de l'Empire chinois jusqu'aux portes de l'Occident, on sait maintenant que la majorité des progrès enregistrés au Moyen Age par les sociétés musulmanes en matière de domestication, d'élevage, d'hybridation, d'équitation, etc., résultent de l'apport des nomades turcs venus d'Asie centrale à partir du XIe siècle[27].

Le passage d'un raisonnement en termes de culture matérielle à un raisonnement en termes de chaînes opératoires fait apparaître plusieurs autres caractéristiques fondamentales des processus techniques de la domestication. L'une d'elles réside dans la confusion permanente, en élevage, de l'objet, du moyen et du produit du travail. En effet, à quelque étape de ces processus que l'on se situe, l'animal domestique est toujours, à la fois, le produit du travail humain – c'est évident –, l'objet de ce travail – c'est tout aussi évident – mais également le moyen par lequel ce travail s'exerce, car c'est en exploitant les caractéristiques naturelles des animaux (anatomiques, physiologiques, comportementales) que l'homme agit sur eux. Cette confusion se trouve encore accentuée du fait de l'absence de rapport direct, immédiat, automatique, prévisible entre l'action exercée et l'effet qui en résulte : ainsi, en utilisant le sel ou le sucre, la voix ou le sifflet, la main (gratification) ou le bâton (sanction) pour dresser un animal, c'est à sa physiologie (gustation, audition, sensibilité dermique) que l'on s'adresse, mais c'est son comportement que l'on modifie ; inversement, pour modifier sa physiologie (lactation, reproduction), c'est parfois sur son comportement que l'on doit agir[28].

Avec les animaux, il est donc à peu près impossible d'exercer une action sur un point sans, du même coup, agir sur les autres. Autrement dit, un éleveur néophyte qui s'imaginerait, en distribuant de la viande à des chiens ou du foin à des chevaux, ne faire que les alimenter, ou bien se tromperait lourdement, ou bien ne domestiquerait pas.

De là découle une autre caractéristique – sans doute la plus importante – des techniques de domestication : leur polyfonctionnalité. Illustrons cela par quelques exemples empruntés aux trois domaines définis précédemment par les exigences qu'il faut satisfaire pour assurer la survie des animaux en tant qu'individus et en tant qu'espèces :

1) En neutralisant les mâles en surnombre, la castration constitue un moyen de sélection des reproducteurs; mais elle permet aussi : a) d'augmenter la productivité en viande des animaux de boucherie en favorisant leur engraissement (moutons, chapons, châtrons chez les bovins, castration des femelles); b) de maintenir l'ordre et la sécurité dans les collectivités d'animaux en évitant les combats de mâles (étalons et même lapins, qui s'attaquent aux testicules de leurs adversaires[29]); c) d'obtenir des animaux de travail à la fois puissants et dociles.

2) Les distributions d'aliments complémentaires ou très appétés représentent des auxiliaires indispensables : a) de la reproduction (soutien des reproducteurs en période de monte et des mères suitées); b) de la conduite des troupeaux – et même de la domestication d'animaux sauvages. Ainsi, il a été observé qu'après les marronnages de l'Amérique hispanique, « c'est souvent par le sel que se marqua la première dépendance du bétail vis-à-vis de l'homme. Les paquets de sel, déposés par les pasteurs, servirent de premier centre de regroupement et de prise de possession, l'installation humaine débuta souvent par les pierres ou auges à sel qui furent antérieures même au *curral*; c'est par là que commença maintes fois l'établissement d'une *fazenda* ou d'une *estancia*[30] ».

3) Dans aucun ensemble technique, on ne trouve sans doute autant d'éléments à la fois polyvalents individuellement et mutuellement complémentaires que dans celui qui touche à la protection des animaux, de quelque point de vue que l'on se place. Si c'est le moyen mis en œuvre que l'on considère (le bâton du berger, par exemple), on verra que celui-ci peut être aussi bien préventif (il joue un rôle dissuasif vis-à-vis du marau-

deur, homme ou animal prédateur) que « curatif » (il servira à sanctionner le voleur qui passerait outre). Si l'on vise au contraire l'intention ou la finalité (se prémunir contre les vols), on découvrira que les chiens, les enclos, les entraves, les marques, etc., y concourent au même titre que le bâton. Mais, en plus de cette action négative dirigée contre des périls venant de l'extérieur, tous ces moyens techniques possèdent également une action positive, à usage interne, pourrait-on dire : le bâton ou le chien, qui écarte les voleurs, sert aussi à conduire voire à corriger les animaux ; les clôtures, qui évitent la dispersion des bêtes, sont aussi utilisées pour les compter, les trier, les séparer, etc.

Bref, en procurant leur nourriture à des animaux, en favorisant leur reproduction et en assurant leur protection, l'homme participe à leur survie ; mais en même temps, en jouant sur le volume et la composition des rations, en sevrant les jeunes, en contrôlant les saillies, en sélectionnant les reproducteurs, en recherchant des métissages ou des hybridations, en les maintenant à proximité de lui, il les assujettit, il les conditionne, il les façonne, il les « améliore » (pour reprendre le vocabulaire de la zootechnie) en vue des services qu'il attend d'eux. En un mot : il les domestique. C'est même, selon Jacques Barrau, « au degré d'intervention des hommes à chacun de ces trois niveaux critiques de la vie et de la survie [...] animales, dans chacune de ces trois exigences vitales, que l'on pourra apprécier le degré de domestication. On pourrait ainsi considérer que le stade le plus avancé de cette domestication serait atteint quand aucune de ces trois exigences vitales ne pourrait être satisfaite sans l'assistance humaine, sans l'entremise du travail humain[31] ».

Mais il y a plus encore : la polyfonctionnalité des techniques domesticatoires est à la base de la satisfaction d'une quatrième exigence, humaine celle-là : la familiarisation, l'apprivoisement ou le dressage, selon les cas et les besoins, des animaux domestiques. Le véritable arsenal des procédés de dressage (dans le détail duquel il est exclu d'entrer ici) et le considérable supplément d'action qu'il représente de la part de l'homme consistent pour l'essentiel à jouer en même temps – et en permanence (« Tout non-dressage est de l'anti-dressage », disent les spécialistes) – sur les trois claviers des techniques de la reproduction, de l'alimentation et de la protection/contention des animaux, auxquels s'ajoute ici un quatrième clavier, d'un maniement particulièrement délicat, qui est celui du « consentement des animaux à leur propre asservissement[32] ». Le dressage des animaux de travail comme le chien ou le cheval, par exemple, suppose en effet un état actif de l'animal et, de la part de l'homme, une attitude constante de négociation et de compromis avec le premier (« Ne demander que ce que l'on est certain d'obtenir », dit une autre maxime de dressage[33]).

Les termes familiarisation, apprivoisement et dressage correspondent à différents degrés du même phénomène d'assujettissement de l'animal à l'homme.

animal sauvage				animal domestique
sauvage	liberté ↓ capture captivité			
intermédiaire (demi-sauvage mi-apprivoisé)	adaptation ↓ état adapté apprivoisement			
apprivoisé	état apprivoisé → ↓ domptage dressage état dressé	domestication →	domesticité ↓ apprivoisé état dressé	} domestiqué

Figure 8. Diagramme des degrés d'assujettissement des animaux à l'homme (d'après Hediger, 1953)

Dans la plupart des cas, cet assujettissement est à la fois la condition nécessaire et l'effet de la domestication. On ne peut pas faire se reproduire en captivité, nourrir, mettre à l'attache, conduire des animaux qui ne sont pas familiarisés avec l'homme ; on peut encore moins leur demander de travailler sans leur avoir fait subir au préalable un dressage spécifique parfois très poussé. Inversement, le fait d'être nourris et manipulés par l'homme familiarise les animaux ; de même, le travail constitue la prolongation indispensable du dressage.

En revanche, on trouve quelques cas extrêmes où domestication (au sens de Barrau) et assujettissement semblent ne pas s'accorder. Il y a, bien sûr, les cas d'animaux sauvages que l'on dresse (dans les cirques) ou que l'on apprivoise (certains animaux des parcs zoologiques, bêtes trouvées blessées, jeunes rapportés par des chasseurs, etc.) sans pour autant les domestiquer[34]. Il y a, à l'inverse, des cas d'animaux hyperdomestiqués qui amènent à se demander s'il n'existe pas, dans l'action de l'homme sur l'animal ou dans la dépendance du second vis-à-vis du premier, un seuil à partir duquel cette action ou cette dépendance commencent à diverger, voire même à entrer en contradiction avec la valeur d'usage économique des animaux. Il peut s'agir, par exemple, soit d'animaux qui, du fait d'un excès d'empreinte par l'homme, sont incapables de trouver leur place dans un troupeau et se révèlent par conséquent inaptes à la production, tel ce taurillon nourri au biberon qui avait peur des vaches[35], soit au contraire d'animaux élevés industriellement, en batterie, chez qui l'isolement produit des phénomènes de fragilisation, de stress et/ou d'ensauvagement dommageables à l'augmentation de productivité initialement recherchée[36].

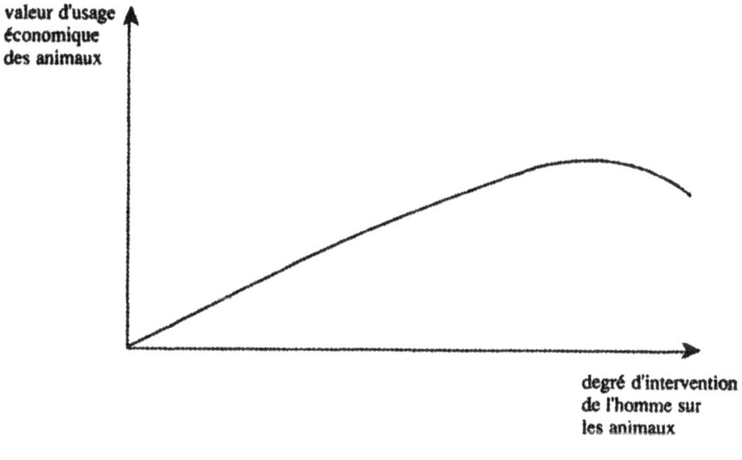

Figure 9. Courbe de variation de la valeur d'usage économique des animaux domestiques en fonction de leur degré de dépendance vis-à-vis de l'homme.

Le fléchissement de l'extrémité droite de la courbe traduit un mouvement de désadéquation des moyens de production par rapport au produit ou à la finalité du travail, mouvement particulièrement caractéristique des systèmes domesticatoires contemporains, qui tendent vers la production exclusive, soit d'animaux de compagnie ou d'ornement, soit d'animaux inadaptés aux besoins réels et même, de plus en plus, aux attentes des consommateurs et utilisateurs : poulets à la chair incolore et insipide, veaux bourrés d'hormones et d'ecchymoses, taureaux obèses incapables de se déplacer et *a fortiori* de couvrir les vaches, chevaux de concours hippique dont les pieds n'arrivent plus à supporter la masse musculaire…

LE COMMENT ET LE POURQUOI DE LA DOMESTICATION

Gardons-nous cependant de la tentation passéiste qui consiste à affubler la modernité de toutes les tares. Une vision d'ensemble de la domestication dans le temps et dans l'espace montre au contraire que les hommes du passé se montrèrent tout aussi prodigues que nous, tant d'excès domesticatoires que de discours justificateurs de ces excès (« loi du marché » aujourd'hui, « bien de l'humanité » aux XVIIIe et XIXe siècles, etc.). Réaumur espérait-il réellement obtenir de la soie quand il fit ses expériences de domestication de l'araignée ? Tel écrivain anglais du XVIIe siècle, entiché de monte des autruches, pensait-il véritablement que cela pouvait « devenir un jour le moyen de locomotion préféré, de même qu'il est certainement le plus rapide[37] » ? Que cherchait réellement lord Rothschild au XIXe siècle avec ses célèbres attelages de zèbres[38] ? Il ne servirait à rien de multiplier des questions dont la réponse sera inévitablement toujours la même. La motivation profonde, première, de toutes ces expériences est inscrite dans la nature même de l'homme : c'est le besoin de relever les défis, de réussir du jamais vu, de venir à bout de ce qui échappe, avant même de se demander à quoi cela va servir.

Il en va probablement de même au fond pour toute action de domestication. On a vu que les techniques de production des animaux visent un double objectif : servir l'homme en même temps que l'animal, répondre aux exigences du premier à travers la satisfaction de celles du second. Autrement dit : *en produisant des animaux, on produit également de la domestication, c'est-à-dire du pouvoir de l'homme sur l'animal.* Quand on examine, par exemple, la question du dressage ou celle de la mutilation des animaux – immense domaine dont l'étude systématique reste d'ailleurs à entreprendre (pourquoi coupe-t-on la queue du braque mais pas celle du pointer ? pourquoi les éleveur anglais et français coupent-ils la queue des chevaux de trait, ce que les éleveurs américains refusent[39] ? –, on ne peut manquer d'être frappé par la profusion de pratiques, d'usages et de représentations entremêlés que ces questions suscitent, profusion qui dépasse en tout cas de beaucoup ce qui serait nécessaire et suffisant pour dominer et utiliser l'animal.

Le stupéfiant zèle domesticateur de l'homme ne s'explique donc pas autrement – telle est du moins l'hypothèse à laquelle je crois – que *par la recherche de la domestication pour elle-même et pour l'image qu'elle renvoie d'un pouvoir sur la vie et les êtres. Même quand elle sert aussi à autre chose, l'action domesticatoire contient sa propre fin.*

QUATRIÈME PARTIE

Domestication animale et société

All animals are equal but some animais are more equal than others

George ORWELL, *Animal farm.*

CHAPITRE X

L'organisation sociale de la domestication animale

LA DOMESTICATION, UNE AFFAIRE DE TECHNIQUE ?

Que la domestication animale n'utilise pas ou que très peu d'outils, et encore moins de machines, ne signifie pas, nous venons de le voir, qu'elle n'use pas de technique. Bien au contraire, la possession, l'élevage, la reproduction, l'utilisation d'animaux domestiques supposent la maîtrise de connaissances à la fois très fines et très étendues du milieu naturel et des animaux, ainsi que de combinaisons de moyens d'action très complexes. Les fortes particularités de ces connaissances et de ces moyens nécessitent même, dans la plupart des cas, la spécialisation de certains personnels (bergers, vachers, étalonniers, etc.) voire même celle de populations tout entières (sociétés pastorales nomades). Tout système domesticatoire est donc d'abord un système technique qui se définit par une articulation spécifique de formes d'utilisation et de formes de production de certains animaux.

Un système domesticatoire n'est cependant pas tout à fait un ensemble technique comme les autres. Le fait – essentiel – que l'action technique s'exerce ici sur un animal, c'est-à-dire sur un être vivant, doué d'autonomie, de sensibilité voire d'intelligence, ne va pas sans entraîner certaines conséquences. Les caractéristiques particulières aux phénomènes en jeu dans les processus domesticatoires – omniprésence des mécanismes physiologiques échappant en grande partie à l'observation directe des acteurs; prépondérance, dans les chaînes opératoires, des opérations abstraites, des manipulations; « sociabilité » des animaux, qui fait que l'homme ne s'implique pas de la même manière, ni avec la même intensité émotionnelle dans la domestication des animaux que, par exemple, dans la culture des plantes – favorisent, ici sans doute plus qu'ailleurs, l'étroite imbrication des faits techniques, sociaux et idéologiques.

Il existe, dans le temps et dans l'espace, une grande variété de systèmes domesticatoires. Certaines variations s'expliquent aisément en termes techniques : il est évident, par exemple, qu'on ne peut pas élever des rennes en Arabie, ni des dromadaires en Laponie, de même qu'on ne peut pas utiliser des rennes comme des dromadaires. D'autres variations, en revanche, ne relèvent ni de la cohérence interne du système technique, ni même des données du milieu naturel ou des caractères biologiques des espèces élevées. Seuls des facteurs sociaux et culturels, produits d'une histoire, expliquent qu'un même animal, le dromadaire, ne soit pas monté de la même manière par les Maures, les Touaregs, les Bédouins de Syrie et ceux d'Arabie du Sud. Ou que le renne soit produit et utilisé différemment par les Tchouktchis, véritables proto-éleveurs, et par les Toungouzes ou les Lapons du Sud, éleveurs influencés par le voisinage des cultivateurs-éleveurs de Sibérie ou de Scandinavie. C'est que « même les plus simples techniques d'une quelconque société primitive revêtent le caractère d'un système, analysable dans les termes d'un système plus général. La manière dont certains éléments de ce système ont été retenus, d'autres exclus, permet de concevoir le système local comme un ensemble de choix significatifs, compatibles ou incompatibles avec d'autres choix, et que chaque société, à chaque période de son développement, s'est trouvée conduite à opérer[1] ».

S'interroger sur les rapports entre domestication animale et société revient donc à chercher quels choix en matière de domestication (préférence pour telles espèces, telles utilisations, telles techniques d'élevage plutôt que telles autres) sont compatibles ou incompatibles – et pourquoi – avec quels « choix » de société.

Qui domestique quoi ?

La première tentative sérieuse d'exploration de cette question est due à André-Georges Haudricourt[2]. On se souvient que, dans ce travail, l'auteur comparait certains types de comportements humains vis-à-vis du milieu naturel (comportements s'exprimant dans des techniques) et de comportements des humains entre eux (c'est-à-dire de rapports sociaux). Haudricourt parvenait ainsi à mettre en parallèle, d'une part la céréaliculture et l'élevage de type méditerranéen, caractérisés tous deux par leur « action directe positive » sur le milieu, avec « le traitement pastoral de l'homme dans la civilisation occidentale », caractérisé par le rôle de leaders s'imposant comme pasteurs-conducteurs, d'autre part la culture de l'igname, procédant d'une « action indirecte négative », avec le « traitement horticole de l'homme [...] caractéristique de la civilisation chinoise et surtout de son idéologie dominante, le confucianisme ».

Plusieurs chercheurs ont, par la suite et avec des succès divers, continué à creuser le même sillon. C'est ainsi que Keith Thomas a montré qu'en Angleterre, entre la fin du Moyen Age et la fin de l'époque victorienne, l'évolution des rapports homme-animal est étroitement liée à la transformation des rapports sociaux et au passage d'une société dominée par le féodalisme rural à une société dominée par la bourgeoisie urbaine : « La domestication, écrit-il, est [...] l'archétype d'autres sortes de subordination[3]. »

Enfin, poussant plus loin encore l'exploration de la même voie, l'anthropologue britannique Richard Tapper vient de proposer, à l'échelle historique, un audacieux parallèle entre rapports hommes-animaux et modes de production[4]. Pour cet auteur, en effet, le degré de familiarité de l'homme avec les animaux domestiques et l'importance que le premier assigne aux seconds dans ses représentations métaphoriques de la société varient en fonction du système économique. Autrement dit : il existe entre les hommes et les animaux des rapports de production (*human-animal relations of production*) qui sont un aspect des rapports de production que les hommes entretiennent. Sur ces bases, Tapper identifie des modes de relation aux animaux caractéristiques, selon lui, des modes de production de la typologie marxiste :

1) mode de relation à l'animal de type chasseur-cueilleur prédateur → mode de production communautaire ou germanique ;

2) type chasseur-cueilleur « apprivoisateur » → m. p. esclavagiste ancien ;

3) type pasteur nomade (animaux élevés mais non apprivoisés) → m. p. féodal ;

4) type *ranching* (défini comme la forme moderne du pastoralisme) → m. p. asiatique ;

5) type urbain industriel → m. p. capitaliste.

Le lecteur l'aura compris : autant l'idée de départ de Tapper était intéressante et construite sur des bases stimulantes, autant le résultat final auquel il parvient, fondé sur des raccourcis peu démonstratifs, pèche par excès de formalisme, pour ne pas dire de dogmatisme.

D'autres auteurs, géographes surtout, ont tenté d'élaborer des typologies des systèmes d'élevage[5], mais elles font presque exclusivement appel à des critères extérieurs au domaine considéré (rapport à l'agriculture, forme de commercialisation, etc.) et se révèlent par conséquent à peu près inutilisables pour la perspective qui est la nôtre.

Un seul essai de classification, dû à André Leroi-Gourhan[6], échappe aux deux critiques précédentes. En combinant le critère, interne, du rapport à l'animal et celui, externe, du rapport à l'agriculture, il réussit en effet à distinguer plusieurs systèmes correspondant à la fois à un type d'élevage et à un type d'organisation sociale :

1) Liaison de l'éleveur à un animal conservé dans son biotope et son comportement naturels. C'est la situation de « protoélevage », où la cueillette et la chasse jouent un rôle très important. Elle est actuellement limitée à quelques groupes d'éleveurs de rennes de la Sibérie orientale.

2) Liaison de l'animal à un éleveur nomade symbiosé à des communautés agricoles sédentaires. Elle correspond à l'« élevage pastoral » à chameau dominant ou bœuf dominant ou mouton dominant, auquel l'âne, le cheval, la chèvre peuvent être associés. Le pastoralisme nomade est caractéristique des étendues herbacées de l'Ancien Monde (Mongols, Turcs, Bédouins arabes, Touaregs, Peuls, Saracatsans de Grèce) ; il implique la symbiose d'éleveurs et d'agriculteurs répartis en deux ethnies relativement spécialisées et normalement endo-games.

3) Liaison de l'animal à un agriculteur sédentaire.

a) Maintien de l'animal en communautés denses (troupeaux). Ces deux traits caractérisent l'« élevage semi-pastoral », en vue duquel la société agricole délègue temporairement ou en permanence une partie de ses propres membres (bergers transhumants des Alpes et des Pyrénées, *cow-boys* et *gauchos* d'Amérique, classe d'âge vouée à la surveillance du bétail chez les

Massa du Tchad, les Bara de Madagascar et dans la plupart des sociétés d'éleveurs de bovins d'Afrique orientale).

b) Maintien de l'animal en petites collectivités. C'est l'« élevage agricole », forme la plus courante de l'élevage européen, également commune dans de nombreuses sociétés non occidentales. Il s'exerce dans un cadre familial et sur le périmètre agricole, chaque famille spécialisant partiellement certains de ses membres (enfants, vieillards) dans la garde du bétail.

c) Animal unique ou en très petites collectivités, correspondant à la situation de « domestication agricole ». L'animal est intégré dans le dispositif domestique et remplit le rôle d'auxiliaire technique de l'agriculture (bœuf, cheval, âne dans de nombreuses sociétés d'Eurasie et d'Afrique au nord du Sahara, dromadaire en Arabie et en Inde, buffle en Asie du Sud-Est).

A chaque type de société correspond donc un cheptel particulier, exploité à des fins et selon des modalités particulières. L'ensemble de traits dont les variations, d'un type de société à un autre, sont les plus révélatrices est celui qui concerne le traitement des animaux. Son étude montre en effet qu'il y a dans toutes ces sociétés un traitement analogique des hommes et des animaux. Mais des coupures existent, à cet égard, entre sociétés pastorales et sociétés agricoles, d'une part, et entre sociétés domesticatrices et certaines sociétés de chasseurs-cueilleurs, réputées « apprivoisatrices », d'autre part, coupures dont l'examen est particulièrement instructif.

SOCIÉTÉS PASTORALES *VERSUS* SOCIÉTÉS AGRICOLES

Dans les sociétés pastorales – sociétés à « structures élémentaires », c'est-à-dire dont l'organisation est régie par des règles très strictes de filiation et d'alliance –, le parallélisme entre troupeau et groupe domestique est une constante. Sans doute ce parallélisme répond-il à des nécessités économiques : il permet notamment d'ajuster en permanence le volume de la main-d'œuvre disponible et la taille des troupeaux. L'adéquation entre le cheptel et le groupe humain correspondant est telle que toute modification du premier entraîne en effet bien souvent des modifications du second. Ainsi, on a pu montrer que l'introduction de petit bétail (moutons et/ou chèvres) chez des nomades chameliers (Bédouins Rwalla du désert de Syrie,

Bédouins arabes de Cyrénaïque et Somalis) entraînait des transformations dans la division du travail pastoral et même dans la composition et dans l'inscription territoriale des lignages[7].

Mais le parallélisme entre famille et troupeau ne s'arrête pas là. Parlant de symbiose entre le monde animal et la société Nuer, Edward Evans-Pritchard note qu'à chaque personne correspond, y compris au niveau de l'onomastique, un animal du troupeau, et que les bovins, tout comme les hommes, ont leurs généalogies[8]. Des observations analogues ont été faites chez les Peuls par Marguerite Dupire[9]. Cet aspect vient d'être précisé avec une extraordinaire finesse par Angelo Bonfiglioli à propos des Peuls Wodaabe du Niger : il existe chez ces derniers une correspondance presque exacte entre les lignages humains et les lignées de bovins ; les uns et les autres se constituent, se développent et disparaissent en même temps[10]. Enfin, j'ai moi-même observé que, chez les nomades Bakhtyâris d'Iran, le comportement des chiens dans les campements est comme calqué sur l'organisation segmentaire de leurs maîtres : les animaux affectés à une tente défendent férocement celle-ci contre les occupants des tentes voisines, mais il suffit que survienne un étranger au campement pour que les chiens des différentes tentes oublient leurs querelles et fassent front, ensemble, contre l'intrus[11].

Un autre trait commun à nombre de sociétés pastorales réside dans le contraste, maintes fois observé, entre un certain égalitarisme interne, cher aux anthropologues anglo-saxons, et la violence des rapports sociaux externes caractéristique des systèmes segmentaires. Or, toutes proportions gardées, cette violence s'exerce aussi – également, allai-je écrire ; en tout cas : de manière assez uniforme – sur les animaux domestiques : le moins que l'on puisse dire est que les pasteurs nomades ne sont pas des tendres avec le bétail. Les Comanches traitent leurs chevaux comme des bicyclettes, déplorait l'anthropologue américain Ralph Linton[12]. Et les témoignages concordants sont légion. Il faut préciser, à la décharge des pasteurs, que ceux-ci ont à gérer de très grands nombres d'animaux sur d'immenses étendues ; de ce fait, et sauf rares exceptions, le « maternage », si courant ailleurs, n'est pas de mise chez eux. Ce maltraitement (relatif, il va sans dire) des animaux pris individuellement n'est nullement contradictoire avec la survalorisation voire la « fétichisation » du bétail dans son ensemble – qui a parfois fait qualifier, à tort, l'élevage pastoral de « sentimental » (c'est-à-dire, en fait, d'irrationnel). Chez la plupart des pasteurs, en effet, le bétail est la source unique de biens et la base du fonctionnement de toute la société. Chez les pasteurs d'Afrique de l'Est, par exemple, le fétichisme du bétail est étroitement lié aux rapports sociaux que celui-ci contribue à créer[13]. Ailleurs, son idéalisation va de pair avec la forte ritualisation des déplacements saisonniers qui marquent l'identité des nomades : cure salée chez les Touaregs, montée dans les alpages (opposés au monde démoniaque des vallées) chez les pasteurs montagnards du Moyen-Orient[14].

Les sociétés agricoles – à « structures complexes », c'est-à-dire à organisation fondée, moins sur la filiation (indifférenciée) et sur l'alliance, que sur la résidence – offrent un tableau totalement différent. Le trait le plus saillant, notamment en Europe occidentale, est la hiérarchisation des animaux domestiques en plusieurs catégories distinctes, faisant l'objet d'un traitement inégal. A partir de l'analyse des noms individuels donnés aux animaux, Claude Lévi-Strauss a défini ces catégories : « Si [...] les oiseaux sont des humains métaphoriques et les chiens, des humains métonymiques, le bétail est lui, un inhumain métonymique et les chevaux de course sont des inhumains métaphoriques : le bétail n'est contigu qu'à défaut de ressemblance, les chevaux de course ressemblants qu'à défaut de contiguïté. Chacune de ces deux catégories offre l'image "en creux" d'une des deux autres catégories, qui sont elles-mêmes dans un rapport de symétrie inversée[15]. »

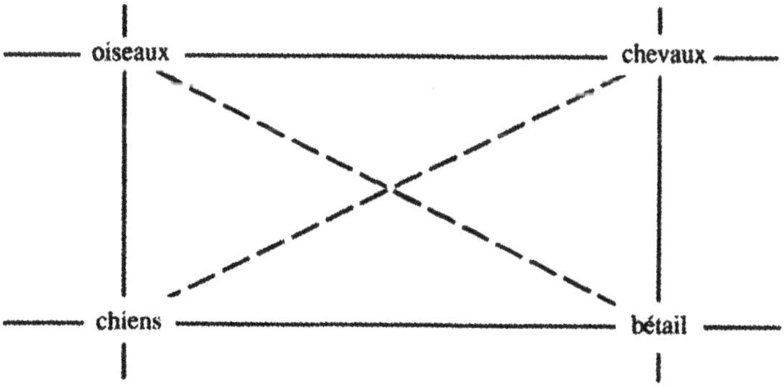

Figure 10. Position des animaux dans le système occidental de dénomination (Lévi-Strauss, 1962).

C'est entre, d'une part, les animaux utilisés comme auxiliaires et/ou élevés individuellement aux abords immédiats de l'habitation (cheval, bœuf de travail, chien, porc), et, d'autre part, ceux maintenus en troupeau, même restreint (vaches, moutons), que s'observent les différences de perception et de traitement les plus frappantes.

Animaux domestiques au sens étymologique du terme, les premiers « font partie de la société humaine[16] ». Le chien est un intime, qui suit partout son maître, même chez lui. Compagnon du travail de chaque jour, le cheval est bien plus encore l'objet de soins quotidiens, attentifs, affectueux même. En Bretagne au XIXe siècle : « Il arrivait [...] que la plus grande écuelle à figurer sur la table fût celle du cheval. [...] N'allez pas comprendre que le cheval y venait manger. On allait la déverser dans son auge quand la soupe avait bien trempé. Mais la présence de cette soupière chevaline témoignait de l'importance accordée au cheval. [...] Du reste, la prééminence du grand valet, en certaines régions, venait du fait qu'il était responsable du cheval ou des chevaux[17]. » Lorsque leur cheval meurt – on ne dit jamais d'un cheval qu'il « crève » – ou qu'il doit être réformé, bien des paysans, encore aujourd'hui (Haute-Savoie, 1987), n'éprouvent nulle honte à pleurer. Et même si c'est à la boucherie qu'il finit, sa viande n'est, à la campagne, jamais consommée[18].

Le porc occupe en apparence une position intermédiaire, mais en apparence seulement. Car, bien qu'élevé pour être mangé, il est à sa manière un proche de la famille, logé près d'elle et nourri (presque) comme elle, de ses déchets. Sa mise à mort, puisque mise à mort il y a, est très ritualisée[19] ; elle s'apparente, en fait, bien plus à un sacrifice qu'à un abattage pur et simple. De plus, elle constitue un événement auquel les plus aguerris restent rarement insensibles : encore dans la Bretagne du *Cheval d'orgueil*, le grand-père Le Goff ne disparaissait-il pas quand on tuait le cochon, « comme il fait chaque fois qu'il faut se séparer d'un animal domestique[20] » ? On ne peut s'empêcher, en lisant ces lignes, de penser au sacrifice de l'ours chez les Aïnous... Si « élevage sentimental » il y a, c'est bien dans les campagnes européennes qu'il se trouve – ou se trouvait – et non dans les steppes d'Asie, d'Afrique ou d'Amérique...

En revanche, les autres herbivores ne sont que des bestiaux[21]. A l'inverse des chiens et des chevaux, considérés comme des sujets, « le bétail est ouvertement traité comme objet[22] ». En témoigne le nom collectif par lequel celui-ci est désigné, nom qui s'applique d'ailleurs, de manière péjorative et significative à la fois, aux foules humaines jugées par trop passives ou traitées comme telles... Sauf dans le cadre de très petits troupeaux, le bétail, donc, n'a pas d'identité individuelle. Il n'a pas non plus d'autre valeur que celle, économique, que lui attribue le marché : à la campagne, il faut qu'une vache aille bien mal pour que l'on fasse appel au vétérinaire ; encore devra-t-on avoir la certitude que le prix de son intervention n'excédera pas celui de l'animal... Élevage sentimental ? Oui, mais sélectivement !

Le peu de considération pour le bétail dans la culture européenne traditionnelle s'étend de proche en proche à ceux qui vivent et travaillent en contact avec lui. Fernand Braudel écrit même : « Le croiriez-vous ? Le mépris de l'agriculteur à l'égard des éleveurs et bergers traverse l'histoire de notre pays, jusqu'au temps présent. En 1920, Daniel Halévy rencontre en Périgord un paysan venu là de sa Corrèze natale et qui a remis en état terre et vignoble, avec un acharnement magnifique. Mais l'âge vient. Alors lui faudra-t-il se contenter d'élever des moutons ? "Je regarderai l'herbe pousser et des moutons la tondre... *Berger* : il avait prononcé ce mot avec mépris... Il estime les travaux rudes et difficiles, la culture du blé, celle du lin, celle de la vigne, l'agronomie savante... L'élevage, selon lui, n'est pas une occupation digne d'un homme. *Berger* !... Quand [il] répète le mot, c'est avec le mépris du sédentaire pour le nomade, du civilisé pour le sauvage." J'ai souvent pensé que si l'Europe ne s'était pas offert la longue détestation du Juif, elle aurait peut-être pris en chasse le berger, homme à part s'il en fut[23]. »

La comparaison des systèmes domesticatoires pastoral et agricole montre bien en tout cas qu'il n'existe pas d'organisation sociale nécessaire de la domestication animale. Tout au plus peut-on parler de différents types de société correspondant chacun à une forme particulière de domestication. Réciproquement, telle ou telle forme de domestication ne peut se développer et s'épanouir que dans le type de société correspondant.

Des sociétés « apprivoisatrices » et « domesticatrices » distinctes ?

Une autre question, complémentaire de la précédente, reste à examiner : existe-t-il des systèmes sociaux incompatibles avec la domestication et qui pourraient donc être qualifiés de « non domesticateurs » ? Cette question vient immédiatement à l'esprit lorsqu'on songe aux « blancs » que laissent, sur une carte de la domestication[24], certaines sociétés d'Afrique tropicale ou d'Australie (avant les domestications ou les introductions de bétail modernes) ou encore d'Amérique (avant la conquête espagnole et même après comme chez certains Indiens d'Amazonie).

Il se trouve que ces groupes présentent au moins un caractère commun : il s'agit de chasseurs-cueilleurs qui apprivoisent couramment des animaux isolés prélevés sur le milieu naturel mais qui ne sont jamais passés à la domestication d'espèces entières (à la seule exception notable du chien ou, parfois, du porc). Le premier auteur à avoir été frappé par cette coïncidence est James Downs. Mais, pour lui, *« domestication »* et *« pet keeping »* (*pet* : « animal familier » en anglais) sont deux phénomènes radicalement différents, à la fois par leur distribution dans l'espèce humaine – le *pet keeping* est universel (*« pan human »*, écrit Downs), alors que la domestication ne l'est pas – et par la nature de l'action qu'ils représentent. Downs considère donc qu'il y a des sociétés (uniquement) « apprivoisatrices » distinctes des sociétés « domesticatrices »[25].

On sait[26] que je conteste ce découpage de l'acte domesticatoire en tranches : pour moi, apprivoisement et « domestication vraie » sont inséparables et se situent sur un même continuum. Il n'en reste pas moins que les sociétés évoquées plus haut se sont arrêtées à un point précis de ce continuum, alors que d'autres ont poursuivi logiquement leur progression pour parvenir, par la chasse, à la domestication (voie d'accès attestée pour le renne ou le lama, par exemple). Plus exactement : les premières se sont arrêtées à un point précis du continuum pour certaines espèces seulement, car elles ont su progresser pour d'autres (chien). La question correcte est donc : pourquoi ces espèces-là ?

La réponse à cette question doit être cherchée dans les systèmes de représentation des rapports hommes-animaux propres aux sociétés de chasseurs-cueilleurs. Chez les Pygmées, les Amérindiens, les Eskimos et les peuples sibériens, ainsi que chez les Aborigènes d'Australie – mais sur des bases quelque peu différentes (dans le détail desquelles il est impossible d'entrer ici) –, « le monde animal est conçu à l'image du monde humain, c'est un monde hiérarchisé[27] ». Par exemple, les

Achuar, Jivaros du Haut-Amazone à qui Philippe Descola vient de consacrer un livre magistral, se représentent la nature à l'image de leur propre société : les animaux de la forêt sont pour eux des parents, des alliés ou des ennemis, qu'il leur faut, à l'instar de leurs partenaires humains habituels, séduire, contraindre ou écarter. Or, démontre Descola, cette socialisation de la nature n'est pas, comme on l'avait cru trop souvent, un reflet naïf et illusoire de la société, car elle détermine en partie les choix techniques et le devenir historique des Achuar[28].

Plus particulièrement avec les animaux qui constituent leur gibier, les chasseurs-cueilleurs entretiennent « un rapport fondé sur l'échange de bons procédés bien qu'il ne soit pas exempt d'une certaine tension[29] ». Toutes ces sociétés vivent dans la crainte que les animaux, avertis par leurs congénères des mauvais traitements que leur infligent les humains, ne se laissent plus prendre ou se vengent des chasseurs en les attaquant. Des rites complexes sont donc scrupuleusement observés afin que les animaux tués ne puissent pas reconnaître leurs agresseurs (en Sibérie, on coupait le museau de l'ours ou l'on accusait les Russes de la mort du loup) ou bien pour qu'ils ne se formalisent pas du traitement qu'on leur fait subir (on leur présente des excuses et des friandises, leurs restes sont traités avec déférence) ; des fêtes de réconciliation entre les hommes et les animaux sont organisées, etc.[30].

Situé dans ce contexte, l'apprivoisement d'animaux isolés enlevés à la vie sauvage par les chasseurs-cueilleurs revêt tout son sens. Chez les Indiens d'Amazonie, par exemple, cet apprivoisement attentif et affectueux – qui est le fait exclusif des femmes – représente une contrepartie, une réparation nécessaires de l'acte de prédation dont les hommes se rendent coupables en chassant. Cette contrepartie n'a évidemment de valeur que si les animaux familiers ainsi maternés ne sont jamais ni tués ni mangés. Semblable interdiction est justifiée et manifestée par l'insertion des animaux familiers dans un système de parenté classificatoire et métaphorique complexe (dont je passe ici le détail) qui fait de leur consommation un acte d'anthropophagie[31]. En ce sens, l'apprivoisement d'animaux sauvages appartient bien, en effet, à l'univers de la chasse ; on voit mal, au demeurant, quel intérêt de telles sociétés pourraient trouver à domestiquer sur une plus grande échelle des animaux qui se trouvent frappés d'un interdit alimentaire. « En fin de compte, apprivoisement et chasse peuvent donc être considérés comme deux aspects complémentaires d'un phénomène unique : l'assimilation d'animaux par la société humaine[32]. »

Pourtant, cet apprivoisement n'est pas contradictoire avec toute domestication. Le cas du chien en est la preuve. Cet animal domestique est lui aussi assimilé à la société humaine mais d'une manière totalement différente. Très prisé comme auxiliaire de chasse, il appartient au monde masculin. Vivant par ailleurs dans la promiscuité sexuelle avec ses congénères, le chien pratique l'inceste : il incarne donc la transgression, voire l'inversion de la norme[33]. L'animal domestique qu'est le chien se distingue donc doublement des animaux apprivoisés. Cela explique notamment que la consommation du premier, à la différence de celle des seconds, soit considérée comme licite par de nombreuses sociétés amérindiennes ou africaines.

Plutôt que d'opposition entre des sociétés apprivoisatrices et des sociétés domesticatrices radicalement différentes, c'est donc de cloisonnement, interne à certaines sociétés, entre un apprivoisement lié à la chasse et la domestication qu'il convient de parler. Nul doute que c'est une piste semblable qu'il faudrait suivre pour expliquer, par exemple, pourquoi les Indiens des Plaines, qui avaient pourtant l'expérience de la domestication du chien puis de celle du cheval – animaux entre lesquels ils établissaient d'ailleurs de nombreuses analogies – n'ont pas eu l'idée d'entreprendre aussi celle du bison ou du caribou…

CHAPITRE XI

Un cas parmi d'autres : le système domesticatoire occidental

LE PHÉNOMÈNE « ANIMAL DE COMPAGNIE »

Notre propre société s'organise-t-elle, pense-t-elle, peut-elle être pensée de la même manière que n'importe quelle société « primitive »? Il y a belle lurette que les ethnologues ont apporté à cette question une réponse affirmative. Les rapports que nous entretenons avec les animaux domestiques et la domestication animale ne font donc que lui apporter une confirmation supplémentaire.

L'importance des animaux de compagnie, qui constitue l'aspect le plus immédiatement visible du cas européen, n'est ni récente ni cantonnée à l'Occident. Nombreuses sont les sociétés primitives qui raffolent des jeunes animaux sauvages (porcs, singes, oiseaux, etc.) que les chasseurs rapportent vivants au village ou au campement ; choyés et nourris par les femmes (avec de la nourriture prémastiquée, voire même au sein) au même titre que les enfants, ces animaux sont assimilés, on vient de le voir, à la société humaine[1]. L'apprivoisement d'animaux isolés enlevés à la vie sauvage, ne serait-ce qu'à des fins ludiques, pourrait d'ailleurs être à l'origine de bien des premières domestications[2]. On sait en effet que, boucherie exceptée, l'exploitation des produits et services qui justifie aujourd'hui le maintien de nombre d'animaux en état de domesticité était inimaginable lorsque ces animaux n'existaient qu'à l'état sauvage[3].

Le goût pour les animaux de compagnie n'est pas non plus nouveau en Occident. Il est attesté dès l'Antiquité gréco-romaine, avec une ampleur telle que Jules César, à son retour des Gaules, se serait écrié : « Les femmes romaines n'ont-elles donc plus comme autrefois des enfants à nourrir et à porter dans leurs bras? Je ne vois partout que des chiens et des singes[4]. »

Dans l'Europe médiévale, presque tous les gens aisés possédaient des animaux familiers : les plus prisés étaient les chiens – mais pas n'importe lesquels : lévriers ou épagneuls pour les hommes, bichons pour les dames – et aussi, à partir du XIIIe siècle, les animaux exotiques (singes, perroquets) que l'on s'arrachait à prix d'or. A l'instar de César, les prédicateurs anglais du XVIe siècle « se plaignaient de ce que les dames de la bonne société négligeaient leurs enfants, préférant embrasser un chiot ou un petit chien[5] ». A partir du XVIIIe siècle, cet engouement gagne peu à peu les classes moyennes en même temps qu'il s'étend à d'autres animaux, de taille et de prix plus modestes : canaris, chats, petits chiens[6]. Si bien qu'au début du XIXe siècle, la prolifération des chiens était devenue une véritable engeance : « Dans les villes d'une grande étendue, dans ces foyers immenses de corruption, dans les capitales comme Paris, qu'est-ce que l'œil observateur du philosophe aperçoit à tout instant? Une effroyable multiplication de chiens. [...] Chaque ménage en nourrit un, quelquefois deux ou trois; chaque rue en présente des centaines, isolés, affamés, dangereux, agacés sans cesse par des oisifs ou des enfants, excités à la fureur et au combat[7]. »

Remontant à 1802, ce témoignage quelque peu grandiloquent permet néanmoins de mesurer le chemin qui sera parcouru au cours des décennies suivantes. En effet, dans la seconde moitié du XIXe siècle, la situation devait être reprise en main, en (faible) partie grâce à des réglementations plus strictes – l'impôt sur les chiens a vu le jour en Angleterre en 1796 et en France en 1855[8] –, mais surtout du fait de la création des clubs et des expositions canines, d'une part, et des associations de défense des animaux[9], d'autre part, qui canaliseront le mouvement tout en contribuant à son développement, jetant ainsi les bases du « pétichisme »[10] contemporain.

Quelles sont les composantes de la situation actuelle? Le principal élément nouveau tient au caractère de masse du phénomène « animal de compagnie ». Celui-ci touche désormais peu ou prou toutes les catégories sociales. Selon une enquête de l'INSEE effectuée en 1983[11], 52 % des 20 millions de foyers que compte la France possèdent un ou plusieurs de ces animaux. Ceux-ci seraient près de 34 millions (contre 37 en 1979)

– 230 000 rien qu'à Paris –, dont 8,8 millions de chiens (9,2 en 79) et 5,8 millions de chats (6,7 en 79), qui consommeraient à eux seuls autant de viande que tous nos voisins espagnols réunis et représenteraient 1 % du budget des ménages, soit quelque 22,5 milliards de francs par an. Notre pays occuperait donc, dans ce domaine envié, le deuxième rang mondial, derrière les État-Unis avec 220 millions d'animaux familiers répartis dans 56 % des foyers[12]. Pour la CEE, les chiffres s'élèveraient à 26 millions de chiens, 23 millions de chats et 42 millions d'autres petits animaux[13].

L'ampleur du phénomène a suscité des interprétations diverses et parfois divergentes. Les plus courantes (liaisons avec le mouvement de dénatalité de l'après-guerre, avec l'aggravation de l'isolement social et de l'insécurité en milieu citadin) sont démenties par les chiffres puisque ce sont les familles de plus de deux enfants qui sont les plus nombreuses à posséder des animaux de compagnie[14] et que les taux de possession décroissent systématiquement (pas uniquement pour de simples raisons de commodité) quand on passe du domaine rural à l'urbain et des maisons individuelles aux grands ensembles[15].

L'aspect essentiel du phénomène – que les meilleures études statistiques signalent mais n'expliquent pas – réside en fait dans le rapport qualitatif que l'homme entretient avec l'animal. Or, ce qui frappe surtout, c'est l'intégration des animaux « familiers »... à la famille, où ils sont à la fois « éduqués » et maternés, bref « traités comme des enfants dont ils sont, au fond, des substituts[16] ». Anecdote significative : je connais plusieurs couples d'homosexuels passionnés par l'élevage des chiens et des chats ; l'un d'eux dit ne pas se séparer « pour les animaux », comme d'autres diraient « pour les enfants ». La prospérité des industries alimentaires, boutiques de toilettage, cliniques vétérinaires, services de garde (y compris à domicile), assurances, agences matrimoniales, cimetières ou centres d'incinération pour animaux[17] témoigne assez du luxe de soins et d'attentions dont ceux-ci sont l'objet. Pour eux, on ne regarde pas à la dépense : tel propriétaire d'un poisson rouge – par ailleurs pêcheur à la ligne –, n'hésite pas à consulter un vétérinaire pour son poisson atteint de mousse car, dit-il, « c'est un animal familier ».

Si les animaux de compagnie apparaissent, chez nous, comme des substituts des enfants, c'est dans un sens, non pas démograhique, mais pédagogique, pourrait-on dire : « Dans l'élevage d'un animal familier, l'homme teste sa capacité éducative de façon analogue à la manière dont il interroge son statut d'éducateur parental au travers des réactions d'un enfant à son regard[18]. » En d'autres termes, ce que nous aimons dans nos animaux de compagnie, c'est leur dépendance et l'image d'êtres supérieurs, tout-puissants que celle-ci nous renvoie de nous-mêmes.

C'est d'ailleurs la raison pour laquelle nous ne les aimons pas tous de la même manière. La possession de telle ou telle espèce n'est en effet pas indifférente. En tête des préférences des Français arrivent le chien (présent dans 35 % des foyers) et le chat (23 %), suivis, loin derrière, des oiseaux (9 %), des poissons (3 %), des rongeurs (2,5 %) et des reptiles (1 %). L'erreur consisterait à traiter séparément les possessions de telle ou telle espèce alors qu'« elles forment, au sens rigoureux du terme, un système structural d'oppositions[19] ». Ainsi : « A la cynophilie très "cattophobe" des professions dont le sort est lié à la sauvegarde d'un patrimoine économique (patrons du commerce et de l'artisanat, camionneurs) ou qui sont préposés à la défense de l'ordre (policiers, militaires, contremaîtres) s'oppose diamétralement la "cattophilie" très cynophobe des intellectuels et des artistes, suivis en cela par les instituteurs, les travailleurs sociaux et les fonctionnaires, qu'ils soient employés ou cadres[20]. »

Mais l'aspect le plus méconnu et sans doute le plus intéressant du phénomène « animaux de compagnie » est celui-ci : pour accéder pleinement à leur statut d'intimes de l'homme, ces animaux doivent être entièrement disponibles pour l'homme, ne servir à rien d'autre qu'à sa compagnie. Déjà au XVIIe siècle, en Angleterre, c'est aux animaux « inutiles, en particulier aux chiens de chasse et aux chiens de salon, qu'on accordait une véritable affection et le statut le plus haut[21] » ; au contraire, les chiens de garde et de berger « étaient généralement pendus ou noyés quand ils survivaient à leur utilité[22] ».

L'histoire du chat est encore plus significative. On se souvient[23] qu'introduit tardivement en Europe occidentale, ce petit félidé a gagné ses titres de gloire en traquant le rat noir, dont la généralisation en Occident date du XIe siècle ; sa fonction de prédateur exigeait que le chat de l'époque se montrât plus proche du fauve que du matou ronronnant que nous connaissons aujourd'hui : l'homme le maintenait à distance respectueuse, s'amusant même volontiers de le maltraiter. Il faudra attendre l'invasion massive, en 1727, du surmulot pour que le chat, désormais impuissant face à cet adversaire redoutable, soit enfin admis à se prélasser dans la demeure de son maître. On verra[24] que le cheval est en passe de connaître un sort analogue : jamais il n'a été aussi bien traité ni autant adulé que depuis qu'il ne « sert » plus à la guerre, aux champs ou sur les routes. De telles différences de traitement s'observent aussi, bien qu'à un degré moindre, dans d'autres cultures : chez les Indiens et les Eskimos du Canada, par exemple, il arrive que des couples sans enfants adoptent des chiens; ceux-ci ne travaillent pas et sont traités bien moins durement que les chiens de traîneau[25].

Exit les animaux de ferme

Le chômage doré qui va de pair avec la fonction d'animal de compagnie a pour corollaire, dans la société occidentale contemporaine, la marginalisation voire l'exclusion ou la péjoration des animaux « utilitaires » (et, bien souvent, des métiers correspondants). On a vu[26] qu'une hiérarchisation des animaux existait dans la culture européenne traditionnelle. Le nouvel ostracisme n'a fait que la reprendre en l'accentuant. Ses victimes toutes désignées sont donc les bêtes qui, déjà dans la ferme classique, ne bénéficiaient pas d'un statut individuel : bétail, volaille. De fait, il est moins rare de rencontrer des crocodiles, des rats ou des serpents que des poules parmi les animaux « de compagnie » de nos contemporains...

Autrefois indissociables de toute vie rurale, les animaux de ferme ne sont plus aujourd'hui que des animaux de rente, produits pour être mangés. Sauf dans quelques régions d'élevage traditionnel (de faible rapport), ils ont, soit cédé la place à la céréaliculture, soit à peu près disparu du paysage.

A partir des années 1950, porcs, volailles et parfois même bovins (veaux surtout) sont de plus en plus confinés dans des installations d'élevage industriel « hors sol ». Les pratiques destinées à favoriser l'engraissement des animaux ne sont pas des innovations du XXe siècle : isolement, enfermement (dont la stalle à cochon est la traduction la plus douce), entravement, castration, aveuglement, etc., sont attestés presque partout dans l'Ancien Monde (Europe, Extrême-Orient, Océanie) et depuis fort longtemps[27]. Mais jamais elles n'avaient connu l'ampleur – et, il faut le dire, l'horreur – qu'elles atteignent aujourd'hui. Les animaux qui y sont soumis souffrent de troubles physiologiques (diminution de l'appétit et de l'activité génésique, ulcères gastro-œsophagiens) et comportementaux graves (picage chez les poulets, caudophagie chez les porcs, manifestations agressives) auxquels on « remédie » par des mutilations ou des appareillages (débecage des poulets, pose d'œillères). Le stress en élevage intensif présente, pour les performances zootechniques elles-mêmes, des inconvénients tels[28] qu'on peut se demander si ce type d'élevage ne correspond pas, aujourd'hui, à une logique inavouée totalement différente de celle, productiviste, qui constitue sa raison d'être officielle.

Dans le meilleur des cas, les bovins d'embouche (et ceux, à destination initialement laitière, touchés par la réglementation européenne des quotas) sont laissés en pâture ou en stabulation libres. Pas ou plus traits, ils ont de moins en moins de contacts avec l'homme et, donc, s'ensauvagent. Les éleveurs, de leur côté, ne savent plus manier le bétail ; certains en ont même peur. Les conditions modernes de vie et de transmission des savoirs techniques font qu'ils sont loin, désormais, des « bêteleux » que Jean Robinet décrivait juste après la guerre : « C'est comme ça pour tous les gosses d'agriculteurs ; un beau jour ils sont grands et savent tout faire sans avoir jamais appris, ça vient tout naturellement, comme leur pousse la barbe. [...] Ils ont ça dans le sang[29]. »

Les conséquences de cette évolution sur les modalités de production et même de commercialisation du bétail sont incalculables. Malgré la pratique systématique de l'écornage et la floraison du matériel de contention, les accidents du travail sont en constante augmentation chez les éleveurs. De plus en plus, ceux-ci renoncent à amener des animaux sur les foires (d'où le succès des marchés « au cadran ») et même à pratiquer l'insémination artificielle (d'où un retour certain à la lutte libre par un taureau lâché au milieu des vaches[30]). Bref, par une sorte d'effet de cercle vicieux, le fossé ne cesse de se creuser entre les éleveurs et leur bétail. A l'hyper-domestication, la surprotection, la survalorisation des animaux familiers s'opposent radicalement la dédomestication, le maltraitement, la marginalisation des animaux de rente.

Ce clivage est évidemment la traduction, au plan de la domestication animale, d'une évolution de la société humaine correspondante, marquée principalement : par l'industrialisation et l'urbanisation, et surtout à partir des années 1950, par « la fin des paysans » (ceux-ci ne représentaient plus, en 1987, que 7 % de la population française). Curieusement, la hiérarchisation des animaux s'accentue en même temps que se développe, essentiellement en milieu urbain, le nouvel idéal de protection et de compassion à l'égard des bêtes.

On aurait pu s'attendre à ce que les deux mouvements – de hiérarchisation et de protection des animaux – entrent en contradiction et même s'opposent violemment. Or qu'observe-t-on dans la réalité ? Les défenseurs des animaux, pour la plupart citadins (ou à la rigueur néo-ruraux), paraissent aussi indifférents à la marginalisation des animaux de ferme qu'à la fin des paysans. Leurs discours, leurs actions sont étrangement ciblés contre les chasseurs ou les mauvais maîtres, donc en faveur des animaux « inutiles » (gibiers, animaux familiers) mais très rarement des animaux de boucherie (à l'exception des chevaux). Et lorsque les plus exaltés d'entre eux organisent, comme tout récemment, des opérations de commando pour « libérer des animaux martyrs », c'est toujours de chiens, de chats ou de singes qu'il s'agit, jamais de poulets, de porcs ou de veaux... Bref, les « amis des bêtes » ne voient pas le clivage, ou bien le font leur et contribuent même à l'accentuer.

Au lieu de s'opposer, les deux mouvements – de hiérarchisation et de protection des animaux – se nourrissent donc l'un de l'autre, forment système. L'un et l'autre font partie des moyens élaborés par la culture occidentale contemporaine pour résoudre l'« hideux dilemme moral[31] » que représente l'action d'élever des animaux pour les tuer. Exactement de la même manière que les Indiens d'Amazonie doivent se concilier par divers rites les bonnes grâces des animaux qu'ils chassent et adopter certains d'entre eux pour compenser les sévices qu'ils font subir aux autres, nous ne nous sentons autorisés à manger les animaux que nous élevons qu'à certaines conditions. Ces conditions sont au nombre de deux :

1) Nous devons nous abstenir de les manger tous – et le montrer, le clamer haut et fort. D'où nos animaux « de compagnie », le droit à l'inactivité que nous leur accordons, le luxe de soins que nous leur apportons, l'affection ostentatoire que nous leur témoignons, la place que nous leur réservons jusque dans nos foyers et qui ferait apparaître leur consommation, si jamais elle se produisait, comme un acte de cannibalisme intolérable (mangerions-nous nos enfants ?[32]).

2) A l'inverse, ceux que nous mangeons – car « il faut bien se nourrir ! » – doivent, pour ménager notre sensibilité, se fondre dans des troupeaux anonymes et méprisables, être éloignés de nous, dissimulés à nos yeux et à notre conscience. C'est le « bétail » ou la « volaille » opposés au chien, au chat ou au cheval, comme la *vermin* était, chez nos voisins britanniques, opposée aux *pets.* Massivement confinés dans des élevages industriels, les animaux mangeables finissent dans des abattoirs automatisés et aseptisés, moins culpabilisants, d'où ils sortent sous forme de carcasses « habillées » – corps exsangues, désanimalisés, qui ne sont plus qu'une substance[33] – pour enfin aboutir dans nos assiettes sous des aspects (steak, rôti, ragoût, fricassée, pâté, farce, etc.) et éventuellement sous des mots (anglais *beef/ox, veal/calve, mutton/sheep, pork/pig*) qui les rendent heureusement méconnaissables.

« Small is beautiful[34] »

Un autre aspect du clivage entre animaux de rente et animaux familiers mérite une mention particulière : c'est la tendance constante – séculaire, voire millénaire pour certaines espèces –, à augmenter la taille des uns et à diminuer celle des autres. Autrement dit à accentuer la différence en hypertrophiant les plus gros et en miniaturisant les plus petits.

En ce qui concerne les premiers, l'étude des variations historiques de la hauteur au garrot et du poids moyens des bovins d'Europe occidentale, par exemple, montre que la domestication a d'abord entraîné un fléchissement : 1,25 m et 200 kg au Néolithique (vers – 3500), 1,20 m à l'Age du Fer, jusqu'à 0,90 m chez les Gaulois, après quoi la taille remonte pour atteindre 1,30 m au IVe-Ve siècle. Après un nouveau fléchissement au Moyen Age, taille et poids grimpent à nouveau, définitivement cette fois : 1,20m et 200 kg au XVIIe siècle, 575 kg au XVIIIe, 1,40 m et 700 kg à la fin du XIXe siècle (pour une charolaise), 1,45 m et 800 kg aujourd'hui[35].

D'une façon générale, le XIXe siècle est le siècle de l'envolée du poids et de la taille chez les espèces domestiques de rapport : en bovin, en porc, en mouton, en volaille et même en cheval, il faut désormais « faire du grand, du lourd, du rond ». Certes, l'urbanisation et l'accroissement de la demande en viande ne sont pas étrangers à cette injonction du mouvement agronomique. Mais il y a tout lieu de penser – Bernadette Lizet vient de le démontrer magistralement pour le cheval de trait noir du Nivernais[36] – que, bien plus qu'à des impératifs économiques, la mastodontisation de certains animaux correspond à des stratégies identitaires s'inscrivant dans le cadre d'oppositions régionales et socio-culturelles.

Il n'est donc pas surprenant de constater que c'est l'évolution inverse, la miniaturisation, qui domine pour les animaux familiers. Chez les chiens, le bichon se répand au XVIe siècle, le carlin au XVIIe[37], le pékinois, le whippet (lévrier nain) et bien d'autres au XIXe. Mais le mouvement de miniaturisation est loin de se limiter aux chiens. Toujours au XIXe siècle, apparaît en Angleterre, d'où elle gagnera toute l'Europe, la vogue des poules naines. Celle-ci trouve son origine dans les combats de coqs – seuls gallinacés à se distinguer de la volaille commune – et dans la remarquable agressivité des mâles d'espèces ou de variétés exotiques, plus petites que les races européennes, rapportés par les voyageurs (bankiva d'Inde, bantam des îles de la Sonde, d'où est tiré le mot anglais *bantam* qui désigne toutes les poules naines) ; par la suite, sous l'effet de la mode, la plupart des races européennes ont fait l'objet de « réductions » (Rhode Island, Wyandotte, Leghorn, ardennaise, pictave, etc.). Il faut citer encore : les lapins nains, le poney Falabella (60 cm au garrot, du nom de son « inventeur », un éleveur argentin de la fin du siècle dernier) dont la mode est en train de se répandre, et les porcs nains, dernière lubie américaine, qu'on doit s'attendre à voir sous peu gagner la France.

On invoque souvent, pour justifier la création et le succès des races naines, des raisons de commodité et même de rentabilité. L'intérêt des petits chiens, dits justement « chiens de salon », paraît en effet peu discutable pour qui vit en appartement. De même, les whippets auraient été créés par des mineurs anglais, amateurs de courses de lévriers, pour qui les énormes greyhounds de l'aristocratie représentaient des frais d'entretien hors de portée. Des arguments identiques sont avancés pour les coqs de combat nains. Encore maintenant, un spécialiste assure, chiffres à l'appui, que les poules naines « ne le cèdent en rien, en tant que pondeuses, aux meilleures races de grandes volailles » et que « quantité d'amateurs en tirent un réel profit[38] ».

Ces raisons et ces arguments, aussi valables soient-ils, apparaissent pourtant insuffisants : ils illustrent surtout, en réalité, la tendance constante de l'homme moderne à justifier ses actions – notamment en matière de domestication – par des rationalisations construites *a posteriori*. En effet, les débuts de la miniaturisation des animaux sont le fait d'une époque et de catégories sociales où les problèmes matériels d'espace et d'entretien ne se posaient en aucune façon. A l'inverse, l'exiguïté des logements contemporains n'a jamais constitué un frein sérieux à la possession d'un danois, d'un mastiff ou d'un terre-neuve quand la mode a été à ces races. Par ailleurs, la miniaturisation, aussi poussée soit-elle, du cheval ou du porc ne fera jamais de ces deux espèces des animaux de compagnie « pratiques ». Il est donc vraisemblable que d'autres motivations sont également intervenues.

Une première motivation explique tout à la fois la maximalisation et la miniaturisation des animaux, ainsi, d'ailleurs, que la plupart des actions domesticatoires : c'est le désir forcené, quasiment mégalomaniaque, de dominer la nature, d'agir sur elle, de la modifier de façon visible, ostentatoire. C'est incontestablement au XIXe siècle que ce désir s'est exprimé avec le plus de force, aussi bien dans le domaine de la zoologie, avec la tératologie ou science des monstres d'Étienne Geoffroy Saint-Hilaire, que dans celui de la zootechnie, avec l'explosion des races domestiques, certaines créées de toutes pièces[39]. Évidemment, la soif de puissance de l'homme s'affirme avec encore plus de visibilité et de certitude dans la miniaturisation des animaux que dans leur maximalisation. Les chiens de salon ou les lapins nains sont aux animaux ce que les bonzaïs[40] sont aux végétaux : des organismes vivants qui renvoient l'image d'une nature hyper-domestiquée, entièrement soumise à la volonté pour ne pas dire aux caprices des humains.

Mais il y a plus, ou autre chose : miniaturiser les animaux familiers (ou susceptibles de le devenir, comme le poney), c'est aussi les infantiliser. Déjà en 1576, Abraham Fleming écrivait à propos des chiens de compagnie : « *Plus ils sont petits, plus ils provoquent de plaisir*, comme compagnons de jeux plus adaptés à des maîtresses minaudières pour qu'elles les portent dans leur giron, pour qu'ils leur tiennent compagnie aussi dans leurs chambres, pour qu'ils les assistent dans leur sommeil au lit, et [qu'elles] les nourrissent de viande à table, pour qu'ils soient assis sur leurs genoux et leur lèchent les lèvres quand elles voyagent en voiture[41]. »

La situation n'a guère changé depuis, bien au contraire. Les races de chiens-enfants se sont multipliées. Desmond Morris en dresse ainsi la liste :

1) chiens pesant le poids d'un nouveau-né humain : chihua-hua (1,8 kg), bichon maltais (2,2 kg), loulou de Poméranie (2,7 kg), Yorkshire-terrier (3 kg), griffon (4 kg) ;

2) Chiens pesant le poids d'un nourrisson de cinq mois : pékinois (5,5 kg), shih tzu (6 kg), King Charles spaniel (6,5 kg), carlin (7 kg) ;

3) Chiens pesant le poids d'un nourrisson d'un an : teckel (9,5 kg), corgi (10 kg)[42].

Outre sur le poids, ces races ont été sélectionnées de manière à conserver, chez le chien adulte, l'allure et le comportement du chiot (néoténie)[43], voire à rappeler ceux du bébé : face plate, yeux démesurés, membres courts et arqués, démarche maladroite, voix haut perchée. Ainsi : « [Ces chiens] émettent, malgré eux, de puissants signaux puérils à l'adresse de leurs maîtres, dont les réactions parentales innées se déclenchent automatiquement, les rendant plus aimants, plus protecteurs et plus attachés, sur le plan émotionnel, à leur animal familier[44]. »

UN ANIMAL INTERMÉDIAIRE : LE CHEVAL DE SELLE

Comme souvent dans les périodes de transition, il arrive que la cohérence du système domesticatoire occidental semble menacée ou, du moins, entamée par l'apparition de pratiques nouvelles, généralement du fait de l'irruption de nouveaux acteurs dans le champ de pratiques anciennes, à forte valeur emblématique : employés et commerçants en grande vénerie[45], cadres dans les combats de coqs[46], néo-ruraux dans l'utilisation du cheval de trait lourd[47] ainsi que dans l'élevage de certaines races locales très spécifiques, etc. Ces glissements sociaux entraînent le déplacement concomitant de certains animaux vers des positions intermédiaires entre la sphère des animaux de rente et celle des animaux familiers. Le cas du cheval – qui vient d'accéder, selon un sondage récent[48], au troisième rang des animaux domestiques préférés du public, juste après le chat et le chien – est particulièrement représentatif de ce type de phénomène.

Depuis qu'elle ne sert plus à faire la guerre, l'équitation est considérée en Occident comme un sport. Elle n'est pourtant pas tout à fait un sport comme les autres : en liant les performances de l'homme à celles d'un animal, elle se donne une originalité sans équivalent dans les autres disciplines. En effet, un cheval ne s'actionne ni ne se remise, après usage, comme une bicyclette : d'une part, le cavalier, aussi expérimenté soit-il, n'exerce jamais sur sa monture, aussi soumise soit-elle, qu'une autorité limitée, comportant toujours certains aléas; d'autre part, l'entretien, le maintien en condition physique de la seconde exigent du premier, une fois descendu de selle, une attention et des soins constants, ainsi que des savoirs spécialisés, que le cavalier partage avec le palefrenier, le maréchal-ferrant, le vétérinaire et l'éleveur. C'est pourquoi l'équitation est considérée par les sociologues comme un « sport socialement fermé », c'est-à-dire un sport « à compétence technique ultra-spécifique, dans [lequel] la longueur et la complexité, donc la nécessaire précocité des apprentissages (gros consommateurs de temps), sont les plus sûrs garants de [sa] réservation[49] ».

Mais il y a bien plus encore : la place que prend en fait le cheval dans les préoccupations du cavalier se traduit par tout un échafaudage d'usages et d'idées qui va bien au-delà de ce qui peut raisonnablement être considéré comme nécessaire et suffisant pour entretenir et utiliser correctement l'animal. Assez curieusement, cet aspect de l'équitation est passé inaperçu aux yeux des sociologues du sport, alors qu'il domine chez les cavaliers, amateurs comme professionnels, investissant presque entièrement le champ de l'activité sportive équestre.

Ces fortes particularités n'ont pas empêché l'équitation de connaître, depuis la fin de la Seconde Guerre mondiale, une évolution galopante. De 23 000 en 1949, le nombre des licenciés de la Fédération équestre française est passé à plus de 120 000 au début des années 1980, doublant au cours de la dernière décennie (tandis que triplait le nombre des cavalières). Dans le même temps, les formes d'équitation connaissaient une diversification sans précédent, des spécialités nouvelles (randonnée, endurance, etc., certaines d'origine « exotique » comme le *pato* argentin), pratiquées très souvent dans de nouveaux cadres institutionnels (tourisme équestre, poney-club, associations d'équitation américaine, etc.), venant s'ajouter aux disciplines canoniques (dressage, saut d'obstacles, concours complet).

Les techniques d'équitation elles-mêmes ont considérablement évolué : toutes les innovations du XIXe siècle et du début du XXe – équitation « naturelle », fondée sur l'impulsion et la « mise en avant » du cheval, prônée par le comte d'Aure (1799-1863) ; trot enlevé, appelé à l'époque « trot à l'anglaise », importé sur le continent par le capitaine Raabe (1811-1889) et introduit dans l'armée française, où il était interdit, par le général L'Hotte (1825-1904) ; monte « en avant », étrivières raccourcies, pour l'obstacle et l'extérieur, inventée par le capitaine italien Caprilli (1868-1907) et perfectionnée par le colonel Danloux (1878-1945), galop de course en suspension haute à partir de 1900, etc. – se sont généralisées en même temps que se développait une équitation de loisir.

Pour plus subtile qu'elle soit, l'évolution du rapport homme-cheval et des représentations que le premier se fait du second n'en est pas moins sensible. Dans toutes les disciplines équestres, l'accent est mis désormais sur la qualité des relations que doivent entretenir, comme au sein d'un couple[50], le cavalier et sa monture. Celle-ci, déjà libérée – physiquement – par l'emploi des techniques du type cavalier en suspension/cheval en extension, est créditée d'une nouvelle autonomie : « Le cheval n'est plus un instrument, mais un être vivant à part entière, doté d'une volonté et d'une âme qui lui sont propres. L'homme ne se contente plus d'agir sur lui matériellement, ni de le voir, il le regarde et il l'écoute[51]. »

Constant dans les représentations du cheval – on sait que cet animal n'a ni gueule, ni pattes, mais une bouche et des pieds –, l'anthropomorphisme atteint désormais des sommets : la littérature équestre courante ne parle pas d'éthologie, mais de psychologie du cheval. D'ailleurs, par un glissement somme toute assez naturel, cet anthropomorphisme des représentations du cheval commence déjà à céder du terrain devant le zoomorphisme des représentations du cavalier : évoquant l'image du centaure, un auteur de *Cheval-Magazine*, revue équestre la plus représentative de telles tendances, écrit que c'est « l'homme qui prolonge son cheval[52] ». Aussi ce dernier est-il l'objet de tous les soins, de toutes les attentions, de toutes les compassions. « Cassez-vous la gueule, mais ne cassez pas les chevaux ! », dit le célèbre adage.

De fait, alors que la médecine vétérinaire du cheval de sport est, depuis fort longtemps, une discipline à part entière, la médecine sportive humaine n'a commencé que très récemment à se pencher sur la traumatologie spécifique du cavalier. Les conditions « inhumaines » (*sic*) de transport des chevaux de boucherie suscitent périodiquement de violentes campagnes de dénonciation. L'hippophagie soulève le cœur des « hommes de cheval », y compris de ceux (officiers des Haras) qui ont précisément pour mission de la développer. Les établissements de « retraite » pour chevaux et d'accueil pour « équidés martyrs » se multiplient. Le moindre « mauvais traitement » provoque l'indignation vertueuse de la gent cavalière : elle, traditionnellement si soucieuse de convenances et de retenue, n'hésite plus aujourd'hui à huer tel cavalier d'obstacle sanctionnant de la cravache une faute de sa monture ou tel cascadeur dont la prestation est jugée trop dangereuse ou brutale pour les chevaux (le spectacle de Mario Luraschi a ainsi été sifflé par le public de Bercy, lors de la coupe du monde de jumping en mars 1985)...

Pour mesurer le chemin ainsi parcouru, il faut se souvenir de ce qu'était la situation aux siècles précédents : discipline de guerre et instrument de domination hérités de la tradition chevaleresque, la pratique de l'équitation était revendiquée par la noblesse comme son apanage exclusif[53]. C'est après avoir détrôné, à Pavie en 1525, la lourde cavalerie issue du Moyen Age, que la cavalerie légère commence à donner naissance à un « art », avec ses maîtres et ses académies. Avec ceci de curieux : déjà au XVIIe siècle, moins les cavaliers sont à l'action et plus ils sont à la parade; et c'est précisément à une époque où l'on ne charge plus qu'au trot, que les académies d'équitation, créées en Italie, se multiplient dans toute l'Europe : « Tout jeune devait avoir fait son académie. Cela équivalait à ce que l'on appelle maintenant faire son *droit* et on peut dire qu'il s'est fait d'aussi grands hommes par l'une que par l'autre méthode[54]. »

A des chevaux encore forts, on oppose, au XVIIe siècle, des éperons à molette et d'énormes mors à levier; le rapport homme-cheval est violent, tout en verticalité, avec prépondérance de la main sur les jambes[55]. Au siècle suivant, l'équitation est conçue comme une mécanique; le grand La Guérinière (1688-1751) et d'autres perfectionnent le travail dans la verticalité en prônant l'engagement des postérieurs par une action dominante des jambes (le « rassembler »). Au moment même où Bayle (1647-1706) écrit que « les bêtes ont une posture qui leur font regarder la terre » tandis que l'homme est, lui, « naturellement tourné vers son Créateur », les écuyers se signalent par leur constante recherche des « allures relevées » : le cheval doit être soumis à son maître, tout en manifestant à la piétaille qu'il est le cheval du maître...

Sous la Révolution française, la cavalerie, perçue par le fantassin sans-culotte comme un repaire de ci-devant, est mise sur la touche. En revanche, à partir de Bonaparte, s'instaure une nouvelle ère de centaurisation de la société et d'innovation équestre qui connaîtra son apogée sous Napoléon III. Désormais, on ne charge plus au trot mais au galop à fond, les éperons aux flancs, le sabre haut ; à la promenade, on ne trotte plus qu'enlevé, « à l'anglaise », etc. Surtout, cette période est illustrée par la querelle entre partisans de la verticalité et partisans de l'horizontalité : contre les premiers et Baucher (1796-1873), leur chef de file, qui prônent les « flexions » (sur la main), les « effets d'ensemble » (de la main et des jambes), bref, la « résistance » à l'animal, les seconds, derrière d'Aure, veulent une « équitation naturelle », fondée sur l'impulsion et la mise en avant. Finalement, c'est à partir du moment où la cavalerie connaît, en 1870 à Sedan, son premier grand échec, et fournit, en 1914-1918, la preuve de son incapacité à jouer à l'avenir un rôle décisif dans les batailles que, paradoxalement, l'équitation européenne atteint sa forme la plus achevée ; ses évolutions postérieures ne seront plus que des prolongements.

Plus révélateurs encore sont les discours sur la technique équestre. « Art », puis « science mécanique », celle-ci tend progressivement à être conçue comme une « psychologie »[56]. Deux citations de grands maîtres suffiront à illustrer cette évolution. Pour William Cavendish, duc de Newcastle (1592-1676), « un Roy, étant bon cavalier, saura mieux gouverner ses peuples, quand il faudra les récompenser ou les châtier, quand il faudra leur tenir la main serrée ou quand il faudra la relâcher, quand il faudra les aider doucement, ou en quel temps il sera convenable de les éperonner[57] ». Assimilant, quant à lui, l'avant-main du cheval à la classe dirigeante et son arrière-main au peuple, Baucher écrit : « Le cheval puise son éclat, la noblesse de son aspect dans l'avant-main, et sa force dans l'arrière-main ; l'avant-main, par elle-même, est peu propre à produire de grands effets, mais si elle n'était pas là pour diriger, régler les forces émanant de l'arrière-main, celles-ci n'aboutiraient qu'à des mouvements désordonnés. Aussi l'union de l'avant et de l'arrière-main est-elle indispensable pour donner au mouvement la régularité et l'énergie[58]. » Citations que deux siècles – et plusieurs révolutions – séparent...

L'évolution des représentations et des pratiques du cheval de selle, comparée à celle concernant d'autres animaux domestiques, n'est donc pas dénuée d'originalité. Cette originalité tient essentiellement au caractère, dramatique et spectaculaire à la fois, de certains épisodes touchant au cheval : aucun autre animal domestique, en effet, n'a suscité de polémiques d'une ampleur et d'une âpreté comparables à celles que soulevèrent – au XIXe siècle surtout, période des derniers affrontements entre noblesse et bourgeoisie – la querelle d'Aure-Baucher, la question de l'hippophagie ou encore celle de la mission et de l'organisation des haras. Le cheval tient cette étrange faculté de « déchaîner les passions » à la position sommitale qu'il occupe (avec le chien et le chat, mais d'une tout autre manière) dans la hiérarchie occidentale des animaux domestiques, ainsi d'ailleurs que dans beaucoup d'autres cultures malgré la diversité de ses situations[59].

Ce statut culturel tout à fait privilégié, le cheval le doit à sa proximité avec l'homme et, plus précisément, à la nature très particulière – sans autre équivalent dans la culture occidentale – des services qu'il rend à celui-ci, et surtout du type de rapport à l'animal que l'obtention de tels services exige du second. Bernadette Lizet le souligne : « Gibier, animal d'élevage, monture pour le jeu, la chasse, le transport et la guerre, attelé au char ou à la charrue, conduit à de surprenantes performances dans les épreuves sportives contemporaines, l'*Equus* a hissé son maître sur un piédestal en lui apportant, parfois de son plein gré mais souvent durement contraint, vitesse, puissance et endurance pour la réalisation d'entreprises audacieuses auxquelles l'homme ne pouvait guère aspirer sans sa collaboration. En retour, l'homme lui a voué une reconnaissance respectueuse, sentiment ambigu qui oscille entre l'orgueil d'avoir vaincu et dominé un être aussi prestigieux et une certaine inquiétude devant la force et la violence qui échappent parfois à sa maîtrise. Malgré toutes les chaînes, le vassal sait demeurer libre. Il cède, il compose avec les ordres qui lui sont intimés, mais il ne cesse, malgré la coercition la plus brutale, d'exprimer des courants d'énergie sauvage qui déconcertent le vainqueur[60]. »

Symbole privilégié du pouvoir de l'homme sur l'animal, le cheval est également perçu, on l'a vu, comme l'insigne et l'instrument d'un autre pouvoir, celui de l'homme sur l'homme, deux pouvoirs qui se trouvent d'ailleurs très souvent associés voire confondus dans la conscience des acteurs, ainsi qu'en témoignent d'innombrables exemples d'amalgame entre dressage des chevaux, éducation des enfants, gouvernement des hommes et même rapports hommes-femmes. Piédestal suprême, le cheval de selle est donc devenu un support d'élaboration idéologique dont, en dépit des apparences, l'importance n'a fait que croître au fur et à mesure que sa fonction sportive et de loisir tendait à l'emporter sur sa fonction utilitaire initiale. Pour feutrées qu'elles apparaissent vues de l'extérieur – « distinction[61] » oblige : la gent cavalière ne saurait se laisser aller à ses passions comme les foules du football manifestent les leurs, aussi « ritualisées » celles-ci soient-elles[62] –, les controverses qui agitent aujourd'hui les milieux équestres (sur l'élevage et les modèles des chevaux de selle, sur les méthodes et les finalités du dressage, sur les structures et la pédagogie de l'équitation, sur la « sponsorisation » des compétitions, etc.) n'en sont pas moins, comme par le passé, de véritables batailles rangées symboliques, mise en scène inconsciente d'enjeux et d'antagonismes sociaux et culturels profonds.

Le développement spectaculaire de l'équitation de loisir à partir des années 1960 résulte de l'investissement de ce champ de pratiques spécifiques par des catégories sociales qui s'en trouvaient exclues auparavant. Le passage progressif de l'élitisme à la massification et à la féminisation des sports équestres se traduit par l'introduction, dans des activités autrefois « fermées », de pratiques et d'idées nouvelles qui, en s'ajoutant aux anciennes, apportent à l'équitation contemporaine la diversité et les contrastes caractéristiques des situations de transition. Ces pratiques et ces idées neuves, qui se manifestent dans des domaines aussi variés que la tenue du cavalier et son rapport au cheval, les formes et les styles d'équitation, la « littérature » équestre, correspondent, pour beaucoup, à l'expression déguisée d'aspirations sociales et culturelles, en même temps qu'à un « marquage » du champ nouvellement investi (d'où la vivacité des critiques qu'elles suscitent souvent de la part des anciens pratiquants les plus « vieille France »).

Le domaine vestimentaire est, comme toujours, particulièrement significatif à cet égard. Il révèle, chez les « nouveaux cavaliers », un subtil dosage de passéisme de bon ton (nécessaire à leur légitimation) et d'innovation tapageuse : tandis que se maintient, sous prétexte de protection (au demeurant totalement illusoire), l'usage de la bombe de velours noir, on assiste à la diffusion progressive des chaps[63] ou à l'apparition des bottes et des selles ultra-légères bleues ou rouges; sans parler d'autres excentricités, la monte tête nue et en tennis constitue le dernier

« must », signe de détachement face au danger (et donc de maîtrise du cheval), d'indifférence aux normes et de « naturel ». L'américanisation très « nouveau riche » du style et de l'ambiance des grandes compétitions officielles, le remplacement du menuet par la musique pop dans certaines démonstrations de haute école, etc., procèdent de la même tendance.

En même temps qu'il exerce physiquement sur sa monture le pouvoir sur la nature et sur ses semblables qui lui fait tant défaut par ailleurs, le « nouveau cavalier » cherche dans celle-ci un compagnon de route, presque un allié de classe. D'où l'irruption de plus en plus massive – jusqu'à l'obscurantisme – du sentiment zoophilique en équitation, qui humanise l'animal, et des pratiques correspondantes, qui, pour un peu, donneraient à croire que c'est le cheval qui domestique le cavalier. Il en va donc du cavalier moderne et de sa monture comme du centaure de l'Antiquité : on ne sait plus très bien qui est qui, ni qui fait quoi.

L'évolution qui vient d'être décrite montre donc l'accession progressive du cheval à un nouveau statut culturel, qui n'a plus aucun rapport avec celui d'un animal de rente sans être tout à fait celui d'un animal familier. A son tour, ce nouveau statut va entraîner des conséquences, dont certaines sont déjà prévisibles. Par exemple, il condamne à terme l'hippophagie (qui n'aura donc, en France, duré qu'un siècle) : des reconversions massives, dans les productions comme dans les structures, du secteur public (Haras) aussi bien que du secteur privé, sont donc à attendre. Dans le domaine de l'équitation, il va conduire à une accentuation de la diversification des disciplines équestres et donner naissance à des générations de cavaliers qui se montreront plus critiques vis-à-vis des carences actuelles : formation et examens trop académiques et trop spécialisés, chevaux d'instruction inadaptés, structures d'accueil insuffisantes, hiatus infranchissable entre équitation de base et compétition, etc. L'histoire du cheval offre donc une bonne illustration, à la fois des transformations qui peuvent s'opérer au sein d'un système domesticatoire, et des rapports que celui-ci entretient inévitablement avec la société globale.

Chapitre XII

Liaisons et perspectives

Vers un modèle des rapports hommes-animaux domestiques

Quels enseignements peuvent être tirés de cette incursion d'un ethnologue dans un domaine traditionnellement réservé aux archéologues et aux zootechniciens ?

Commençons par résumer les principaux acquis :

– La domestication n'est pas un état (point de vue de la zoologie) ni un processus fini (archéologie) qu'il s'agirait seulement d'améliorer (zootechnie). Par domestication, il faut entendre l'action que l'homme exerce en permanence sur les animaux qu'il possède, ne serait-ce qu'en les élevant et éventuellement en les exploitant.

– Il n'y a pas des animaux domestiques et d'autres qui ne le sont pas, mais des animaux – relativement nombreux (en gros deux cents espèces) – sur lesquels des hommes ont exercé, à un moment ou à un autre, ou exercent encore, sous une forme ou sous une autre, une action domesticatoire.

– Si l'homme a presque tout essayé en matière de domestication animale, il n'a pas pour autant fait n'importe quoi : toute action sur l'animal s'exerce dans le cadre d'un système domesticatoire particulier, ensemble intégré de techniques et de représentations, qui est lui-même étroitement dépendant d'un milieu naturel et social concret.

– Malgré des modalités et des intensités diverses, l'action de domestication est une et indivisible, procédant toujours de la même logique inconsciente : quels que soient les produits et services que l'homme *finit* par obtenir des animaux qu'il domestique, c'est le désir d'appropriation et de domination de la nature et des êtres qui constitue sa motivation profonde et constante (première et ultime à la fois).

Peut-on pousser plus loin l'analyse ?

On ne saurait s'aventurer dans un labyrinthe aussi complexe sans un solide fil d'Ariane. Empruntons-le à ce que le marxisme a de plus sûr : en produisant et en consommant des biens matériels, l'homme crée et exprime à la fois des rapports sociaux et des représentations, qui contribuent à leur tour à déterminer son action. Explorant ailleurs cette voie, j'avais montré que les « choix » que toute société est amenée à effectuer s'inscrivent à l'intérieur d' « une "marge de manœuvre" comprise entre des possibilités offertes [détermination positive] et des contraintes ou des limites imposées [détermination négative] » par les infrastructures de la société à ses superstructures, et réciproquement[1].

S'agissant de l'influence exercée par les infrastructures sur les superstructures, on aperçoit assez distinctement ce que sont ces possibilités et ce qu'elles peuvent apporter : on sait, par exemple, le rôle éminent joué par les techniques de production et d'utilisation des animaux de transport et de monte (bœuf, dromadaire, cheval, lama) dans la colonisation des déserts et des montagnes, dans la constitution des sociétés nomades d'Afrique et d'Orient, dans les grandes conquêtes antiques et médiévales (aryenne, musulmane, mongole).

La question d'une détermination négative est en revanche plus sujette à controverse. Les égarements néo-fonctionnalistes de l'écologie culturelle, qui s'acharne à découvrir partout et à tout prix, y compris dans les phénomènes religieux[2], des réponses rationnelles à des contraintes environnementales, n'y sont sans doute pas étrangers. Mais l'excès inverse, tendant à ignorer ou à minimiser le poids de telles contraintes, est tout aussi absurde. Ces contraintes sont de deux sortes :

– celles que l'environnement exerce sur les processus et les formes de domestication, par le vecteur des animaux eux-mêmes, de leur physiologie, de leurs comportements alimentaires, etc. : certaines agissent directement comme de véritables verrous (mouche tsé-tsé en Afrique équatoriale), d'autres indirectement (milieux anthropisés qui sont tout autant la conséquence que la cause de la spécialisation pastorale) ;

– les contraintes qui résultent de l'acte de domestication lui-même et qui agissent, via l'organisation du travail, sur l'organisation sociale : que les citadins – qui se plaignent de devoir aller, comme dans la chanson, « faire pisser Mirza » deux ou trois fois par jour – essaient seulement d'imaginer ce que peut représenter, en organisation, l'entretien quotidien de centaines de vaches ou de chameaux !

Ce qui est contestable, c'est donc moins la notion de contrainte elle-même, que l'application qui en a été faite, comme d'une force univoque, s'exerçant toujours dans le sens d'une limitation. L'histoire des animaux domestiques montre au contraire que c'est dans des milieux pourtant réputés contraignants (Moyen-Orient aride, steppes froides d'Asie centrale et septentrionale, hautes montagnes d'Amérique du Sud) que se situent les principaux foyers de première domestication. En effet, écrivait déjà Marx, « une nature trop prodigue "retient l'homme par la main comme un enfant en lisière" ; elle l'empêche de se développer en ne faisant pas de son développement une nécessité de nature. [...] C'est la nécessité de diriger socialement une force naturelle, de s'en servir, de l'économiser, de se l'approprier en grand par des œuvres d'art, en un mot de la dompter, qui joue le rôle décisif dans l'histoire de l'industrie[3] ».

Ces vues sont confirmées par les travaux ethnologiques modernes. Lucien Bernot, par exemple, montre que, chez les paysans arakanais du Pakistan oriental, « la richesse du monde végétal est responsable de la stagnation technique[4] ». Il n'est pas impossible que, de la même manière, l'abondance du gibier dans certaines régions ait contribué à détourner durablement de la domestication maintes populations de chasseurs[5].

L'influence, positive ou négative, que les superstructures exercent, en retour, sur les infrastructures est plus subtile mais tout aussi incontestable. Ainsi, c'est parce qu'à l'inverse du blé elle n'était pas cultivée, produite à la sueur du front, et parce qu'on ne jugeait pas bon qu'hommes et bêtes consommassent la même nourriture, que la châtaigne, ce « pain de bois », cette « nourriture à cochons », était, dans la France du XVIIIe siècle, signe de misère et de malédiction divine, et ses consommateurs considérés comme des paresseux irréductibles, assimilés à une catégorie sociale inférieure et méprisable[6]. Le dédain de l'agriculteur pour l'éleveur, du sédentaire pour le nomade procède du même type de raisonnement – l'un travaille, l'autre « regarde l'herbe pousser et ses bêtes la tondre » – et entraîne des conséquences analogues : le rejet du second sur les terres les plus pauvres, sa spécialisation forcée, sa marginalisation (au moins idéologique) par le premier. Il faut cependant se souvenir que bien des pasteurs, dont le développement était « une nécessité de nature » et qui surent se servir de leur spécialisation comme d'une arme, ont réussi à prendre sur les agriculteurs d'éclatantes revanches...

Bien qu'il n'existe pas à proprement parler d'organisation sociale nécessaire de la domestication animale, on peut considérer que certains milieux sociaux et culturels (par exemple dans les contextes d'expansion démographique ou territoriale du Néolithique ou du Moyen Age oriental) se sont montrés plus favorables à la domestication que d'autres, qui, au contraire, s'opposèrent – *de jure* ou *de facto* – à certaines espèces ou produits animaux (porc en islam, lait en Extrême-Orient).

Les situations de blocage s'expliquent souvent par la mainmise d'un groupe social sur une « tâche stratégique » : « Une opération sera dite stratégique si son accomplissement est nécessaire à la poursuite du processus, si elle ne peut être différée, annulée ou remplacée sans en remettre gravement le résultat en cause. [...] Il suffit alors de s'interroger sur le *contrôle social* de ces moments ou tâches stratégiques[7]. » L'exemple le plus spectaculaire, pour notre domaine, d'une telle mainmise est sans aucun doute celui des haras royaux grâce auxquels l'État s'assura le monopole des étalons « autorisés à la monte » et, par là, tout le contrôle de la production équine à une époque où celle-ci jouait un rôle économique et militaire essentiel[8].

Mais l'aspect le plus remarquable des systèmes domesticatoires réside incontestablement dans la richesse et la complexité des représentations des animaux et dans l'influence *déterminante* – on pourrait même dire la tyrannie – que celles-ci exercent sur les formes et les modalités de la domestication. Dans tous les systèmes domesticatoires, en effet, les animaux domestiques apparaissent comme des partenaires de l'homme, qu'à l'instar de ses autres partenaires sociaux, il doit côtoyer ou maintenir à distance, séduire ou contraindre. Et cette véritable socialisation des animaux contribue, au moins autant que bien des impératifs écologiques, techniques ou économiques, à orienter les choix qui confèrent à chaque système domesticatoire sa physionomie et son style particuliers. Sans doute parce qu'il se reconnaît dans les animaux domestiques, l'homme ne peut s'empêcher de procéder, dans ce domaine plus que dans tout autre, à cette transformation des « rapports de force » en « rapports de sens » chère à Pierre Bourdieu ou à cette transformation de la « chaîne technique » en « chaîne de symboles » qu'André Leroi-Gourhan appelle le « travail de représentation[9] ».

De la technique domesticatoire à la technique en général

Tels pasteurs africains qui éreintent leurs pâturages en élevant des bœufs pour leur nombre et pour la longueur de leurs cornes ou telle voisine de palier qui embrasse son caniche (nain, évidemment) sur la « bouche » en l'appelant « mon bébé » sont-ils d'irréductibles originaux ou de dangereux aliénés, en tout cas des marginaux ? Autrement dit : les analyses qui viennent d'être faites ne concernent-elles que les élevages primitifs ou sentimentaux ? Au risque d'inquiéter le lecteur, je réponds sans hésitation : non ! Il faut même aller plus loin : les secteurs de pointe de la production animale moderne eux-mêmes se trouvent soumis malgré eux, comme les élevages les plus primitifs, à la tyrannie des représentations sociales et des normes culturelles.

De nombreux exemples en ont été donnés dans les pages qui précèdent[10]. Contentons-nous ici d'en rappeler deux, dont la portée vient d'être soulignée par de récents ouvrages : l'organisation des abattoirs modernes[11] et la recherche du cheval idéal[12]. Dans les deux cas, ce sont les représentations liées au sang des animaux – sang versé dans l'un, sang métaphorique transmis par l'hérédité dans l'autre –, qui conditionnent aussi bien les dispositions réglementaires pour l'abattage du bétail et la conception des abattoirs industriels que les connaissances et les productions zootechniques.

Comment s'étonner que le « travail de représentation » et les enjeux sociaux et culturels l'emportent, dans le domaine de la domestication, sur la « rationalité » zootechnique et les « impératifs » économiques, quand on sait qu'ils jouent également un rôle décisif dans une activité aussi peu suspecte de fantaisie que… l'aviation. Telle est la conclusion pour le moins inattendue d'une recherche dont Pierre Lemonnier Vient de publier les résultats[13]. En comparant les conditions sociales d'apparition et d'utilisation des capes d'écorce et des pointes de flèches dans plusieurs tribus de Nouvelle-Guinée, cet ethnologue, par ailleurs amateur d'aéroplanes, s'est aperçu que certains choix techniques se trouvaient avant tout déterminés, dans le second domaine aussi bien que dans le premier, par les représentations que les acteurs sociaux se font des techniques en question. Même dans la construction aéronautique, « qui se trouve, depuis les origines, entre les mains d'ingénieurs talentueux [et qui] ne semble pas laisser de place à des choix techniques autres que mûrement réfléchis[14] », on constate, par exemple, que des engins dont l'efficacité et la sûreté avaient pourtant été prouvées (Cessna C137 Skymaster et Mitsubishi MU-2) connurent de cuisants échecs commerciaux parce qu'ils présentaient « une silhouette inhabituelle » et que, précisément, « la sécurité apportée ne s'accordait pas à l'image "virile" qu'un pilote se fait d'un bimoteur[15] ». Dans leur grande majorité, les ingénieurs eux-mêmes ne conçoivent que des modèles en accord avec leur représentation de ce que doit être un avion. Les difficultés d'élaboration du Concorde illustrent bien ce phénomène : les premiers projets, qui comportaient une intégration des ailes au fuselage, furent rejetés car ils s'opposaient à « l'un des principes fondamentaux de l'aviation, dû à G. Cayley (1796-1865), suivant lequel les différentes fonctions essentielles au vol doivent être effectuées par des parties distinctes de l'avion[16] ». Il pèse donc « sur le développement de l'aviation des représentations de cette technique qui n'ont rien à voir avec les principes physiques ou mécaniques qu'elle met en œuvre, ni avec de quelconques considérations économiques[17] ».

Les sceptiques, qui seraient tentés de ne voir que jeux de l'esprit dans ces considérations d'ethnologues sur les abattoirs, la zootechnie ou l'aviation, sont invités à se plonger d'urgence dans le dernier livre d'Yves Deforge[18]. Ils y trouveront, sous la plume d'un technicien – un « vrai » ! –, exactement la même démonstration, mais poussée encore plus loin, de manière plus systématique, que celle de Lemonnier et sur la base d'une foule d'exemples tirés de l'expérience industrielle de l'auteur. Dans cet ouvrage, Deforge étudie les « lignées » d'objets. Par lignée, il faut entendre un ensemble d'objets qui remplissent les mêmes fonctions en utilisant les mêmes principes, mais qui se succèdent dans le temps suivant un ordre d'apparition qui va théoriquement « dans le sens du progrès » (« tendance lourde »). Or, un examen minutieux révèle que les lignées subissent de nombreux avatars : certaines se croisent (voiture x bateau = voiture amphibie), d'autres bifurquent en se développant dans des environnements différents (voitures américaines/voitures européennes), d'autres encore s'interrompent puis resurgissent (scooter, dont la disparition en 1960 et la réapparition en 1985 sont liées aux modifications de la législation sur les permis de conduire), enfin des lignées intéressantes disparaissent tandis que d'autres, moins bonnes, subsistent (« tous les mauvais bateaux ne coulent pas »)[19]. Les virtualités d'un système se réalisent donc dans tels objets plutôt que dans tels autres en fonction de critères qui n'ont bien souvent rien à voir avec l'efficacité technique ou la valeur d'usage. Concepteurs et utilisateurs sont des hommes en relations avec d'autres hommes, les uns et les autres étant influencés inconsciemment par des pulsions, des désirs, des sentiments contradictoires, des modes, des mythes, des contraintes culturelles et sociales, qui contribuent, un peu comme feraient des aiguillages, à orienter les choix techniques. Même dans les systèmes techniques les plus sophistiqués, « les "lois de l'évolution" sont d'ordre psychologique[20] ».

POUR, SURTOUT, NE PAS CONCLURE...

Le bref détour qui vient d'être effectué par la technologie industrielle le confirme donc : en dévoilant certains des ressorts les plus cachés de l'action humaine, l'étude de la domestication animale nous inflige une sévère – et double – leçon d'humilité. Elle nous invite à jeter un regard critique sur nos propres pratiques en même temps que sur la prétention de nos discours technicistes. Leçon d'autant plus salutaire qu'elle n'est pas de celles qui se digèrent aisément. Car les animaux domestiques – « d'hommestiques », écrivait Jacques Lacan – sont un peu de nous-mêmes, et les rapports que nous entretenons avec eux font partie de cet indicible qui parle dans notre inconscient.

La domestication animale, les besoins qu'elle satisfait, le plaisir qu'elle procure aux hommes ont donc encore de beaux jours devant eux. On doit cependant être attentif aux risques qui guettent les animaux domestiques et qui nous guettent à travers eux. Le principal, que l'on voit poindre à peu près partout mais surtout en Occident (comme toujours à la pointe du « progrès »), réside dans la tendance aux élevages qui ne produiraient plus, en fin de compte, que des nuisances ou des symboles. Déjà, de vives tensions commencent à se faire sentir entre partisans et adversaires de la prolifération des animaux de compagnie dans les villes (et notamment des chiens, perçus par les seconds comme des concurrents directs des enfants). De même, il est prévisible que le militantisme des mouvements pour la protection des animaux, après s'en être pris à la vivisection, aux corridas, etc., se tournera un jour ou l'autre contre les usines à viande. Le caractère souvent ridicule ou excessif des formes et des enjeux de ces combats ne doivent pas nous masquer leur signification. Nombre de nos contemporains s'engagent aujourd'hui dans la défense des animaux exactement comme d'autres – au demeurant de moins en moins nombreux – dans celle des travailleurs, des prisonniers politiques, des victimes du racisme ou de la faim dans le monde. Ces parodies modernes – et dérisoires – de la vieille « lutte des classes » ne doivent pas être prises à la légère car elles constituent autant de symptômes (parmi d'autres) d'un malaise profond voire même de signes annonciateurs d'une crise en gestation. Après avoir, durant des millénaires, traité tantôt les hommes comme des animaux, tantôt les animaux comme des hommes, le moment n'est-il pas venu de songer à traiter plus raisonnablement les uns et les autres pour ce qu'ils sont, dans le respect bien compris de la vie et des êtres ?

Notes

Avant-propos

1. Leroi-Gourhan, 1949, « Note sur l'étude historique des animaux domestiques », p. 388.
2. *Critique*, 1978, n° spécial *L'Animalité.*
3. *Le Débat*, 1983, n° spécial *L'Animal, son histoire et ses droits.*
4. *Autrement*, 1984, n° spécial *Animal, mon amour.*
5. *Terrain*, 1988, n° spécial *Des hommes et des bêtes.*
6. *L'Homme*, 1988, n° spécial *Les Animaux : domestication et représentations.*
7. Delort, 1984, *Les Animaux ont une histoire.*
8. Thomas, 1985, *Dans le jardin de la nature...*
9. Geoffroy Saint-Hilaire, 1861, *Acclimatation et domestication des animaux utiles*; rééd. en fac-similé : Paris, Flammarion, 1986.
10. Bodson, 1988, *L'Animal dans l'alimentation humaine...*
11. *Homme, animal, société*, 1988, *Animal et biologie*; –, *1988, Animal et droit*; –, 1989, *Animal et histoire, 2* vol.
12. Hainard & Kaehr, 1987, *Des Animaux et des hommes.*

Première partie
Les idées sur la domestication

Chapitre premier : Heurts et malheurs de la notion de domestication

1. Ce dernier état des datations est emprunté à Vigne, 1989, « Origine des principaux Mammifères domestiques »...
2. Lévi-Strauss, 1962, *La Pensée sauvage*, p. 23.
3. Voir Silva Castillo, 1974, « El ganado ovino en los textos de Mari » ; Briant, 1979, « L'élevage ovin dans l'empire achéménide » ; Durand & Charpin, 1980, « Remarques sur l'élevage intensif dans l'Iraq ancien ».
4. White, 1970, *Roman Farming*; Louis, 1970, « La domestication des animaux à l'époque d'Aristote ».

5. Références dans Bodson, 1982, « La notion de race animale chez les zoologistes et les agronomes de l'Antiquité ».

6. Bressou, 1970, *Histoire de la médecine vétérinaire*, pp. 20-21.

7. Références dans Vigneron, 1968, *Le Cheval dans l'Antiquité grécoromaine...*, vol. I, pp. 323 et suiv.

8. Watson, 1983, *Agricultural Innovation in the Early Islamic World.*

9. Franklin, 1897, *La Vie privée d'autrefois...*, p. 23.

10. Thuillier, 1982, « La "révolution scientifique" du XIIe siècle », pp. 1023-1024.

11. Delort, 1984, « Zoologie et histoire des animaux à la fin du Moyen Âge et au XVIe siècle ». Voir également le tableau commode des principaux auteurs médiévaux sur les animaux que donne Franklin, 1897, *La Vie privée...*, pp. 14-67.

12. Fronzaroli, 1969, « Studi sul lessico comune semitico »..., pp. 13-17 et tableau comparatif pp. 28-29.

13. Benveniste, 1969, *Le Vocabulaire des institutions indo-européennes*, vol. I, pp. 37-61.

14. Bloch & Wartburg, 1964, *Dictionnaire étymologique...*, p. 201.

15. Albert le Grand, *De vegetabilibus*, lib. VII, tract. I, éd. in-folio de Lyon, t. V, pp. 488 et suiv., cité par Geoffroy Saint-Hilaire, 1861, *Acclimatation et domestication des animaux utiles*, p. 141.

16. Bloch & Wartburg, 1964, *Dictionnaire étymologique...*, p. 32.

17. Geoffroy Saint-Hilaire, 1861, *Acclimatation et domestication...*, pp. 140-141.

18. *Ibid.*, note 3.

19. Les idées qui suivent et la citation de Buffon qui les illustre sont extraites de Pelosse, 1989, « Un discours savant des Lumières »... Pour une réflexion épistémologique sur les classifications naturalistes, voir Atran, 1986, *Fondements de l'histoire naturelle...*

20. Buffon, 1749, *Histoire naturelle... Premier discours...*

21. Voir en dernier lieu Poplin, 1984, « Les encyclopédistes et le renouveau de la relation homme-animal »...

22. Sur la rivalité qui opposait les deux savants, Rostand, 1978, *Esquisse d'une histoire de la biologie*, p. 50, rapporte l'anecdote suivante : « Dans le Jardin botanique du Muséum, Buffon ne laissa inscrire les noms donnés par Linné aux espèces végétales qu'au-dessous de la tablette servant à étiqueter les plantes. Linné, paraît-il, se vengea de ce procédé en donnant à une plante disgracieuse le nom de *Bufonia* » !

23. Buffon, 1753, *Histoire naturelle...* : III. *L'asne.*

24. Rostand, 1978, *Esquisse d'une histoire de la biologie*, p. 43.

25. Telle serait notamment l'origine dès fameux manuels Roret (communication personnelle de Lucien Bernot).

26. L'édition la plus ancienne qu'il m'ait été donné d'avoir entre les mains (Liger, 1767) est présentée comme la huitième et s'intitule déjà *La nouvelle maison rustique...* Voir aussi Bixio, 1887, *Maison rustique du XIXe siècle*, vol. II, et Malepeyre, 1886, *id.*, vol. I. L'entreprise était tellement florissante qu'elle a donné lieu à la création de la maison d'édition du même nom (rachetée récemment par Flammarion).

27. Geoffroy Saint-Hilaire, 1861, *Acclimatation et domestication...*

28. *Ibid.*, pp. 143-144.

29. *Ibid.*, p. 147.

30. *Ibid.*, pp. 149-150.
31. *Ibid.*, p. 156.
32. *Ibid.*, pp. 154-157.
33. *Ibid.*, p. 154.
34. *Ibid.*, p. 155.
35. *Ibid.*
36. *Ibid.*, p. 157.
37. Cuvier, 1825, *De la sociabilité des animaux*, p. 19.
38. Voir les notes 43 à 45 du présent chapitre et la deuxième partie du livre.
39. Geoffroy Saint-Hilaire, 1861, *Acclimatation et domestication...*, p. viii.
40. Voir chapitre suivant.
41. Pour le compte rendu détaillé de ces expériences, voir Geoffroy Saint-Hilaire, 1861, *Acclimatation et domestication...*, pp. 275-368. Sur la chèvre d'Angora et l'introduction du dromadaire en Australie, on ajoutera les travaux plus récents de Planhol, 1977, « Rayonnement urbain et sélection animale »... et de Cigler, 1986, *The Afghans in Australia.*
42. Richard du Cantal, 1854, « Animaux domestiques », p. 118.
43. Decroix, 1898, « Projet de langage phonétique universel »...
44. Guerrier de Dumast, 1855, « Mémoire sur la nécessité d'en arriver [...] à imposer aux nouveaux animaux [...] des noms commodes »...
45. Geoffroy Saint-Hilaire, 1861, *Acclimatation et domestication...*, pp. 267-274.
46. Voir plus loin, deuxième partie.
47. L'exemple le plus significatif et le plus achevé de cette littérature est certainement Ringelman, 1930, *Génie rural appliqué aux colonies* (1re éd. 1908), somme inégalée de 727 pages, qui fourmille de données techniques chiffrées sur l'élevage et l'utilisation des animaux domestiques dans les pays non occidentaux.
48. Voir par exemple FAO, 1984, *Animal Energy in Agriculture...* ; Fielding, 1987, « Donkey Power »... ; Goe, 1982, « Current Status of Research on Animal Traction » ; Goe & Hailu, 1983, *Animal Traction...* ; Smith, 1981, « Draught Animal Research »...
49. Par exemple : Joubin & Robin, 1923, *Les Animaux.*
50. Par exemple : Tetry, 1974, *Zoologie...*
51. Remarque de Jean-Denis Vigne dans *Anthropozoologica*, n° 1, 1984, p. 56.
52. Bell, 1969, *The Use of the Herb-Layer by Grazing Ungulates...* ; Petrides, 1974, « The Overgrazing Cycle »... ; Mac Naughton, 1976, « Serengeti Migratory Wild Beasts »... Voir aussi Gillet, 1982, « Exploitation comparée des pâturages »...
53. Hafez, 1969, *The Behaviour of Domestic Animals*; Fraser, 1980, *Farm Animal Behaviour.* Pour un résumé des principales « applications » de l'éthologie à la connaissance des animaux domestiques, voir Chauvin, 1989, *Des animaux et des hommes*, pp. 167-197 : ce résumé et son intitulé confirment que les animaux domestiques représentent bien, pour les éthologistes, une préoccupation secondaire.
54. Voir plus loin, deuxième partie.
55. Cette notion revient à maintes reprises dans l'œuvre de Lorenz; voir par exemple Lorenz, 1954, *Evolution et modification du comportement...*

56. MORRIS, 1968, *Le singe nu*, p. 273 et dernier chapitre.
57. Wilson, 1975, *Sociobiology...* Voir notamment la réfutation de SAHLINS, 1977, *The Use and Abuse of Biology...*
58. POPLIN, 1984, « Les Encyclopédistes »...

CHAPITRE II : Les champs classiques de l'étude des animaux

1. BRESSOU, 1970, *Histoire de la médecine vétérinaire*, pp. 64-65.
2. LICART, 1930, *Le Cheval barbe...*, p. 5.
3. Cités par MULLIEZ, 1983, *Les Chevaux du royaume...*, p. 71.
4. GAYOT, 1848-1850, *La France chevaline*, 1re partie, vol. I.
5. MULLIEZ, 1983, *Les Chevaux du royaume...*, p. 81.
6. *Ibid.*, pp. 150-151, pour une discussion de ces chiffres.
7. KHAZANOV, 1984, *Nomads and the Outside World*, pp. 205-206.
8. BRAUDEL, 1985, *La Méditerranée et le monde méditerranéen...*, vol. I, p. 367.
9. PANZAC, 1986, *Quarantaines et lazarets...*
10. CHERCHEVE, s.d., *Le Cheval dans la vie médiévale*, p. 60.
11. BRAUDEL, 1985, *La Méditerranée et le monde méditerranéen...*, vol. I, p. 368.
12. THOMAS, 1985, *Dans le jardin de la nature...*, pp. 75-76.
13. ERNLE, 1952, *Histoire rurale de l'Angleterre*, p. 202.
14. MULLIEZ, 1982, *Les Chevaux du royaume...*, auquel j'emprunte l'essentiel du développement qui suit.
15. *Ibid.*, p. 75.
16. *Ibid.*, p. 76.
17. *Ibid.*, p. 90.
18. *Ibid.*
19. *Ibid.*, p. 94.
20. *Ibid.*, p. 95.
21. *Ibid.*, p. 143.
22. BRESSOU, 1970, *Histoire de la médecine vétérinaire*, p. 65.
23. *Ibid.*, pp. 74-75.
24. Du nom de William Cavendish, duc de Newcastle (1593-1676), célèbre écuyer anglais dont la *Méthode nouvelle et invention extraordinaire de dresser les chevaux* (1667), maintes fois rééditée et adaptée en plusieurs langues, fit longtemps autorité.
25. Voir, ci-dessous, l'exemple très éclairant de la « mérinisation ».
26. BRESSOU, 1970, *Histoire de la médecine vétérinaire*, p. 75.
27. Proche parent du peintre Jean-Honoré. *Ibid.*, pp. 69-73, rapporte des anecdotes, qui valent leur pesant d'or, sur les conditions de la préparation de cette pièce anatomique sans équivalent, sur les amours de son auteur avec une jeune fille d'Alfort et sur les démêlés qui s'ensuivirent avec Bourgelat.
28. BLANC & LAURANS, 1964, « Les débuts de la mérinisation », p. 2.
29. BRESSOU, 1970, *Histoire de la médecine vétérinaire*, p. 75.
30. GOUBERT, 1984, *Initiation à l'histoire de France*, pp. 309 et 338.
31. PLANHOL, 1988, *Géographie historique de la France*, p. 446.
32. GOUBERT, 1984, *Initiation à l'histoire de France*, p. 338.
33. THOMAS, 1985, *Dans le jardin de la nature...*, p. 319.
34. *Ibid.*, p. 368.
35. Sur ce sujet, voir les très intéressantes études réunies dans les *Actes de la Recherche en Sciences Sociales*, nos 17-18, novembre 1977.

36. Flaubert, 1884, *Bouvard et Pécuchet*, pp. 105-106.
37. Zola, 1876, *Son Excellence Eugène Rougon*, pp. 41-42.
38. Gachon, 1970, *La Vie rurale en France*, p. 96.
39. Voir Sigaut, 1984, « La répartition géographique des animaux de bât en France ».
40. Gachon, 1970, *La Vie rurale en France*, p. 96.
41. Clément, 1981, *Larousse agricole*, p. 445.
42. Gachon, 1970, *La Vie rurale en France*, p. 89 ; Goubert, 1984, *Initiation à l'histoire de France*, p. 338.
43. Bressou, 1970, *Histoire de la médecine vétérinaire*, p. 75.
44. Pour tout le paragraphe : Blanc & Laurans, 1964, « Les débuts de la mérinisation ».
45. Mennessier de La Lance, 1915, *Essai de bibliographie hippique...*, vol. I, p. 486.
46. Pour les références, *ibid.*, pp. 486-490.
47. Goubert, 1984, *Initiation à l'histoire de France*, pp. 338-339. Voir, sur ce dernier point, le numéro spécial d'*Ethnozootechnie*, 1981, *Les Concours de bétail.*
48. *Ibid.*, p. 317.
49. Bloch, 1960, *Seigneurerie française et manoir anglais.*
50. Thomas, 1985, *Dans le jardin de la nature...*, pp. 328-329.
51. Ernle, 1952, *Histoire rurale de l'Angleterre, passim* ; O'Brien, 1987, « Quelle a été exactement la contribution de l'aristocratie britannique au progrès de l'agriculture »...
52. Voir leur biographie et le détail de leur œuvre dans Ernle, 1952, *Histoire rurale de l'Angleterre*, pp. 165-227. Arthur Young est surtout connu en France pour le voyage qu'il effectua en France dans les années 1787 et 1789 et pour le témoignage qu'il en a tiré sur l'état de la France rurale à la veille de la Révolution : voir Young, 1860, *Voyages en France...*
53. Ernle, 1952, *Histoire rurale de l'Angleterre*, p. 239.
54. *Ibid.*, p. 204.
55. *Ibid.*
56. *Ibid.*, p. 200. Rappelons que James Watt (1736-1819) apporta à la machine à vapeur des perfectionnements décisifs et que Richard Arkwright (1732-1792) inventa une machine semi-mécanique à filer le coton qui contribua à fonder l'industrie cotonnière anglaise.
57. Planhol, 1988, *Géographie historique de la France*, p. 406. Cas rapporté par Mulliez, 1982, *Les Chevaux du royaume*, p. 331.
58. Ernle, 1952, *Histoire rurale de l'Angleterre...*, pp. 203-207.
59. *Ibid.*, p. 400.
60. *Ibid.*, en particulier note 2.
61. Buffon, 1754, *Histoire naturelle...*, IV : *Du cheval*, p. 197.
62. Lizet, 1982, *Le Cheval dans la vie quotidienne...*, p. 50. Voir aussi Blomac, 1988, « L'introduction en France du concept de cheval de sang = cheval d'élite ».
63. Planhol, 1988, *Géographie historique de la France*, p. 405.
64. Bougler, 1982, « La race et les livres généalogiques », p. 72.
65. Clément, 1981, *Larousse agricole*, p. 1094.
66. Voir, ci-dessous, note 71.
67. Quittet, 1963, *Races bovines françaises*, p. 72.
68. Braudel, 1986, *L'Identité de la France*, vol. III, p. 89.

69. Quittet, 1965, *Races ovines françaises*, p. 53.
70. Theret, 1983, « L'introduction des races britanniques »..., p. 167.
71. Clément, 1981, *Larousse agricole*, p. 60.
72. Theret, 1983, « L'introduction des races britanniques »..., pp. 166-167.
73. J'emprunte cette distinction (plus commode qu'exacte) entre « grandes races » et « petites races » à Planhol, 1988, *Géographie historique de la France*, p. 405.
74. Braudel, 1986, *L'Identité de la France*, vol. III, p. 89.
75. Lizet, 1989, *La Bête noire...*
76. Bressou, 1970, *Histoire de la médecine vétérinaire*, p. 98.
77. Cf. en dernier lieu Todorov, 1988, *Nous et les autres...*
78. Mulliez, 1983, *Les Chevaux du royaume...*, p. 347.
79. Bougler, 1982, « La race et les livres généalogiques », p. 72.
80. Voir, ci-dessus, chap. i.
81. Sanson, 1867, *Economie du bétail*; Baron, 1888, *Méthodes de reproduction en zootechnie.*
82. Theret, 1983, « L'introduction des races britanniques »...
83. Planhol, 1988, *Géographie historique de la France*, p. 408.
84. Instruction de 1717, citée par Mulliez, 1983, *Les Chevaux du royaume...*, p. 143.
85. Thirsk, 1978, *Horses in Early Modem England...*, cité par Thomas, 1985, *Dans le jardin de la nature...*, p. 75.
86. Bradley, cité par Ernle, 1952, *Histoire rurale de l'Angleterre*, p. 202.
87. Denis, 1982, « A propos de la notion de race »..., p. 65. Voir aussi Denis & Seegers, 1988, « Tableau général de l'évolution des races bovines en France ».
88. Lizet, 1982, *Le Cheval dans la vie quotidienne...*, pp. 51-52.
89. Mulliez, 1983, *Les Chevaux du royaume...*
90. Oudinot, 1842, *Des Remontes de l'armée...* ; voir Menessier de La Lance, 1915, *Essai de bibliographie hippique*, vol. II, pp. 275-276.
91. Ernle, 1952, *Histoire rurale de l'Angleterre, passim.*
92. Conclusion de Lizet, 1989, *La Bête noire...* ; voir aussi Robinet, 1946, *Compagnons de labour*, p. 11.
93. Thomas, 1985, *Dans le jardin de la nature...*, p. 76.
94. Lizet, 1989, *La Bête noire...*, pp. 90-91.
95. Goyau, *Une conférence sur le commerce des chevaux. Maquignonnage et maquignons*, Paris, Payrault, s.d. (1885 ?), cité par Lizet, 1989, *ibid.*
96. Voir en dernier lieu, pour les Pyrénées : Besche-Commenge, 1982, « Le concept de race »..., et –, 1989, « La mère du bétail n'est pas encore morte », ainsi que, pour les Alpes : Chevallier, 1986, *Le Temps des Vil lardes...*
97. Mulliez, 1984, « Pratiques populaires et science bourgeoise : l'élevage des gros bestiaux en France de 1750 à 1850 ».
98. Digard, 1984, « Techniques d'équitation et antagonismes sociaux », et –, 1987, « Le creuset moyen-oriental des techniques d'équitation ».
99. Taussig, « La notion de race dans la zootechnie moderne », *Bulletin mensuel de renseignements techniques*, n° 5, 1937, cité par Denis, 1982, « A propos de la notion de race »..., pp. 66-67.
100. Lagoutte, 1988, « L'usage des sciences dans les milieux équestres français », p. 151.
101. Clément, 1981, *Larousse agricole*, p. 56.
102. Braudel, 1986, *L'Identité de la France*, vol. III, p. 90.

103. *Ethnozootechnie*, 1984, n° spécial *Races domestiques en péril*; Laurans, 1988, « Evolution et protection des races animales domestiques ».

104. Ollivier, 1982, « La notion de race »..., p. 42.

105. Voir, pour un exemple particulièrement représentatif, le dossier « Nature : la fin de la diversité », *L'Express aujourd'hui*, supplément n° 18, 13 mai-9 juin 1988, pp. 16-34.

106. Voir Digard, 1989, « Du nouveau en technologie? ».

107. Pour un bon exemple récent d'analyse concernant le domaine zootechnique, voir Flamant, 1988, « La dimension humaine des schémas d'amélioration génétique des races ovines ».

108. Les plus notables sont Haudricourt & Hedin, 1987, *L'Homme et les plantes cultivées*, et Reboul, 1977, « Déterminants sociaux de la fertilité des sols », etc.

Chapitre iii : Quand les sciences de l'homme s'en mêlent...

1. Bon exemple de ce déséquilibre dans Ucko & Dimbleby, ed., 1969, *The Domestication and Exploitation of Plants and Animals.*

2. Voir ci-dessus, chap. i.

3. Morgan, 1877, *La Société archaïque*, p. 26.

4. *Ibid.*, p. 27.

5. Engels, 1884, *L'Origine de la famille...*, p. 126; voir aussi pp. 88-89.

6. Hahn, 1896, *Die Haustiere...*

7. Voir en dernier lieu, pour l'Afrique : Muzzolini, 1989, « Les débuts de la domestication en Afrique »..., et pour l'Amérique : Lavallée, Julien, Wheeler & Karlin, 1985, *Telarmachay...*, et Donkin, 1989, *The Muscovy Duck...*

8. Cf., par exemple, les tableaux donnés par Richard, 1968, « Domestication », p. 749, Bourlière, 1974, « Les Mammifères domestiques », p. 1159, et Vigne, 1989, « Origine des principaux Mammifères »..., pp. 2-3.

9. Leroi-Gourhan, 1966, « Chronologie zoologique », p. 303.

10. Voir notamment Ducos, 1969, *L'Origine des animaux domestiques en Palestine.*

11. Voir par exemple Hesse, 1980, « Slaughter Patterns and Domestication »...

12. Leroi-Gourhan, 1966, « Chronologie zoologique », p. 305.

13. Poplin, 1983, « La faune et l'os devant l'archéologie », et, même date, « Préambule sur les relations de la faune et de l'homme préhistorique »...

14. Il est évidemment impossible de les citer tous. Voir, par exemple, Bökönyi, 1974, *History of Domestic Mammals...* ; Clutton-Brock, 1987, A *Natural History of Domesticated Animals*; Epstein, 1971, *The Origin of the Domestic Animals of Africa*; Földes, 1969, *Viehwirschaft und Hirtenkultur*; Mason, 1985, *Evolution of Domesticated Animals*; Zeuner, 1963, *A History of Domesticated Animals*, et, pour la France, Ducos, 1969, *L'Origine des animaux domestiques en Palestine*; Poplin, 1983, travaux cités, note précédente, et Vigne, 1989, « Origine des principaux Mammifères »...

15. Voir le chap. viii.

16. Hahn, 1896, *Die Haustiere...* – idées reprises en grande partie et développées par Laufer, 1927, « Methods in the Study of Domestications »; Sauer, 1962, *Agricultural Origins and Dispersais...*, et Isaac, 1970, *Geography*

of Domestication. L'engouement des géographes pour les causes religieuses de la domestication ne peut manquer de surprendre...

17. LECLERC & TARRETE, 1988, « Domestication », p. 312.

18. CHILDE, 1961, *De la préhistoire à l'histoire*, pp. 71 et suiv.

19. Dans certaines limites : voir plus loin, ainsi que les doutes émis à ce sujet par DOWNS, 1960, « Domestication »..., pp. 20-21.

20. *Ibid.*, p. 37, ainsi que pp. 35-38 pour une typologie des techniques de chasse utilisées dans la domestication. Voir enfin l'irremplaçable LOT-FALK, 1953, *Les Rites de chasse...*

21. LAVALLÉE, JULIEN & WHEELER, 1985, « Préhistoire des Andes »..., p. 17.

22. Voir DELAPORTE & ROUÉ, 1986, *Une Communauté d'éleveurs de rennes...*, pp. 155-162.

23. HAUDRICOURT, 1977, « Note d'ethnozoologie »...

24. MOURANT & ZEUNER, 1963, *Man and Cattle*, p. 15.

25. PLANHOL & ROGNON, 1970, *Les Zones tropicales...*, pp. 256-258.

26. BULLIET, 1975, *The Camel and the Wheel*.

27. ZEUNER, 1963, *A History of Domesticated Animals*, pp. 59-63.

28. BARRAU, 1978, « Domesticamento », pp. 10-12.

29. LAVALLÉE, JULIEN, WHEELER & KARLIN, 1985, *Telarmachay...*

30. CAUVIN, 1978, *Les Premiers villages de Syrie-Palestine...*, p. 140. Pour l'Europe, voir GUILAINE, 1976, *Premiers bergers et paysans...*

31. LECLERC & TARRETE, 1988, « Domestication »..., p. 39. et note 11, p. 60.

32. BOURLIÈRE, 1974, « Les Mammifères domestiques », pp. 1166-1168.

33. Photographie dans DELORT, 1984, *Les Animaux ont une histoire*, p. 31.

34. Cf. MASON, 1951, *A World Dictionary of Breeds...* Sur le problème général des modifications consécutives à la domestication, voir DENIS, 1989, « Conséquences génétiques de la domestication »... ; HAFEZ, 1968, *Adaptation of Domestic Animals* ; MASON, 1985, *Evolution of Domesticated Animals*, et, bien sûr, DARWIN, 1868, *The Variation of Animals and Plants under Domestication*.

35. BOURLIÈRE, 1974, « Les Mammifères domestiques », pp. 1164-1165 ; RICHARD, 1968, « Domestication », pp. 750-752 ; DOWNS, 1960, « Domestication »..., pp. 53-54.

36. DOWNS, 1960, « Domestication »..., pp. 20-21.

37. HIGGS, 1976, « Les origines de la domestication », pp. 310-311.

38. *Ibid.*, pp. 311-312.

39. Deuxième partie : « Qui sont les animaux domestiques ? »

40. DAVIS & DENT, 1966, *Animals that Changed the World*.

41. Description et analyse de ce processus dans LEROI-GOURHAN, 1965, *Le Geste et la parole*, vol. II, chap. V.

42. *Ibid.*, p. 222.

43. SAUER, 1969, *Seeds, Spades, Hearths, and Herds...*, pp. 84-104.

44. WISSMAN, 1960, « Badw »..., p. 905.

45. Voir la synthèse et les références de PLANHOL & ROGNON, 1970, *Les Zones tropicales...*, pp. 258-264.

46. LEFEBVRE DES NOËTTES, 1931, *L'Attelage et le cheval de selle...*

47. WHITE, 1969, *Technologie médiévale...*, pp. 1-53.

48. DEFFONTAINES, 1957, « L'introduction du bétail en Amérique latine » ; BLISHKO, 1952, « The Peninsular Background of Latin America Cattle Ranching » ; FOSTER, 1960, *Culture and Conquest...*

49. WISSLER, 1914, « The Influence of Horse in the Development of Plain Culture » ; ROE, 1955, *The Indian and the Horse*.

50. RAWSON, 1977, *Animals in Art*; LEROI-GOURHAN, 1964, *Les Religions de la préhistoire.*

51. BOUSQUET, 1958, « Des animaux et de leur traitement »... ; BORGEAUD, 1984, « L'animal comme opérateur symbolique » ; ARMENGAUD, 1988, « Les animaux dans les religions ».

52. THOMAS, 1985, *Dans le jardin de la nature...*

53. MONTAIGNE, 1580, *Essais*, livre II, chap. XII.

54. FRANKLIN, 1897, *La Vie privée d'autrefois...*, p. 258.

55. THOMAS, 1985, *Dans le jardin de la nature...*, p. 148. Voir aussi SÉBILLOT, 1984, *Le Folklore de France...*, pp. 94 et 121.

56. DIETRICH, 1961, *Les Procès d'animaux...* ; EVANS, 1987, *The Criminal Prosecution...*

57. THOMAS, 1985, *Dans le jardin de la nature...*, p. 23.

58. Rapporté par CHAUVIN, 1988, *Des animaux et des hommes*, p. 10.

59. Voir les chap. I et II.

60. PELOSSE, 1981 et 1982, « Imaginaire social et protection de l'animal »... ; AGULHON, 1981, « Le sang des bêtes »... ; NOUET, 1986, « Emergence de la déclaration universelle des droits de l'animal ».

61. Voir GEOFFROY SAINT-HILAIRE, 1861, *Acclimatation et domestication...*, pp. 126-138.

62. LIZET, 1982, *Le Cheval dans la vie quotidienne...*, pp. 167-172.

63. MORRIS, 1988, *Le Cheval révélé*, p. 159.

64. LIZET, 1982, *Le Cheval dans la vie quotidienne...*, pp. 167-172.

65. THOMAS, 1985, *Dans le jardin de la nature...*, p. 237.

66. DELORT, 1984, *Les Animaux ont une histoire.*

67. THOMAS, 1985, *Dans le jardin de la nature...*

68. DIGARD, 1979, « La technologie en anthropologie »..., pp. 77-80.

69. SHANKLIN, 1985, « Sustenance and Symbol »... Le fait qu'aucune publication en français ou en allemand ne figure dans ce bilan qui se veut planétaire confère en outre à l'article d'Eugenia Shanklin un caractère représentatif certain de l'insularité et du provincialisme croissants de l'anthropologie américaine...

70. Voir l'excellente synthèse de BONTE, 1975, « Les civilisations nomades ».

71. Par exemple : MUSIL, 1928, *The Manners and Customs of the Rwala Bedouins* ; DUPIRE, 1962, *Peuls nomades* ; DIGARD, 1981, *Techniques des nomades Baxtyâri d'Iran* ; DELAPORTE & ROUÉ, 1986, *Une Communauté d'éleveurs de rennes...*

72. EVANS-PRITCHARD, 1968, *Les Nuer.*

73. Pour un bilan critique, voir BONTE, 1979, « Segmentanté et pouvoir »...

74. Travail fondateur de CAPOT-REY, 1942, « Le nomadisme pastoral dans le Sahara français ». Sur l'ensemble de ce champ de recherche, voir synthèse et références dans PLANHOL & ROGNON, 1970, *Les Zones tropicales...*, pp. 264-290.

75. JOHNSON, 1969, *The Nature of Nomadism* offre un exemple typique de cet excès.

76. DARYLL FORDE, 1934, *Habitat, Economy and Society.*

77. Voir, par exemple, RUBEL, 1969, « Herd Composition and Social Structure »... ; LEEDS, 1965, « Reindeer Herding and Chukchi Social Institutions » ; SWEET, 1965, « Camel Raiding among the North Arabian Bedouin »... ; SPOONER, 1973, *The Cultural Ecology of Pastoral Nomads.* Sur tous ces points,

bonne mise au point de Bonte, 1981, « Ecological and Economic Factors in the Determination of Pastoral Specialization ».

78. Des exemples particulièrement représentatifs de cette démarche sont réunis dans Leeds & Vayda, ed., 1965, *Man, Culture, and Animals*, et dans Berleant-Schiller & Shanklin, 1983, *The Keeping of Animals*.

79. Digard, 1983, « Problèmes de terminologie et de typologie des déplacements de nomades ».

80. *Production pastorale et société*, 1987, « Quatorze années de recherches sur les sociétés pastorales », p. 5.

81. Voir chap. i.

82. Planhol, 1968, *Les Fondements géographiques de l'histoire de l'islam*, p. 199.

83. J. Henderson & J.P. Harrington, *The Ethnozoology of the Tewa Indians*, 1914, cité par Bahuchet, 1980, « Ethnozoologie », p. 566.

84. Friedberg, 1987, « Les études d'ethnoscience », p. 19. Rappelons que les abréviations « émique » et « étique » trouvent leur origine dans la distinction qu'opère la linguistique descriptive entre l'analyse phonémique (à partir des phonèmes reconnus par les informateurs) et l'analyse phonétique (à partir des sons perçus par l'observateur).

85. Lévi-Strauss, 1962, *La Pensée sauvage*, pp. 272-273.

86. Haudricourt, 1962, « Domestication des animaux, culture des plantes et traitement d'autrui ».

87. *Ibid.*, p. 45.

88. *Ibid.*, pp. 43-44.

89. Thomas, 1985, *Dans le jardin de la nature*..., p. 55.

90. Tambiah, 1969, « Animals are Good to Think and Good to Prohibit », n'est que le premier d'une longue série, dont on trouvera les références dans Shanklin, 1985, « Sustenance and Symbol »..., pp. 392-398.

91. Voir à la fin du chap. i.

92. Sigaut, 1981, « Un tableau des produits animaux »..., 1982, « Les débuts du cheval de labour en Europe », et 1984, « La répartition géographique des animaux de bât en France ».

93. Planhol, 1969, « Le bœuf porteur »..., 1969, « Le chien de berger »..., et 1977, « Rayonnement urbain et sélection animale »...

94. Darré, 1985, *La Parole et la technique*... ; Yonnet, 1985, *Jeux, modes et masses*... ; Héran, 1989, « Chats contre chiens »...

95. Salmona & de Vries, 1974, « Résultats d'une enquête psychologique de l'éleveur ovin ».

96. Bousquet, 1958, « Des animaux et de leur traitement »... ; Viré, 1973, « A propos des chiens de chasse »...

97. Daryll Forde, 1934, *Habitat, Economy and Society*, chap. xxii.

98. Voir Shanklin, 1985, « Sustenance and Symbol »...

99. Bernand & Digard, 1986, « De Téhéran à Tehuantepec »...

100. Leroi-Gourhan, 1949, « Note sur l'étude historique des animaux domestiques », p. 388.

Deuxième partie
Qui sont les animaux domestiques ?

Chapitre iv : Les difficultés d'une définition

1. Bourlière, 1974, « Les Mammifères domestiques », p. 1157.
2. Geoffroy Saint-Hilaire, 1861, *Acclimatation et domestication...*, p. 157.
3. Bourlière, 1974, *art. cit.*, p. 1158.
4. Thévenin, 1960, *L'Origine des animaux domestiques*, p. 7.
5. Le cas de ces animaux sera repris, pour être examiné plus en détail, dans les deux chapitres suivants.
6. Geoffroy Saint-Hilaire, 1861, *Acclimatation et domestication...*, p. 155.
7. Herre & Röhrs, 1973, *Haustiere...*
8. La restriction de l'application de la loi au caractère public des mauvais traitements ne fut levée que par le décret 59-1051 du 7 septembre 1959 ; voir Pelosse, 1982, « Imaginaire social et protection de l'animal »..., p. 45, note 8.
9. Perrin, 1985, « Corridas ». Ce célèbre arrêt fait toujours autorité (voir note 1 sous l'article 1385 du *Code civil* Dalloz, édition 1982-1983, p. 735).
10. Thomas, 1985, *Au Nom de la loi...* Sur les abeilles, voir aussi l'arrêt de la Cour d'appel de Paris en date du 4 mai 1944.
11. *Journal officiel*, 1984, *Protection de l'animal, passim.*
12. Planiel, 1928, *Droit civil*, p. 713.
13. *Ibid.*, p. 723.
14. Thomas, 1985, *Dans le jardin de la nature...*, pp. 71-72.
15. Planiel, 1928, *Droit civil*, pp. 910-911.
16. Dreszer, 1988, « L'exercice du droit de propriété sur l'animal ». Voir aussi la synthèse de Couret et Daigueperse, 1987, *Le Tribunal des animaux...*
17. « Un éleveur n'est pas propriétaire de ses animaux », *Le Monde* du 10 mars 1987. Un agriculteur de mes amis, à qui j'avais fait lire cet article, eut cette remarque de bon sens : « Alors, à qui appartiennent-ils ? »
18. *Bantam Revue* (revue du Bantam Club français), n° 96, 1986.
19. *Anthropozoos*, vol. II, n° 2, p. 133.
20. Voir chap. iii.
21. Bourlière, 1974, « Les animaux domestiques », pp. 1164-1165.
22. Delort, 1984, *Les Animaux ont une histoire*, p. 356.
23. Fox, 1975, *The Behaviour of Wolves...*
24. Bourlière, 1974, « Les animaux domestiques », p. 1165.
25. Hale, 1969, « Domestication and Evolution of Behaviour ».
26. Bourlière, 1974, « Les animaux domestiques », p. 1165.
27. Griffin, 1988, *La Pensée animale*, p. 22.
28. Hediger, 1968, *The Psychology of Animals...*
29. Cuvier, 1965, *De la Sociabilité des animaux.*
30. Geoffroy Saint-Hilaire, 1861, *Acclimatation et domestication...*, p. 154.
31. Galton, 1865, « The First Steps Towards the Domestication »..., p. 131.

32. INGOLD, 1988, *What is an Animal?*, introduction.
33. COY, 1986, « Animal's Attitudes to Domestication ».
34. HAUDRICOURT, 1986, « Note d'ethnozoologie »..., p. 125.
35. *Ibid.*, p. 126.
36. GOLDBERG, 1972, *L'Animal et l'homme*, pp. 146-153.
37. PELOSSE, 1982, *État sauvage, état domestique*..., p. 10.
38. MARAIS, 1939, *My Friends the Baboons*, p. 85, cité par SIGAUT, 1988, « Critique de la notion de domestication », pp. 67-69. Sur le jeu chez les animaux, voir GOLDBERG, 1972, *L'Animal et l'homme*, pp. 157-163.
39. Information communiquée par l'AFIRAC (Association française d'information et de recherche sur l'animal de compagnie) dans son bulletin de presse n° 196 du 11 octobre 1988.
40. En dépit de ce que suggérait un opuscule, plus curieux que sérieux, de GIRARD, 1877, *La Domestication des blattes !*
41. PALLAS, 1793, *Voyages en différentes provinces* [...] *de Russie*, pp. 420-421, cité par SIGAUT, 1988, « Critique de la notion de domestication », p. 62.
42. Cité par MORRIS, 1988, *Le Cheval révélé*, p. 95.
43. Voir en dernier lieu GRIFFIN, 1988, *La Pensée animale.*
44. HEDIGER, 1934, « Zur Biologie und Psychologie der Flucht bei Tieren ».
45. Voir HAFEZ, 1969, *The Behaviour of Domestic Animals*, et, sous une forme résumée, RICHARD, 1968, « Domestication ».
46. Voir, par exemple, BOURLIÈRE, 1974, « Les Mammifères domestiques », pp. 38-39, et RUFFIÉ, 1982, *Traité du vivant*, vol. II p. 263-264.
47. LORENZ, 1935, « Der Kumpan in der Umwelt des Vogels »...
48. Notamment, pour l'empreinte, LORENZ, 1970, *Essais sur le comportement animal et humain.*
49. ALLYN, 1974, « Mammalian socialization »...
50. Voir les synthèses de HESS, 1973, *Imprinting*..., et surtout, en dernier lieu, de MONTAGNER, 1988, *L'Attachement*..., et de CHAUVIN, 1989, *Des animaux et des hommes.*
51. BOURLIÈRE, 1974, « Les Mammifères domestiques », pp. 1167-1168.
52. Voir notamment CASIMIR, 1982, « The Biological Phenomenon of Imprinting »...
53. HAUDRICOURT, 1986, « Note sur le statut familial des animaux » ; MILLIET, 1987, « Un allaitement insolite »...
54. Chap. IX. On dispose sur le sujet d'une bonne synthèse : DORE, 1983, *L'Apprentissage*...
55. Sur les incidences du phénomène dans l'évolution, voir par exemple MORRIS, 1968 *Le Singe nu*, pp. 33-36.
56. LORENZ, 1970, *Essais*...
57. Ainsi, « l'homme n'a pas domestiqué le cheval », ne craint pas d'assurer par exemple BARREY, 1986, « Le cheval : animal domestique », p. 79, dans une revue qui, il est vrai, n'en est pas à une bévue près !
58. HAUDRICOURT & DIBIE, 1988, « Que savons-nous des animaux domestiques ? »
59. HEDIGER, 1934, « Zur Biologie und Psychologie »...
60. INGOLD, 1988, *What is an Animail?* introduction.
61. COY, 1986, « Animal's Attitudes to Domestication ».
62. DIGARD, 1988, « Jalons pour une anthropologie de la domestication animale ».
63. SIGAUT, 1988, « Critique de la notion de domestication ».

64. Ces exemples seront repris plus en détail dans les deux chapitres qui suivent.
65. SIGAUT, 1988, « Critique »..., p. 64.
66. *Ibid.*, p. 65.
67. Voir chap. VIII.
68. LÉVI-STRAUSS, 1977, *L'Identité*, p. 232.
69. MONTANDON, 1934, *L'Ologenèse culturelle...*

CHAPITRE V : Essai d'inventaire : les Mammifères

1. Celle dont je m'inspire, pour la prendre à rebours, est due à HARRISON, MATTHEWS & CARRINGTON, 1971, *Le Monde* [...] *des animaux*, et à HONACKI, KINMAN & KOEPPL, 1982, *Mammal Species of the World.*
2. Sur le bœuf et le zébu, voir : BÖKÖNYI, 1974, *History of Domestic Mammals...* ; DEFFONTAINES, 1957, « L'introduction du bétail »... ; DELORT, 1984, *Les Animaux ont une histoire*, pp. 292-298 ; DUCOS, 1969, *L'Origine des animaux domestiques en Palestine* ; EPSTEIN, 1971, *The Origin of the Domestic Animals of Africa*, vol. I ; FORD, 1973, *The Role of Trypanosomiases in African Ecology...* ; LYDDEKER, 1912, *The Ox and its Kindred* ; MASON, 1985, *Evolution of Domesticated Animals* ; MOURANT & ZEUNER, 1963, *Man and Cattle* ; POPLIN, 1983, « Paléontologie des Bovinae »... ; SIMOONS & SIMOONS, 1968, *A Ceremonial Ox of India...* ; ZEUNER, 1963, *A History of Domesticated Animals.*
3. Aux titres de la note précédente, ajouter, pour le buffle : COCKRILL, 1974, *The Husbandry and Health of the Domestic Buffalo* ; HOFFPAUIR, 1982, « The Water Buffalo »... ; WESTPHAL-HELLSBUCH & WESTPHAL, 1968, *Zur Geschichte und Kultur der Jat.*
4. DUPLAN, 1986, « Le gayal »... ; SIMOONS & SIMOONS, 1968, *A Ceremonial Ox of India...*
5. BONNEMAIRE, 1986, « Le yak domestique » ; EKVAL, 1968, *Fields on the Hoof.. ; Ethnozootechnie*, 1976, *Le Yak.*
6. GESSAIN, 1981, *Ovibos...*
7. Aux titres généraux de la note 2, ajouter : HILZHEIMER, 1936, « Sheep » ; LYDDEKER, 1912, *The Sheep and its Cousins* ; PERPILLOU, 1964, *L'Élevage du mouton* ; RYDER, 1982, *Sheep and Man.*
8. Voir l'excellente synthèse sur la domestication et la diffusion de la chèvre par VIGNE, 1988, « Les grandes étapes de la domestication de la chèvre ». Ajouter aussi KOLARS, 1966, « Locational Aspects in Cultural Ecology »... et FRENCH, 1971, *Observations sur la chèvre.*
9. BRENTJES, 1962, « Gazellen und Antilopen »... ; GARREL, 1975, « Les dernières expériences d'élevage »... ; JEWELL, 1969, « Wild Mammals and their Potential for New Domestication ». Sur les essais récents de domestication, voir chap. VII.
10. La bibliographie sur le renne est immense. Voir surtout LEROI-GOURHAN, 1936, *La Civilisation du renne* ; DELAPORTE & ROUÉ, 1986, *Une Communauté d'éleveurs de rennes...* ; ROUÉ, 1983, *L'Élevage du renne...* Voir aussi au chap. VII.
11. 'ALLÁMÎ, 1873, *The Â'în-i akbarî*, pp. 301-304 ; HIGGS, 1976, « Les origines de la domestication » ; JEWELL, 1969, « Wild Mammals and their Potential »... et chap. VII.

12. Bibliographie également immense sur le dromadaire et, à un degré moindre, sur le chameau. Voir notamment : BULLIET, 1975, *The Camel and the Wheel*; CHAPMAN, 1987, « Bactrians and dromedaries »; CIGLER, 1986, *The Afghans in Australia*; LHOTE, 1987, *Chameau et dromadaire...* ; PLANHOL, 1962, « Caractères généraux de la vie montagnarde dans le Proche-Orient et dans l'Afrique du Nord »; Roux, 1959, « Le chameau en Asie centrale »... ; TAPPER, 1985, « One Hump or Two? »...

13. FLORES OCHOA, 1978, « Classification et dénomination des Camélidés sud-américains »; WING, 1978, « Animal Domestication in the Andes »; WHEELER, 1984, « On the Origin and Early Development of Camelid Pastoralism in the Andes »; MURRA, 1965, « Herds and Herders in the Inca State ». Voir aussi le chap. VII.

14. POPLIN, 1976, « Origine du porc », p. 9. Voir aussi BENVENISTE, 1969, *Vocabulaire des institutions indo-européennes*, vol. I, pp. 27-36; LEGAULT, 1976, « Particularités zootechniques des porcs élevés en République populaire de Chine »; DONKIN, 1985, *The Peccary...* ; MORTON, 1984, « The Domestication of the Savage Pig »... ; BALDWIN, 1973, « Pig Rearing and the Domestication Process »... ; GROVES, 1983, « Pigs : East of the Wallace Line ».

15. DENT, 1972, *Donkey...* ; NOBLE, 1969, « The Mesopotamian Onager »...

16. La bibliographie sur le cheval est immense : cf. MENNESSIER DE LA LANCE, 1915-1921, *Essai de bibliographie hippique*. Pour des travaux plus récents, se reporter à : EISENMANN, 1980, *Les Chevaux [...] fossiles et actuels...* ; BÖKÖNYI, 1987, « History of Horse Domestication »; HANČAR, 1955, *Das Pferd in prähistorischer und früher historischer Zeit*; LEFEBVRE DES NOËTTES, 1931., *L'Attelage et le cheval de selle à travers les âges*; SPRUYTTE, 1979, *Études expérimentales sur l'attelage...* ; AZZAROLI, 1985, *An Early History of Horsemanship*; VIGNERON, 1968, *Le Cheval dans l'Antiquité gréco-romaine...* ; WHITE, 1969, *Technologie médiévale...* pp. 1-53; BARCLAY, 1980, *The Role of the Horse in Man's Culture*.

17. Voir la synthèse, malheureusement sans bibliographie, de DELORT, 1984, *Les Animaux ont une histoire*, pp. 273-286. Ajouter : ELLUL, 1983, *Le Coutumier rituel des capteurs d'éléphants de l'ouest du Cambodge*; 'ALLÂMÎ, 1873, *The Â'în-i Akbarî*, pp. 123-141, 223 et 295-296; DIGBY, 1971, *War Horse and Elephant...* ; SCULLARD, 1974, *The Elephant in Greek and Roman World*; CHARLESWORTH, 1981, « The Elephant in the Ancient World »; WAGNER, 1954, « Training the African Elephant ». Voir aussi chap. VII.

18. SACHS, 1974, « Environnement et styles de développement », pp. 564-565.

19. GASTOU, 1987, *Sur les traces des montreurs d'ours...* ; HALLOWELL, 1926, « Bear Ceremonialism in the Northern Hemisphere »; MATHIEU, 1984, « La patte de l'ours »; LEROI-GOURHAN & LEROI-GOURHAN, 1989, *Un voyage chez les Aïnous...*, pp. 115-118; MILLIET, 1987, « Un allaitement insolite »...

20. M. MILNE-EDWARDS, cité (sans plus d'indications) par FRANKLIN, 1897, *La Vie privée d'autrefois...*, p. 122; CABRERA, 1930, *La patria de* Putorius furo; OWEN, 1969, « The Domestication of the Ferret »; LIGER, 1767, *La Nouvelle maison rustique*, vol. II.

21. JOUBIN & ROBIN, 1923, *Les Animaux*, p. 314.

22. Cuvier, cité par DELORT, 1984, *Les Animaux ont une histoire*, p. 353.

23. MONTEILHET, 1981, *Les Queues de Kallinaos*, p. 231.

24. Le chien a donné lieu à d'innombrables travaux. Voir la synthèse et les principales références données par DELORT, 1984, *Les Animaux ont une histoire*, pp. 353-372 et 383. Parmi les travaux récents les plus originaux, retenir

également : Poplin, 1986, « Le problème des fonctions du chien au Néolithique » ; Frank, 1965, *Die Rolle des Hundes*... ; Mahler & Denis, 1989, « Le chien, animal de boucherie » ; Viré, 1973, « A propos des chiens de chasse »... ; Ekvall, 1963, « Role of the Dog in Tibetan Nomadic Society » ; Planhol, 1969, « Le chien de berger »... ; Hollyman, 1972, « La patte du chien »...

25. Laboulaye, 1877, *Dictionnaire...*, vol. I, article « Civette », cité par Sigaut, 1988, « Critique »... p. 63 ; ('Allâmî, 1873, *The A'în-i Akbarî*, pp. 84-85 ; Clutton-Brock, 1981, *Domesticated Animals*... ; Cornish, s.d., *Les Animaux vivants du monde*, vol. I, pp. 75-76 ; Lodrick, 1982, « Man and Mangoose »...

26. Hill, 1983, « Hyaenas and Early Hominids » ; Paton, 1925, *Animals of Ancient Egypt* ; Smith, 1969, « Animal Domestication and Animal Cult in Dynastic Egypt ».

27. Mauss, 1967, *Manuel d'ethnographie*, p. 63.

28. Comparée à celle du chien, la bibliographie du chat comporte plus d'hymnes à cet animal que de véritables travaux scientifiques. Voir la synthèse et les références des principaux dans Delort, 1984, *Les Animaux ont une histoire*, pp. 321-352 et 383. Ajouter : Baldwin, 1975, « Notes and Speculations on the Domestication of the Cat in Egypt » ; Poplin, 1987, « Domestication du chat ? » ; Bodson, 1987, « Les débuts en Europe du chat domestique » ; Bobis, 1987, « Le chat au Moyen Âge » ; Sébillot, 1984, *Le Folklore de France...*, pp. 135-137 ; Turner & Bateson, 1987, *The Behaviour and Ecology of the Domestic Cat.*

29. Ibn Manglî, 1984, *De la chasse*, pp. 107-108 ; Larivière, 1980, *Les Animaux et l'homme*, p. 67.

30. Ibn Manglî, 1984, *op. cit.*, pp. 92-106 ; ('Allâmî, 1873, *The Â'în-i Akbarî*, pp. 296-300 (le nom persan du guépard, *yuz-palang*, est ici incorrectement traduit en anglais par *leopard)* ; Larivière, 1980, *Les Animaux et l'homme*, p. 66-67.

31. Gade, 1967, « The Guinea Pig »... ; Huss, 1982, « Small Animals for Small Farms »...

32. *Ethnozootechnie*, 1980, *Le Lapin*... ; Delort, 1984, *Les Animaux ont une histoire*, pp. 299-320 et 384 ; Brochier, 1987, *Anthologie du lapin.*

33. Erikson, 1988, « Apprivoisement et habitat chez les Indiens matis »... ; Larivière, 1980, *Les Animaux et l'homme*, p. 61.

34. *Ibid.*, p. 60 ; Pelletier, 1975, « Symbiose entre l'Amrig et le dauphin »... ; Downs, 1960, « Domestication »... pp. 28-29.

35. Erikson, 1988, « Apprivoisement et habitat »... ; Vandier d'Abbadie, 1964-1966, « Les singes familiers dans l'ancienne Égypte ».

36. Vigne, 1988, « Biogéographie insulaire et anthropozoologie des sociétés néolithiques méditerranéennes »... ; Reyniers, 1988, « Les "compagnons du buisson" »...

37. *L'Illustration* ou *Qui ? Pourquoi ? Comment ?*.

Chapitre vi : Essai d'inventaire : des Oiseaux aux Invertébrés

1. Peu d'auteurs ont fait l'effort d'aller chercher jusque chez les Mollusques des traces de domestication. Parmi les plus intrépides, citons : Balfet

& Josien, 1957, « Les techniques d'acquisition », pp. 9-10, et surtout Thévenin, 1960, *L'Origine des animaux domestiques*, pp. 96-124, auquel j'emprunte beaucoup. Les autres sont mentionnés ci-dessous, au fur et à mesure de leur utilisation.

2. Ménégaux, 1912, *Élevage de l'autruche*; Oudot, 1880, *Le Fermage des autruches en Algérie*; Montière, 1908, « L'élevage de l'autruche »...

3. L'origine et la diffusion du canard de Barbarie viennent d'être éclairées par un livre dont on ne possède d'équivalent pour aucun autre oiseau de basse-cour : Donkin, 1989, *The Muscovy Duck*... Pour les autres Anatidés et Anséridés, se reporter au numéro spécial d'*Ethnozootechnie*, 1987, *Les Palmipèdes*... Sur leur élevage et celui des autres animaux de basse-cour, voir le bon petit manuel de Martin, 1978, *La Basse-cour simplifiée.*

4. Balvalette, 1903, *Traité de fauconnerie et d'autourserie suivi d'une étude sur la pêche au cormoran*; Laufer, 1931, *The Domestication of the Cormorant*... ; Mason, 1987, « Notes on Cormorant Fishing »... ; Larivière, 1980, *Les Animaux et l'homme*, pp. 65-66; Cornish, s. d., *Les Animaux vivants du monde*..., vol. II, p. 67.

5. Joubin & Robin, 1923, *Les Animaux*, p. 264.

6. La bibliographie sur l'histoire des Gallinacés est pauvre. Voir principalement : Wang, 1981, « Aperçu historique de l'élevage des poulets »; Lamblard, 1975, « Les étapes de la domestication de la pintade » (cet auteur a également produit, sur la pintade, une thèse soutenue en 1979 mais que je n'ai pas encore réussi à me procurer). On trouvera des informations éparses sur le dindon dans Donkin, 1989, *The Muscovy Duck*... Sur les « usages non utilitaires », voir Cegarra,. 1988, « Les coqs combattants », et Hahn, 1896, *Die Haustiere*..., ainsi que le chap. viii.

7. Chauvin, 1988, *Des animaux et des hommes*, pp. 49-56; Jâhiz, 1988, *Le cadi et la mouche*... pp. 318-327; Bertram, 1969, « Pigeon Towers of Isfahan »; Frisch & Louchet, 1961, *La Colombophilie chez les mineurs du Nord*; Métailié, 1988, « Les animaux d'agrément en Chine », pp. 56-57.

8. Prestwich, 1950-1952, *Records of Parrots Bred in Captivity.*

9. La bibliographie sur la fauconnerie, immense, est composée principalement de traités pratiques. Voir surtout Boyer & Planiol; 1948, *Traité de fauconnerie et autourserie*; Balvalette, 1903, *Traité de fauconnerie et autourserie*... ; Cervon, 1827, *De la bonne volerie*... ; Ibn Manglî, 1984, *De la chasse*..., pp. 116-186; Viré, 1977, « Essai de détermination des oiseaux-de-vol »...

10. Moreau, 1891, *L'Amateur d'oiseaux de volière*; Franklin, 1897, *La Vie privée d'autrefois*..., *passim*; Hervieux, 1734, *Nouveau traité des serins de Canarie*; Métailié, 1988, « Les animaux d'agrément en Chine », pp. 58-59.

11. Buffrénil, 1985, « Un aperçu sur l'élevage industriel des crocodiles ».

12. Leroi-Gourhan & Leroi-Gourhan, 1989, *Un Voyage chez les Aïnous*..., p. 47.

13. Leroi-Gourhan, 1950-1952, *Cours de géographie humaine*, p. 23; Métailié, 1988, « Les animaux d'agrément en Chine »; Larivière, 1980, *Les Animaux et l'homme*, pp. 71 et 111; Sachs, 1974, « Environnement et styles de développement »; Bardach, Ryther & McLarney, 1972, *Aquaculture*...

14. Larivière, 1980, *Les Animaux et l'homme*, pp. 68-69; Guyenot, 1961, *L'Origine des espèces*, pp. 72-74.

15. Laufer, 1919, *Sino-Iranica*... ; Sira-Kawa, 1868, *Yô-san-sin-sets*... ; Dupaigne, 1984, « L'élevage du ver à soie au Cambodge »; Parizet, 1880, *La*

Soie dans le monde; GROFFIER, 1900, « La production de la soie dans le monde »; BÉRAUD, 1976, « Quand l'élevage du ver à soie nous est conté... »; DELORT, 1984, *Les Animaux ont une histoire*, pp. 99 et 125-127; et, ci-dessous, chap. VII.

16. Importante bibliographie sur les abeilles. Voir notamment : CRANE, 1983, *The Archaeology of Beekeeping*; LEFÉBURE, 1905, « Les abeilles dans l'Afrique du Nord »; GESSAIN & KINZLER, 1975, « Miel et insectes à miel chez les Bassari »... ; VELLARD, 1939, *Une civilisation du miel...*; MARCHENAY, 1979, *L'Homme et l'abeille*; DELORT, 1984, *Les Animaux ont une histoire*, pp. 187-214 et 382; ASTRUC, 1984, « Bergers d'abeilles »... ; CHEVALLIER, 1987, *L'Homme, le porc, l'abeille et le chien...*; ALBERT-LORCA, 1988, « Les "servantes du seigneur" »..., et ci-dessous, chap. VII.

17. DONKIN, 1977, « Spanish Red »...

18. LAUFER, 1927, *Insect Musicians...*; MÉTAILIÉ, 1988, « Les animaux d'agrément en Chine », pp. 53-55.

19. CLÉMENT, 1981, *Larousse agricole*, p. 98.

20. Cité par CADART, 1955, *Les Escargots...*, p. 34. Voir aussi EVANS, 1969, « The Exploitation of Molluscs ».

21. EVANS, 1969, *art. cit.*, LEROI-GOURHAN, 1950-1952, *Cours de géographie humaine*, p. 24; CLÉMENT, 1981, *Larousse agricole*, pp. 96-97; CALLON, 1986, « Éléments pour une sociologie de la traduction. La domestication des coquilles Saint-Jacques »...

22. CLUTTON-BROCK, 1987, *A Natural History of Domesticated Mammals*, édition augmentée de CLUTTON-BROCK, 1981, *Domesticated Animals from Early Times*, qui m'arrive d'Angleterre au moment où j'écris ces lignes, n'est pas fait pour apaiser mes inquiétudes...

CHAPITRE VII : Entre nostalgie de la nature et tentation de la culture : les cas limites et leurs enseignements

1. PELOSSE, 1982, *État sauvage, état d'apprivoisement...*, p. 14.

2. Les quatre sources fondamentales pour l'étude comparative des systèmes d'élevage du renne sont : LEROI-GOURHAN, 1936, *La Civilisation du renne*; VAJDA, 1968, *Untersuchungen zur Geschichte der Hirtenkultur* (qui, comme son titre ne l'indique pas, est presque entièrement consacré à la domestication du renne et aux civilisations pastorales de l'Eurasie septentrionale); VAINSHTEIN, 1980, *Nomads of South Siberia...*, et INGOLD, 1980, *Hunters, Pastoralists and Ranchers*.

3. LEROI-GOURHAN, 1964, *Le Geste et la parole*, vol. I, p. 307.

4. DELAPORTE & ROUÉ, 1986, *Une Communauté d'éleveurs de rennes...*, pp. 175-179.

5. Cité par POPLIN, 1976, « Origine du porc », p. 8.

6. Exposé de Pierre Lemonnier à mon séminaire de l'EHESS le 24 mars 1987 et COOPER, 1976, « Ethnologie du porc en Mélanésie »... Voir aussi GROVES, 1984, « Of Mice and Men and Pigs »..., ainsi, plus généralement, que le volume spécial de *Canberra Anthropology*, 1984, *Pigs*.

7. Sur l'évolution des techniques de l'apiculture, voir MARCHENAY, 1984, *L'Homme et l'abeille*, pp. 85-110, et FRASER, 1958, *History of Beekeeping in Britain*, pp. 77-78.

8. Cité par THOMAS, 1985, *Dans le jardin de la nature...*, p. 25.

9. MARCHENAY, 1984, *L'Homme et l'abeille*, pp. 92-99, et DELORT, 1984, *Les Animaux ont une histoire*, pp. 188-198.

10. Exposé de Philippe Marchenay à mon séminaire de l'EHESS le 14 avril 1986.

11. *Ibid.*

12. *Le Monde* des 14-15 mai 1989.

13. Pour plus de détails, voir par exemple MALEPEYRE, 1836, *Maison rustique...*, pp. 120-156.

14. *Ibid.*, p. 130.

15. Ces informations sont tirées d'une note anonyme intitulée « La vicuña. Ficha anthropològica n° 59. Fauna argentina. 1984 » (5 p. dactylographiées), note qui m'a été obligeamment communiquée par Raymond Pujol.

16. *Ibid.*

17. Exposé de Danièle Lavallée à mon séminaire de l'EHESS le 26 mai 1987.

18. RYDER, 1969, « Changes in the Fleece of Sheep »... ; ROUGEOT, 1978, « L'évolution des caractères de la toison du mouton ».

19. PLANHOL, 1969, « Le chien de berger »... Pour des matériaux complémentaires, voir : FRANK, 1965, *Die Rolle des Hundes...* ; LAURANS, 1975, « Chiens de garde et chiens de conduite »... ; LUTZ, « Techniques pastorales d'hier et d'aujourd'hui »...

20. EKVALL, 1963, « Role of the dog »... ; DIGARD, 1980, « Chiens de campement et chiens de troupeau »...

21. LIZET, 1986, « C'est la montagne qui le donne »...

22. *Ibid.*, p. 82.

23. *Ibid.*, p. 84.

24. *Ibid.*, p. 76.

25. BLOCH & WARTBURG, 1964, *Dictionnaire étymologique...*, p. 394.

26. LAMBLARD, 1975, « Les étapes de la domestication de la pintade », p. 429.

27. La seule tentative dans ce sens est, à ma connaissance, celle de MAC KNIGHT, 1964, *Ferai Livestock in Anglo-America*, qui traite des États-Unis et du Canada, avec une ébauche de comparaison avec l'Australie.

28. Pour une liste de ces animaux, voir RUDGE, 1986, « A Role for Ferai Mammals »...

29. ROBÈRT, 1981, *Dictionnaire...*, vol. III, p. 430.

30. MAC KNIGHT, 1964, *Ferai Livestock...*

31. VAN DEN BRICK, 1967, *Guide des mammifères sauvages...*

32. THOMAS, 1985, *Dans le jardin de la nature...*, p. 122.

33. CHAROY, 1976, *Chiens de berger...*, p. 104.

34. POPLIN, 1979, « Origine du mouflon de Corse »...

35. DELORT, 1984, *Les Animaux ont une histoire*, p. 356.

36. CLUTTON-BROCK, 1987, *A Natural History of Domesticated Mammals*, p. 22.

37. La bibliographie sur le sujet est immense. Parmi les rares travaux de synthèse, signalons surtout : NORDENSKIÖLD, 1922, *Deductions Suggested by the Geographical Distribution of Some Post-Columbian Words...* pp. 47-53 (chap. III : « The Introduction of Horses and Cattle into South America ») et pp. 154-176 (importante bibliographie) ; DEFFONTAINES, 1955, « L'introduction du bétail »... ; DENHART, 1975, *The Horse of the Americas.*

38. BRAND, 1960, « The Early History of the Range Cattle Industry »...

39. Données comparatives dans EWERS, 1955, *The Horse in Blackfoot Indian Culture...*; ROE, 1955, *The Indian and the Horse*; DENHARDT, 1948, *The Horse of Americas.*

40. DEFFONTAINES, 1959, « Contribution à une géographie pastorale de l'Amérique latine »..., pp. 479 et 482.

41. PICON, 1983, *Pasteurs du Nouveau Monde...*, pp. 230-231.

42. MIRAFUENTES GALVAN, 1984, *La Province du Sonora au XVII*e *siècle*, pp. 100-102.

43. MAC KNIGHT, 1964, *Ferai Livestock...*

44. Un missionnaire allemand de l'époque a laissé d'excellentes descriptions des techniques de chasse au cheval à pied et à cheval que les Indiens Mocobies d'Argentine utilisèrent jusqu'au XVIIIe siècle : PAUCKE, 1943, *Hacia allà y para acà...*, vol. II.

45. WACHTEL, 1971, *La Vision des vaincus...*, p. 286.

46. J'emprunte cette distinction à WACHTEL, *op. cit.*, p. 299.

47. Étude détaillée dans PICON, 1983, *Pasteurs du Nouveau Monde...*

48. Voir : WISSLER, 1914, « The Influence of the Horse in the Development of Plains Culture »; HAINES, 1938, « Where did the Plains Indians get their Horses; ROE, 1939, « From Dogs to Horses among the Western Indian Tribes ».

49. Bons exemples dans ROE, 1939, *art. cit.*, et dans PICON, 1983, *Pasteurs du Nouveau Monde...*

50. *Le Monde* du 10 février 1988.

51. MAC KNIGHT, 1964, *Ferai Livestock...*

52. *Le Monde* du 2 mars 1988.

53. MAC KNIGHT, 1964, *Ferai Livestock...*, pp. 60-61.

54. Sur cette question en général et pour des listes des expériences réalisées à ce jour, voir : DOWNS, 1960, « Domestication »..., *passim*; JEWELL, 1969, « Wild Mammals and their Potential »...; KYLE, 1972, *Meat Production in Africa...*, GARREL, 1975, « Les dernières expériences d'élevage »...; CLUTTON-BROCK, 1987, *A Natural History of Domesticated Mammals*, pp. 175-187.

55. YAZAN & KNORRE, 1964, « Domesticating Elk »...

56. POSSELT, 1963, « The Domestication of the Eland ».

57. *The Financial Times*, cité par *Le Monde* des 24-25 juillet 1977.

58. WILKINSON, 1972, « The History of Musk-Ox Domestication »; GESSAIN, 1981, *Ovibos*, pp. 249-276 et 294-299.

59. JEWELL, 1969, « Wild Mammals »..., pp. 105-107; CLUTTON-BROCK, 1987, *A Natural History...*, p. 185.

60. BERTRAM & BERTRAM, 1963, « The Status of Manatees »...

61. WAGNER, 1954, « Training the African Elephant ».

62. LATTIMORE, 1962, « La civilisation, mère de barbarie? », p. 101, d'après STEFANSSON, 1945, *The Arctic in Fact and Fable.*

63. SIMMONS, 1979, *Biogeography...*, p. 262.

64. DOWNS, 1960, « Domestication »..., p. 42.

65. Exposé de Jean Ellul à mon séminaire de l'EHESS le 24 mars 1986.

66. ELLUL, 1983, *Le Coutumier rituel des capteurs d'éléphants...*, p. 39 et *passim.*

67. JEWELL, 1969, « Wild Mammals »..., p. 105.

68. LEROI-GOURHAN, 1964, *Le Geste et la parole*, vol. I, *p.* 306, note 12.

69. JOUBIN & ROBIN, 1923, *Les Animaux...*, p. 285.

70. Downs, 1960, « Domestication »..., pp. 30-31.
71. Lattimore, 1962, « La civilisation, mère de barbarie? », p. 105.
72. *Ibid.*

Troisième partie
Consommer et produire de la domestication

Chapitre viii : Des animaux domestiques, pour quoi faire?

1. Voir ci-dessus, chap. iii.
2. Sigaut, 1980, « Un tableau des produits animaux »..., p. 25.
3. *Ibid.*, p. 27.
4. Daryll Forde, 1934, *Habitat, Economy and Society*, p. 459.
5. Balfet & Josien, 1957, « Les techniques d'acquisition », pp. 10-12.
6. Michéa, 1968, « La technologie culturelle »..., pp. 847-848.
7. Sigaut, 1980, « Un tableau des produits animaux »..., pp. 22-23.
8. *Ibid.*, p. 21.
9. Bertin, Hemardinquer, Keul & Randless, 1969, *Atlas des cultures vivrières.*
10. Novikov, 1975, *L'Élevage de demain*..., p. 186.
11. Au moment où je rédige ces lignes (juillet 1989), les médias donnent un large écho à une expérience de débroussaillage tentée en Provence avec des... lamas! Quels que soient les qualités et l'intérêt de cet animal, on ne peut manquer de s'interroger sur les raisons de ce choix pour le moins étrange, alors que moutons, chèvres et même chevaux (élevés en forêt jusqu'à la veille de la Révolution) ont prouvé durant des siècles qu'ils faisaient très bien l'affaire : « Ils [les chevaux] détruisent tout par les pieds et par la dent, et il est connu qu'un cheval dans une coupe y fait plus de mal dans un jour que ne pourrait y faire la hache meurtrière de quinze bûcherons », déplorait en 1805 le maire de Sélestat (cité par Braudel, 1986, *L'Identité de la France*, vol. III, p. 78)... La vérité est que, pour être pris en considération, en cette veille de xxie siècle, il faut proposer du « technologique » (Canadair) ou, à la rigueur, de l'exotique (lama) : prôner la chèvre ne fait décidément pas « sérieux »!
12. On sait en effet que l'herbe longue se couche sous le poids de la neige, formant, avec l'humidité, des surfaces très glissantes qui peuvent être la cause d'avalanches.
13. Poplin, 1988, « Essai sur l'anthropocentrisme »..., p. 167.
14. Communication personnelle de Corneille Jest.
15. Planhol, 1969, « Le bœuf porteur »...
16. Communications personnelles de Rémy Dor pour le yak en Asie centrale et de Lucien Bernot pour le buffle en Asie du Sud-Est. J'ai moi-même vu, à l'est du Chatt el-Arab, des enfants monter sur des buffles pour les conduire au pâturage.
17. Novikov, 1975, *L'Élevage de demain*..., p. 62.
18. Communication personnelle de Carmen Bernand.
19. Communication personnelle de Marie Mauzé.
20. Cf. Delort, 1984, *Les Animaux ont une histoire*, pp. 97-130.
21. On trouvera une bonne illustration de ces débats dans l'abondante littérature qui a été consacrée à la non-consommation du bœuf en Inde, du porc

en Islam et du lait en Extrême-Orient. Voir les synthèses et les dernières mises au point de : DIENER, NONINI & ROBKIN, 1978, « The Dialectics of the Sacred Cow »..., HENNINGER, 1982, « Nouveaux débats sur l'interdiction du porc dans l'Islam » ; BERNOT, 1988, « Buveurs et non-buveurs de lait ».

22. SIGAUT, 1980, « Un tableau des produits animaux »..., p. 21.

23. Exemple extrait de DIGARD, 1981, *Techniques des nomades Baxtyâri d'Iran*, et 1982, « Le territoire comme résultat du procès de travail pastoral », revu d'après les indications de HOLTZ, 1984, « Réponse »... et d'une correspondance personnelle avec cet auteur. La présentation de ce tableau et de celui qui suit s'inspire de la méthode des matrices ordonnales mise au point par BERTIN, 1974, *Sémiologie graphique*, et 1977, *La Graphique*... Nul doute que l'informatique permettrait aujourd'hui de faire plus et mieux, mais le temps et les moyens ont manqué jusqu'à présent pour en faire l'expérience.

24. SIGAUT, 1980, « Un tableau »..., p. 32.

25. YONNET, 1985, *Jeux, modes et masses*..., chap. I, « Tiercé. Les nouveaux dimanches de la démocratie », pp. 15-90 ; KONOPNICKI, 1986, *La France du tiercé*...

26. KONOPNICKI, 1986, pp. 138-139.

27. YONNET, 1985, *Jeux*..., p. 67.

28. HUMPHREY, 1986, *Roman Circuses*...

29. Cité par THOMAS, 1985, *Dans le jardin de la nature*..., p. 191.

30. PELOSSE, 1981, « Imaginaire social et protection de l'animal »..., I[e] partie, p. 23.

31. Cité par DELORT, 1984, *Les Animaux ont une histoire*, p. 108. Voir aussi HACHET-SOUPLET, 1897, *Le Dressage des animaux et les combats de bêtes*, et BLUZET, 1913, *L'Enfer des bêtes*...

32. Article 453 du Code pénal. Voir LATTÈS, 1988, « Le droit de l'utilisation de l'animal dans les spectacles ».

33. Voir notamment BOUISSAC, 1972, « Perspectives ethnozoologiques »... ; ELAM, 1974, « Fighting of Bulls »... ; MARVIN, 1982, *La Corrida de toros*... ; DOUGLAS, 1984, « Toro muerto, vaca es »... ; MARVIN, « The Cock-Fight »...

34. LAWRENCE, 1982, *Rodeo*...

35. ELIAS, 1986, « An Essay on Sport and Violence », p. 161.

36. Voir notamment chap. XI.

37. SIGAUT, 1980, « Un tableau »..., p. 35.

CHAPITRE IX : Domestiquer, comment ?

1. DIDEROT, 1764, *Encyclopédie*, t. XV, p. 304.

2. LEROI-GOURHAN, 1943, *L'Homme et la matière*, p. 13.

3. *Ibid.*, p. 18.

4. DIGARD, 1976, « L'enquête ethnographique sur l'élevage »... ; BARRAU, 1978, « Domesticamento ».

5. SIMOONS & BALDWIN, « Breast-Feeding of Animals by Women »... ; MILLIET, 1987, « Un allaitement insolite ».

6. BAROIN, 1975, « Techniques d'adoption en milieu animal »... ; BERNUS, 1980, « Vocabulaire relatif aux techniques d'adoption par les animaux »...

7. TANI, 1987, « Two Types of Human Interventions into the Sheep Flock »..., pp. 5-13.

8. VIRÉ, 1982, « Ghanam », p. 319 a ; EL-BOKHÂRI, 1977, *Les Traditions islamiques*, vol. IV, pp. 1-33.

9. L'apparition de deux ou trois paires de cornes, fréquente dans la race caprine Saanen, est recherchée par certains éleveurs de Savoie. Voir DIGARD, 1975, *La Vie pastorale à Bonneval-sur-Arc*..., pp. 15-16.

10. NEUBERT, 1975, « Die Bedeutung des Yaks »...

11. PLANHOL, 1968, *Les Fondements géographiques de l'histoire de l'islam*, pp. 43-44 ; TAPPER, 1985, « One Hump or Two? »...

12. VALIÈRE, 1969, « L'acte de naissance du mulet »...

13. On trouvera un bon exemple d'une telle attitude dans CHEVALLIER, 1986, *Le Temps des Villardes*..., pp. 34 et 40.

14. NOVIKOV, 1978, *L'Élevage de demain*..., p. 104.

15. Voir le point sur cette question dans CLÉMENT, 1981, *Larousse agricole*, article « Amélioration génétique (chez les animaux) », pp. 55-66.

16. Ci-dessus, chap. II.

17. EL ANDALUSY, 1934, *La Parure des cavaliers*..., pp. 363-364 ; LIAS, 1956, *Kazak Exodus* ; LA QUERRIÈRE, 1894, *De l'alimentation du cheval par les substances animales*...

18. La bibliographie sur l'alimentation des animaux domestiques est évidemment immense. On se reportera donc aux différents ouvrages de zootechnie spécialisés. Sur l'exploitation des prairies naturelles, voir les synthèses de VEYRET, 1951, *Géographie de l'élevage*, pp. 74-90 ; DUVIGNEAUD, 1974, *La Synthèse écologique*..., pp. 104-119, et UNESCO, PNUE et FAO, 1981, *Ecosystèmes pâturés tropicaux*...

19. Sur les techniques des bergers, voir par exemple : BRISEBARRE, 1978, *Bergers des Cévennes*, et DIGARD, 1981, *Techniques des nomades Baxtyâri*... Voir aussi l'intéressante étude de TANI, 1987, « Two Types of Human Interventions »..., pp. 14-41, sur la distribution géographique des types d'animaux leaders de troupeaux.

20. Voir par exemple BAROIN, 1972, *Les Marques de bétail chez les Daza*... et HUMPHREY, 1974, « Horse Brands of the Mongolians »...

21. Voir ci-dessus, chap. III.

22. MARX, 1950, *Le Capital*, livre I, t. I, pp. 181 et 183.

23. *Ibid.*, p. 181.

24. LEROI-GOURHAN, 1964, *Le Geste et la parole*, vol. I, p. 164.

25. *Ibid.*, 1965, vol. II, p. 35.

26. BONTE, 1973, « La "formule technique" du pastoralisme nomade. »

27. Synthèse dans DIGARD, 1976, « La dynamique sociale et les facteurs de changement chez les pasteurs nomades », et exemple dans DIGARD, PLANHOL & BAZIN, 1982, « Éléments turcs dans le vocabulaire pastoral baxtyâri ».

28. Voir par exemple : AMOROSO & JEWELL, 1963, « The Exploitation of Milk Ejection Reflex »... ; CASIMIR, 1982, « The Biological Phenomenon of Imprinting »... ; BASKIN, 1974, « Management of Ungulate Herds »...

29. MARTIN, 1978, *La Basse-cour*..., pp. 152-153.

30. DEFFONTAINES, 1959, « Contribution à une géographie pastorale de l'Amérique latine »...

31. BARRAU, 1978, « Domesticamento », pp. 3-4.

32. Pour paraphraser GODELIER, 1985, *L'Idéel et le matériel*..., p. 205.

33. La littérature sur le dressage est à la fois très riche et très pauvre. Très riche parce qu'il existe, notamment en Occident, une foule de traités pratiques concernant le chien et surtout le cheval (voir les innombrables traités d'équitation). Elle est aussi très pauvre en ce sens que la question, pourtant passionnante, du dressage n'a guère suscité l'intérêt des ethnologues tra-

vaillant dans des sociétés non occidentales, ni même de réflexion théorique d'ensemble. Voir cependant le curieux ouvrage écrit au XIXe siècle par le propriétaire d'un « cirque expérimental » : HACHET-SOUPLET, 1897, *Le Dressage des animaux*...

34. Exemples et discussion de cette question dans HEDIGER, 1953, *Les Animaux sauvages en captivité, passim.*

35. SIGAUT, 1988, « Critique de la notion de domestication », p. 62.

36. BOYER, 1986, « Comment les animaux s'adaptent-ils aux changements techniques ? » ; DANTZER & MORMÈDE, 1979, *Le Stress en élevage intensif.*

37. Cité par THOMAS, 1985, *Dans le jardin de la nature*..., p. 32.

38. ROTHSCHILD, 1983, *Dear Lord Rothschild*...

39. Voir déjà ARCHER, 1985, « A Fiendish Outrage ? »...

QUATRIÈME PARTIE
DOMESTICATION ANIMALE ET SOCIÉTÉ

CHAPITRE X : L'organisation sociale de la domestication animale

1. LÉVI-STRAUSS, 1973, *Anthropologie structurale deux*, p. 20.

2. HAUDRICOURT, 1962, « Domestication des animaux »... Voir chap. III.

3. THOMAS, 1985, *Dans le jardin de la nature*..., p. 55.

4. TAPPER, 1988, « Animality, Humanity, Morality, Society ».

5. Voir par exemple VEYRET, 1951, *Géographie de l'élevage*, et WOLKOWITSCH, 1966, *L'Élevage dans le monde.*

6. LEROI-GOURHAN, 1964, *Le Geste et la parole*, vol. I, p. 307, note 13.

7. RUBEL, 1969, « Herd Composition and Social Structure »...

8. EVANS-PRITCHARD, 1940, *The Nuer*...

9. DUPIRE, 1962, *Peuls nomades*...

10. BONFIGLIOLI, 1988, *Dudal*...

11. DIGARD, 1980, « Chiens de campement et chiens de troupeau »...

12. LINTON, 1936, *The Study of Man*..., pp. 428-429.

13. BONTE, 1975, « Cattle for God »...

14. PARKES, 1987, « Livestock Symbolism and Pastoral Ideology »...

15. LÉVI-STRAUSS, 1962, *La Pensée sauvage*, pp. 274-275.

16. *Ibid.*, p. 272.

17. HÉLIAS, 1975, *Le Cheval d'orgueil*, p. 25.

18. Sur le cheval en milieu rural, lire l'attachant témoignage vécu de ROBINET, 1946, *Compagnons de labour.* Cf., pour les vaches de travail, ASTRUC & NESPOULOS, 1985, « Profession : paysan ».

19. Voir par exemple FABRE & FABRE, 1978, « Le testament du cochon ».

20. HÉLIAS, 1975, *Le Cheval d'orgueil*, p. 375.

21. Voir, pour des exemples de traitement inégalitaire des animaux domestiques, dans le folklore : SÉBILLOT, 1984, *Le Folklore de France*..., vol. V, pp. 112-113, 118 et suiv. ; dans une société concrète (Haut-Diois) : CHEVALLIER, 1987, *L'Homme, le porc, l'abeille et le chien*...

22. LÉVI-STRAUSS, 1962, *La pensée sauvage*, p. 272.

23. BRAUDEL, 1986, *L'Identité de la France*, vol. III, p. 94. Voir par ailleurs, sur le mépris des bouchers et des équarrisseurs dans la culture populaire française : SÉBILLOT, 1984, *Le Folklore de France*..., pp. 127-128.

24. Voir la fin du chap. VI et le chap. VII.
25. DOWNS, 1960, « Domestication »..., p. 35, 39-40 et 60, note 11.
26. Voir notamment à la fin du chap. IV.
27. TESTART, 1987, « Deux modèles du rapport entre l'homme et l'animal »..., p. 186.
28. DESCOLA, 1986, *La Nature domestique...*
29. TESTART, 1987, « Deux modèles »..., p. 185.
30. *Ibid.*, et note 8 pour les références. Voir aussi SERPELL, 1986, *In the Company of Animals...*, chap. X.
31. Voir l'excellente analyse d'ERIKSON, 1987, « De l'apprivoisement à l'approvisionnement »...
32. *Ibid.*, p. 117.
33. Voir DESCOLA, 1986, *La nature domestique*, pp. 284-290 et 400; ERIKSON, 1987, « De l'apprivoisement à l'approvisionnement »..., p. 106; TESTART, 1987, « Deux modèles »..., p. 177.

CHAPITRE XI : Un cas parmi d'autres, le système domesticatoire occidental.

1. Chapitre précédent.
2. Voir SERPELL, 1986, *In the Company of Animals...*, p. 58.
3. Chap. III et VIII.
4. Cité par BADINTER, 1980, *L'Amour en plus...*, p. 180. Voir aussi : SERPELL, 1986, *In the Company of Animals...*, p. 176; HALLIDAY, 1922, « Animal Pets in Ancient Greece ».
5. THOMAS, 1985, *Dans le jardin de la nature...*, p. 141.
6. *Ibid.*, pp. 144-151 et 360.
7. Cité par PELOSSE, 1982, « Imaginaire social et protection de l'animal »... (2e partie), p. 37.
8. THOMAS, 1985, *Dans le jardin de la nature...*, p. 137, et correspondance de J.-J. HEMARDINQUER, *Le Monde* du 16 octobre 1983.
9. Voir chap. m.
10. De l'anglais *pet*, « animal familier ». J'emprunte cet éloquent néologisme à SZASZ, 1968, *Petishism...*
11. Citée par HÉRAN, 1989, « Chats contre chiens »...
12. *Pets Business* d'août 1988, cité dans *Anthropozoös*, vol. II, nº 2, 1988, p. 133.
13. SERPELL, 1986, *In the Company of Animals...*, p. 11.
14. MESSENT & HORSFIELD, 1983, « Pets Population »... et « Animaux de compagnie et solitude ? », *Le Monde* du 24 octobre 1987.
15. BECK & KATCHER, 1983, *Between Pets and People*, p. 25.
16. MOSCOVICI, 1984, « Une vie d'objet d'art », p. 57.
17. Voir *Autrement*, 1984, *Animal, mon amour*, et LEVINE, 1985, « The Pet Business ».
18. YONNET, 1985, *Jeux, modes et masses...*, p. 217.
19. HÉRAN, 1989, « Chats contre chiens »..., p. 377.
20. *Ibid.*, p. 378.
21. THOMAS, 1985, *Dans le jardin de la nature...*, p. 134.
22. *Ibid.*
23. Chap. V.
24. Dans la dernière partie du présent chapitre.

25. BRIGGS, 1970, *Never in Anger...*, p. 70.
26. Chapitre précédent.
27. Cf. THOMAS, 1985, *Dans le jardin de la nature...*, p. 123.
28. DANTZER & MORMÈDE, 1979, *Le Stress en élevage intensif.*
29. ROBINET, 1946, *Compagnons de labour*, p. 16.
30. D'après les premiers résultats d'une enquête menée actuellement dans la Nièvre par Thierry Picq.
31. L'expression est de SERPELL, 1986, *In the Company of Animals...*, p. 169.
32. Sur ce parallèle avec l'anthropophagie, voir : LEACH, 1964, « Anthropological Aspects of Language »... ; SAHLINS, 1980, *Au cœur des sociétés...*, p. 220.
33. Voir la remarquable analyse des abattoirs par VIALLES, 1987, *Le Sang et la chair...*
34. Titre original (1973) de SCHUMACHER, 1978, *A la mesure de l'homme.*
35. ARBOGAST, MÉNIEL & YVINEC, 1987, *Une histoire de l'élevage...*, pp. 24-25, et l'étude suédoise citée (sans références) par REBEYROL, 1987, « Entre chien et loup », p. 20.
36. LIZET, 1989, *La Bête noire...*
37. THOMAS, 1985, *Dans le jardin de la nature...*, p. 141.
38. BESSELIÈVRE, 1966, *Poules naines...*, pp. 11-12.
39. Voir ci-dessus, chap. II.
40. Arbres miniaturisés par taille et ligature, selon une technique japonaise.
41. Cité par THOMAS, 1985, *Dans le jardin de la nature...*, p. 141. Phrase soulignée par moi, J.-P. D.
42. MORRIS, 1987, *Le Chien révélé...*, p. 139.
43. SERPELL, 1986, *In the Company of Animals...*, pp. 66-67.
44. MORRIS, 1987, *Le Chien...*, pp. 139-140.
45. BUCHER, 1982, « Rites et stratégies d'adaptation »...
46. CEGARRA, 1988, « Les coqs combattants ».
47. LIZET, 1982, *Le Cheval dans la vie quotidienne...*, pp. 194-196.
48. MILLIET & DIGARD, 1989, « Une enquête sur les nouvelles sensibilités »..., p. 46.
49. POCIELLO, 1983, « "La force, l'énergie, la grâce et les réflexes" »..., p. 197.
50. C'est d'ailleurs là, très exactement, le terme qui est désormais consacré pour la présentation des épreuves officielles : on ne dit plus « M. monté sur X. » ou « X. monté par M. », mais « M. associé à X. » ou « le couple M.-X. » (coupe du monde Volvo, Bercy, avril 1987).
51. LIZET, 1975, « La relation homme-cheval », p. 344.
52. BIGO, 1986, « Le cheval, mythe ou réalité ? », p. 28.
53. LIZET, 1982, *Le Cheval dans la vie quotidienne...*, p. 49.
54. HOUËL, 1848, *Histoire du cheval...*, cité par LIZET, *op. cit.*, p. 46.
55. J'emprunte beaucoup, dans les lignes qui suivent, à l'excellente thèse (malheureusement inédite) de GRANGE, 1981, *Le Cheval oublié...*
56. Signalons, pour l'anecdote, le rôle joué, dans le développement de l'équitation comme psychologie, par Gustave LE BON (1841-1931), fondateur en France de la psychologie... des foules. Médecin et conseiller de Clemenceau (lui-même expert en politique *et* en équitation), Le Bon était également un excellent cavalier. Dans un traité d'équitation publié en 1891 et trois fois

réédité (1895, 1913 et... 1989 !), il élabora notamment un double parallèle entre « psychologie » du cheval (« rusé, craintif, vindicatif, émotif et impressionnable ») et psychologie de la foule (« niveau intellectuel médiocre, excitabilité excessive, fureurs subites, intolérance, obéissance complète aux meneurs »), et entre dressage du cheval et gouvernement des hommes (voir GRANGE, *op. cit.*, pp. 292-297).

57. Cité par GRANGE, *ibid.*, p. 45.

58. *Ibid.*, p. 179.

59. Cf. BARCLAY, 1980, *The Role of the Horse*... et DIGARD, 1988, *Des chevaux et des hommes*...

60. LIZET, 1975, « La relation homme-cheval », p. 344.

61. Au sens de BOURDIEU, 1979, *La Distinction*...

62. Voir BROMBERGER, « Sport et "ritualisation" de la violence »...

63. De l'espagnol *chaparajos :* jambières de peau portées par certains cavaliers (*ganaderos* andalous, *cow-boys*, etc.) par-dessus leurs pantalons.

CHAPITRE XII : Liaisons et perspectives

1. DIGARD, 1979, « La technologie en anthropologie »..., p. 93.

2. Voir en dernier lieu HARRIS, 1985, *The Sacred Cow and the Abominable Pig*, qui s'efforce de démontrer que les animaux qui sont frappés de tabous alimentaires sont ceux dont la consommation représenterait un coût trop élevé pour les sociétés concernées.

3. MARX, 1867, *Le Capital*, livre I, t. II, p. 187.

4. BERNOT, 1967, *Les Paysans arakanais*..., vol. II, p. 754.

5. Cf. SERPELL, 1966, *In the Company of Animals*... pp. 172-173.

6. BRUNETON-GOVERNATORI, 1984, *Le Pain de bois*...

7. LEMONNIER, 1983, « L'étude des systèmes techniques »..., p. 17.

8. Voir chap. II.

9. LEROI-GOURHAN, 1965, *Le Geste et la parole*, vol. II, p. 21.

10. Voir surtout chap. III et XI.

11. VIALLES, 1987, *Le Sang et la chair*...

12. LIZET, 1989, *La Bête noire*...

13. LEMONNIER, 1989, « Bark Capes, Arrow Heads and Concorde »...

14. *Ibid.*, p. 161.

15. *Ibid.*, p. 167.

16. *Ibid.*, p. 168.

17. *Ibid.*, p. 166.

18. DEFORGE, 1985, *Technologie et génétique de l'objet industriel.*

19. *Ibid.*, p. 117.

20. *Ibid.*, p. 127.

Bibliographie

AGULHON, M., 1981, « Le sang des bêtes : le problème de la protection des animaux en France au XIXe siècle », *Romantisme. Revue de la Société des études romantiques*, n° 31, pp. 81-109.

ALBERT-LLORCA, M., 1988, « Les "servantes du Seigneur". L'abeille et ses œuvres », *Terrain*, n° 10, pp. 23-36.

'ALLÂMÎ, A.-F., 1893, *The A'în-i Akbarî*, Calcutta, Asiatic Society, vol. I (ca. 1500).

ALLYN, G., 1974, « Mammalian Socialization and the Problem of Imprinting », *La Terre et la Vie*, n° 28, pp. 209-271.

AMOROSO, E.C. & JEWELL, P. A., 1963, « The Exploitation of the Milk Ejection Reflex by Primitive Peoples », in : A. E. MOURANT & F. E. ZEUNER, ed., *Man and Cattle*, Londres, Royal Anthropological Institute, pp. 126- 137.

ANGRESS, S. & REED, C. A., 1962, *An Annotated Bibliography on the Origin and Descent of Domestic Mammals*, Chicago, Field Museum of Natural History (« Anthropological series », vol. LV, n° 1).

ARBOGAST, R.-M., MÉNIEL, P. & YVINEC, J.-H., 1987, *Une Histoire de l'élevage. Les animaux et l'archéologie*, Paris, Errance.

ARCHER, J. E., 1985, « A Fiendish Outrage? A Study of Animal Maiming in East Anglia, 1830-1870 », *The Agricultural History Review*, vol. XXX, n° 11, pp. 147-157.

ARISTOTE, 1969, *Histoire des animaux*, trad. P. Louis, Paris, Les Belles Lettres/ Denoël, 2 vol.

ARMENGAUD, F., 1988, « Les animaux dans les religions », in : *Le Grand atlas des religions*, Paris, Encyclopaedia Universalis, pp. 324-325.

ASTRUC, O., 1984, « Bergers d'abeilles en transhumance », *Connaissance du Pays d'Oc*. n° 62, pp. 46-51.

ASTRUC, O. & NESPOULOS, J.-L., 1985, « Profession : paysan », *Connaissance du Pays d'Oc*, n° 69, pp. 20-24.

ATRAN, S., 1986, *Fondements de l'histoire naturelle. Pour une anthropologie de la science*, Bruxelles, Complexe.

AZZAROLI, A., 1985, *An Early History of Horsemanship*, Leyde, E. J. Brill & Dr. W. Beckhuys.

Autrement, 1984, *Animal, mon amour !*, n° spécial, *Autrement*, n° 56, janvier.

BADINTER, E., 1980 *L'Amour en plus. Histoire de l'amour maternel* (*XVII*e-*XX*e *siècle*), Paris, Flammarion.

BAHUCHET, S., 1980, « Ethnozoologie », in : *Universalia 1980*, Paris, Encyclopaedia Universalis, pp. 566-569.

BALDWIN, J. A., 1973, « Pig Rearing and the Domestication Process in New Guinea and the Terres Strait Region », *National Geographic Society Reports*, pp. 31-43.

–, 1975, « Notes and Speculations on the Domestication of the Cat in Egypt », *Anthropos*, vol. LXX, nos 3-4, pp. 428-448.

BALFET, H. & JOSIEN, T., 1957, « Les Techniques d'acquisition », in : A. LEROI-GOURHAN, ed., *L'Homme, races et mœurs*, Paris, Clartés (« Encyclopédie du présent », fasc. 4740).

BALVALETTE, A., 1903, *Traité de fauconnerie et d'autourserie, suivi d'une étude sur la pêche au cormoran*, Evreux.

BARCLAY, H. B., 1980, *The Role of the Horse in Man's Culture*, Londres, J.A. Allen.

BARDACH, J. E., RYTHER, J. H. & MCLARNEY, W. O., 1972, *Aquaculture. The Farming and Husbandry of Freshwater and Marine Organisms*, New York.

BAROIN, C., 1972, *Les Marques de bétail chez les Daza et les Azza du Niger*, Niamey, Centre nigérien de recherches en sciences humaines (« Études nigériennes », vol. XXIX).

–, 1975, « Techniques d'adoption en milieu animal (Daza du Niger) », in : *L'Homme et l'animal*, Paris, Institut international d'ethnosciences, pp. 493-495.

BARON, R., 1988, *Méthodes de reproduction en zootechnie*, Paris, Firmin-Didot.

BARRAU, J., 1978, « Domesticamento », in : *Enciclopedia Einaudi*, Turin, Einaudi, t. V, pp. 49-71.

BARREY, J.-C, 1986, « Le cheval : animal domestique », *Cheval Magazine*, n° 179, pp. 79-83.

BASKIN, L. M., 1974, « Management of Ungulate Herds in Relation to Domestication », in : GEIST, V. & WALTER, F., ed., *The Behaviour of Ungulates and its Relation to Management*, Morges, International Union for the Conservation of Nature and Natural Ressources, pp. 530-541.

BECK, A. M. & KATCHER, A. H., 1983, *Between Pets and People*, New York, G. P. Putnam.

BELL, M., 1969, *The Use of Herb-Laying by Grazing Ungulates in the Serengeti National Park*, Ph. D. thesis, University of Manchester.

BENVENISTE, E., 1969, *Le Vocabulaire des institutions indo-européennes*, Paris, Minuit, 2 vol.

BÉRAUD, S., 1976, « Quand l'élevage du ver à soie nous est conté… Souvenirs des Boutières (Ardèches) », *Le Monde Alpin et Rhodanien*, vol. IV, nos 3-4, pp. 105-114.

BERLEANT-SCHILLER, R. & SHANKLIN, E., ed., 1983, *The Keeping of Animals*, Totoma (N.J.), Allanheld-Osmun.

BERNAND, C. & DIGARD, J.-P., 1986, « De Téhéran à Tehuantepec. L'ethnologie au crible des aires culturelles », *L'Homme*, nos 97-98 (t. XXVI, nos 1-2), pp. 63-80.

BERNOT, L., 1967, *Les Paysans arakanais du Pakistan oriental*, Paris-La Haye, Mouton, 2 vol.

–, 1988, « Buveurs et non-buveurs de lait », *L'Homme*, n° 108 (vol. XXVIII, n° 4), pp. 99-107.

Bernus, E., 1980, « Vocabulaire relatif aux techniques d'adoption par les animaux en milieu touareg (Niger) », *Journal des Africanistes*, vol. L, n° 2, pp. 109-114.

Bertin, J., 1974, *Sémiologie graphique*, Paris, Gauthier-Villars.

–, 1977, *La Graphique et le traitement graphique de l'information*, Paris, Flammarion.

Bertin, J., Hémardinquer J.-J., Keul, M. & Randless, V., G., L., 1969, *Atlas des cultures vivrières*, Paris, École pratique des hautes études, VIe section, La Haye, Mouton.

Bertram, C. & Bertram, M., 1969, « Pigeons Towers of Isfahan », *Geographical Magazine*, juin, pp. 516-521.

Bertram, G. C. L. & Bertram, C. K. R., 1963, « The Status of Manatees in the Guianas », *Oryx*, n° 7, pp. 90-93.

Besche-Commenge, B., 1982, « Le concept de race. Mythe rationaliste ou pratique socio-économique ? », *Ethnozootechnie*, n° 29, pp. 43-59.

–, 1989, « "La mère du bétail n'est pas morte". Culture technique et pensée symbolique : évolution et permanence dans les Pyrénées (1787-1987) », in : *Homme, animal, société*, vol. III, Toulouse, Presses de l'Institut d'études politiques, pp. 233-256.

Besselièvre, J., 1966, *Poules naines et coqs nains*, Paris, Flammarion.

Bigo, S., 1986, « Le cheval, mythe ou réalité ? », *Cheval Magazine*, n° 183, pp. 26-28.

Bishko, Ch., 1952, « The Peninsular Background of Latin American Cattle Ranching », *Hispanic American Historical Review*, vol. XXXII, n° 4, pp. 493-515.

Bixio, A., ed., 1887, *Maison rustique du xixe siècle. Encyclopédie d'agriculture pratique*. T. II : *Cultures industrielles et animaux domestiques*, Paris, La Maison rustique.

Blanc, J. & Laurans, R., 1964, « Les débuts de la mérinisation », *Ethnozootechnie*, n° 3, pp. 1-8.

Bloch, M., 1960, *Seigneurie française et manoir anglais*, Paris, Armand Colin.

Bloch, O. & Wartburg, W. von, 1964, *Dictionnaire étymologique de la langue française*, Paris, Presses Universitaires de France.

Blomac, N. de, 1988, « L'introduction en France du concept de cheval de sang = cheval d'élite, xviiie-xixe siècle », in : Digard, J.-P., ed., *Des chevaux et des hommes*, Lausanne, Favre, pp. 49-53.

Bluzet, J., 1913, *L'Enfer des bêtes. Étude documentaire sur la malfaisance envers les animaux*, Lyon, Imprimeries réunies.

Bobis, L., 1987, « Le chat au Moyen Age », *Ethnozootechnie*, n° 40, pp. 39-44.

Bodson, L., 1982, « La notion de race animale chez les zoologistes et les agronomes de l'Antiquité », *Ethnozootechnie*, n° 29, pp. 7-14.

–, 1987, « Les débuts en Europe du chat domestique », *Ethnozootechnie*, nos 13-38.

Bodson, L., ed., 1988, *L'Animal dans l'alimentation humaine : les critères de choix*, Paris, L'Homme et l'Animal, Société de recherche interdisciplinaire (n° spécial d'*Antropozoologica*).

Bökönyi, S., 1974, *History of Domestic Mammals in Central and Eastern Europe*, Budapest, Akademiai Kiado.

–, 1987, « History of Horse Domestication », *Bulletin d'information sur les ressources génétiques animales* (FAO, Rome), n° 6, pp. 27-32.

BONFIGLIOLI, A. M., 1988, *Dudal. Histoire de famille et histoire de troupeau dans un groupe de Wodaabe du Niger*, Cambridge, Cambridge University Press & Paris, Éd. de la Maison des sciences de l'homme (« Production pastorale et société »).

BONNEMAIRE, J., 1986, « Le yak domestique », *Production pastorale et société*, n° 19, pp. 119-127.

BONTE, P., 1973, « La "formule technique" du pastoralisme nomade », in BARRAU, J., BONTE, P. & DIGARD, J.-P., *Études sur les sociétés de pasteurs nomades : I. Sur l'organisation technique et économique*, Paris, Centre d'études et de recherches marxistes (« Cahiers du C.E.R.M. », n° 109), p. 6-32.

–, 1975, « Les civilisations nomades », *La Recherche*, n° 53, pp. 130-140.

–, 1975, « Cattle for God : an Attempt at a Marxist Analysis of the Religion of East African Herdsmen », *Social Compass*, vol. XXII, n°s 3-4, p. 381-396.

–, 1979, « Segmentanté et pouvoir chez les éleveurs nomades sahariens. Éléments d'une problématique », in : Équipe écologie et anthropologie des sociétés pastorales, ed., *Pastoral Production and Society/Production pastorale et société*, Cambridge, Cambridge University Press & Paris, Éd. de la Maison des sciences de l'homme, pp. 171-199.

–, 1981, « Ecological and Economic Factors in the Determination of Pastoral Specialization », *Journal of Asian and African Studies*, vol. XVI, n°s 1-2, pp. 33-49.

BORGEAUD, P., 1984, « L'animal comme opérateur symbolique », in : *L'Animal, l'homme, le dieu dans le Proche-Orient ancien*, Genève, Université de Genève, Centre d'étude du Proche-Orient ancien & Leuwen, Peeters, pp. 13-19.

BOUGLER, J., 1982, « La race et les livres généalogiques », *Ethnozootechnie*, n° 29, pp. 69-72.

BOUISSAC, P., 1972, « Perspectives ethnozoologiques : le statut symbolique de l'animal au cirque et au zoo », *Ethnologie Française*, n°s 3-4, pp. 287-294.

BOURDIEU, P., 1979, *La Distinction. Critique sociale du jugement*, Paris, Minuit.

BOURLIÈRE, F., 1974, « Les Mammifères domestiques », in : TÉTRY, A., ed., *Zoologie IV. Tétrapodes, domaines faunistiques, zoogéographie*, Gallimard (« Encyclopédie de la Pléiade »), pp. 1155-1169.

BOUSQUET, G.-H., 1958, « Des animaux et de leur traitement selon le judaïsme, le christianisme et l'islam », *Studia Islamica*, vol. IX, pp. 31-48.

BOYER, A. & PLANIOL, M., 1948, *Traité de fauconnerie et d'autourserie*, Paris, Payot.

BOYER, J.-P., 1986, « Comment l'animal s'adapte-t-il aux changements techniques ? », *Culture technique*, n° 16, pp. 188-195.

BRAND, D. D., 1960, « The Early History of the Range Cattle Industry in Northern Mexico », *Annals of the Association of American Geographers*, pp. 305-306.

BRAUDEL, F., 1985, *La Méditerranée et le monde méditerranéen à l'époque de Philippe II*, Paris, Armand Colin, 2 vol. (1949).

–, 1986, *L'Identité de la France*, Paris, Arthaud/Flammarion, 3 vol.

BRENTJES, B., 1962, « Gazellen und Antilopen als Vorlaüfer der Haustiere im alten Orient », *Wissenschaftliche Zeitschrift der Martin-Luther-Universität Halle Wittenburg, Gesellschaftswissenschaft-Sprachwissenschaft*, vol. XI, n° 6, pp. 537-548.

BRESSOU, C., 1970, *Histoire de la médecine vétérinaire*, Paris, Presses Universitaires de France (« Que sais-je ? », n° 584).

BRIANT, P., 1979, « L'élevage ovin dans l'Empire achéménide, VIe-IVe siècle avant notre ère », *Journal of the Economic and Social History of the Orient*, vol. XXII, part 2, pp. 136-161.

BRIGGS, J., 1970, *Never in Anger. Portrait of an Eskimo Family*, Cambridge (Mass.), Harvard University Press.

BRISEBARRE, A.-M., 1978, *Bergers des Cévennes*, Paris, Berger-Levrault.

BROCHIER, J.-J., 1987, *Anthologie du lapin*, Paris, Hatier.

BROMBERGER, G, 1985, « Sport et "ritualisation" de la violence », *Forum. Revue du Conseil de l'Europe*, n° 4, pp. VI-VIII.

BRUNETON-GOVERNATORI, A., 1984, *Le Pain de bois. Ethnohistoire de la châtaigne et du châtaignier*, Toulouse, Éché.

BUCHER, B., 1982, « Rites et stratégies d'adaptation : la chasse à courre en bocage vendéen », *Études rurales*, n°s 87-88, pp. 269-286.

BUFFON, G. L. LECLERC Cte de, *Histoire naturelle, générale et particulière :*

–, 1749, *Premier discours : De la manière de traiter l'histoire naturelle*, Paris, Imprimerie royale.

–, 1753, T. III : *De l'asne, ibid.*

–, 1754, T. IV : *Du cheval, ibid.*

BULLIET, R. W., 1975, *The Camel and the Wheel*, Cambridge (Mass.), Harvard University Press.

CABRERA, A., 1930, *La Patria de* Puiorius furo, Madrid.

CADART, J., 1955, *Les Escargots* (Helix pomatia *L. et* Helix aspersa *M.). Biologie, élevage, parcage, histoire, gastronomie, commerce*, Paris, Paul Lechevallier.

CALLON, M., 1986, « Éléments pour une sociologie de la traduction. La domestication des coquilles Saint-Jacques et les marins pêcheurs dans la baie de Saint-Brieuc », *L'Année sociologique*, vol. XXXVI, pp. 169-208.

Canberra Anthropology, 1984, *Pigs*, special issue, *Canberra Anthropology*, vol. VII, n°s 1-2.

CAPOT-REY, R., 1942, « Le nomadisme pastoral dans le Sahara français », *Travaux de l'Institut de recherches sahariennes*, vol. I, pp. 63-86.

CASIMIR, M. J., 1982, « The Biological Phenomenon of Imprinting – its Handling and Manipulation by Traditional Pastoralists », *Production pastorale et société*, n° 11, pp. 23-27.

CAUVIN, J., 1978, *Les Premiers villages de Syrie-Palestine du IXe au VIIe millénaire avant J.-C.*, Lyon, Maison de l'Orient.

CEGARA, M., 1988, « Les coqs combattants », *Terrain*, n° 10, pp. 51-62.

CERVON, G, 1827, *De la bonne volerie et du dressage pratique de l'autour et de l'épervier*, Vincennes.

CHAPMAN, M. J., 1987, « Bactrians and Dromedaries », *Asian Affairs*, vol. XVIII, n° 3, pp. 276-282.

CHARLESWORTH, M. F., 1981, « The Elephant in the Ancient Near East », *Iran*, vol. XIX.

CHAROY, G. *et alii*, 1976, *Chiens de berger, dressage et utilisation*, Paris, ITOVIC.

CHAUVIN, R., 1989, *Des animaux et des hommes*, Paris, Seghers.

CHERCHÈVE, F., s.d., *Le Cheval dans la vie médiévale*, thèse de doctorat en droit, Paris, Université de Paris, faculté de droit et des sciences économiques [1965].

CHEVALLIER, D., 1986, *Le Temps des Villardes. Une race bovine de montagne*, Lyon, La Manufacture.

–, 1987, *L'Homme, le porc, l'abeille et le chien. La relation homme-animal dans le Haut-Diois*, Paris, Institut d'ethnologie (Mémoires, XXVI).

CHILDE, G., 1963, *De la Préhistoire à l'histoire*, Paris, Gallimard (« Idées ») (éd. orig. : *What Happened in History*, London, Penguin Books, 1954).

CIGLER, M., 1986, *The Afghans in Australia*, Melbourne, AE Press (« Australia Ethnic Heritage Series »).

CLÉMENT, J.-M., éd., 1981, *Larousse agricole*, Paris, Larousse.

CLUTTON-BROCK, J., 1981, *Domesticated Animals from Early Times*, Austin, University of Texas Press.

–, 1987, *A Natural History of Domesticated Mammals*, Cambridge, Cambridge University Press & Londres, British Museum (nouvelle éd. du précédent, sous un autre titre).

COCKRILL, W. R., ed., 1974, *The Husbandry and Health of the Domestic Buffalo*, Rome, FAO.

COOPER, A., 1976, « Élevage du porc en Mélanésie. Pratiques d'élevage et consommation », *Ethnozootechnie*, n° 16, pp. 156-167.

CORNISH, Ch. M., s.d., *Les Animaux vivants du monde. Histoire naturelle*, Paris, Flammarion, 2 vol.

COURET, A. & DAIGUEPERSE, C, 1987, *Le Tribunal des animaux. Les animaux et le droit*, Paris, Thissot.

COY, J., 1986, « Animals' Attitude to Domestication », communication présentée au Congrès mondial d'archéologie de Southampton.

CRANE, E., 1983, *The Archaeology of Beekeeping*, Londres, Duckworth.

Critique, 1978, *L'Animalité*, n° spécial, *Critique*, n°s 375-376, août-septembre.

CUVIER, F., 1825, *De la sociabilité des animaux*, Paris, Mémoires du Muséum d'histoire naturelle, t. XIII.

DANTZER, R. & MORMÈDE, P., 1979, *Le Stress en élevage intensif*, Paris, Éd. de l'INRA.

DARRÉ, J.-P., 1985, *La Parole et la technique. L'univers de pensée des éleveurs du Ternois*, Paris, L'Harmattan.

DARRYL FORDE, C, 1934, *Habitat, Economy and Society. A Geographical Introduction to Ethnology*, Londres, Methuen and Co.

DARWIN, Ch., 1868, *The Variation of Animals and Plants under Domestication*, Londres, Murray, 2 vol.

DAVIS, P. D. L. & DENT, A. A., 1966, *Animals that Changed the World*, Londres, Phoenix House.

Le Débat, 1983, *L'Animal, son histoire et ses droits*, n° spécial, *Le Débat*, n° 27, novembre.

DECROIX, E., 1898, « Projet de langage phonétique universel pour la conduite des animaux », *Bulletin de la Société nationale d'acclimatation de France.*

DEFFONTAINES, P., 1957, « L'introduction du bétail en Amérique latine », *Cahiers d'outre-mer*, pp. 5-22.

–, 1959, « Contribution à une géographie pastorale de l'Amérique latine : l'appropriation des troupeaux et des pacages », in : *Mélanges géographiques canadiens offerts à Raoul Blanchard*, Québec, Presses universitaires Laval, pp. 479-492.

DEFORGE, Y., 1985, *Technologie et génétique de l'objet industriel*, Paris, Maloine (coll. « Université de Compiègne »).

DELAPORTE, Y. & ROUÉ, M. M., 1986, *Une Communauté d'éleveurs de rennes. Vie sociale des Lapons de Kautokeino*, Paris, Institut d'ethnologie (« Mémoires de l'Institut d'ethnologie », vol. XXIV).

DELORT, R., 1984, *Les Animaux ont une histoire*, Paris, Seuil.

–, 1984, « Zoologie et histoire des animaux à la fin du Moyen Age et au XVIe siècle », *Anthropozoologica*, n° 1, pp. 38-42.

DENHARDT, R. M., 1948, *The Horse of the Americas*, Norman, University of Oklahoma Press.

DENIS, B., 1982, « A propos de la notion de race : points de vue d'un zootechnicien », *Ethnozootechnie*, n° 29, pp. 61-67.

–, 1989, « Conséquences génétiques de la domestication et de l'état domestique », *Ethnozootechnie*, n° 42, pp. 49-58.

DENIS, B. & SEEGERS, H., 1988, « Tableau général de l'évolution des races bovines en France ». in : *Homme, animal, société.* I : *Biologie et animal*, Toulouse, Presses de l'Institut d'études politiques, pp. 311-329.

DENT, A., 1972, *Donkey : the Story of the Ass from East to West*, Londres, George Harrap.

DESCOLA P., 1986, *La Nature domestique. Symbolisme et praxis dans l'écologie des Achuar*, Paris, Éd. de la Maison des sciences de l'homme.

DIDEROT, D., éd., 1764, *Encyclopédie ou Dictionnaire raisonné des sciences, des arts et des techniques*, Paris, t. XV.

DIENER, P., NONINI, D. & ROBKIN, E., 1978, « The Dialectics of Sacred Cow : Ecological Adaptation Versus Political Appropriation in the Origins of India's Sacred Cattle Complex », *Dialectical Anthropology*, n° 3, pp. 221-241.

DIETRICH, G., 1961, *Les Procès d'animaux du Moyen Age à nos jours*, Lyon.

DIGARD, J.-P., 1975, *La Vie pastorale à Bonneval-sur-Arc (Haute-Maurienne)*, Grenoble, Centre alpin et rhodanien d'ethnologie.

–, 1976, « L'enquête ethnographique sur l'élevage en milieu nomade », in : CRESSWELL R., & GODELIER, M., ed., *Outils d'enquête et d'analyse anthropologiques*, Paris, Maspero (« Bibliothèque d'anthropologie »), pp. 169-182.

–, 1978, « La dynamique sociale et les facteurs de changement chez les pasteurs nomades », *Production pastorale et société*, n° 3, pp. 2-17.

–, 1979, « La technologie en anthropologie : fin de parcours ou nouveau souffle ? », *L'Homme*, t. XIX, n° 1, pp. 73-104.

–, 1980, « Chiens de campement et chiens de troupeau chez les nomades Baxtyâri d'Iran », *Studia Iranica*, t. IX, n° 1, pp. 131-139.

–, 1981, *Techniques des nomades Baxtyâri d'Iran*, Cambridge, Cambridge University Press & Paris, Éd. de la Maison des sciences de l'homme.

–, 1982, « Le territoire comme résultat du procès de travail pastoral : l'exemple Baxtyâri », *Production pastorale et société*, n° 11, pp. 45-53.

–, 1983, « Problèmes de terminologie et de typologie des déplacements de nomades », in : *Séminaire sur les structures d'habitat : circulation et échanges, déplacement et séjour*, Paris, Collège de France, Chaire d'ethnologie préhistorique, pp. 187-197.

–, 1984, « Techniques d'équitation et antagonismes sociaux. A propos de trois ouvrages récents », *Techniques et culture*, N. S., n° 3, pp. 141-156.

–, 1987, « De la domestication à double sens : le cheval dans l'imaginaire des cavaliers », in : HAINARD, J. & KAEHR, R., ed., *Des animaux et des hommes*, Neuchâtel, Musée d'ethnographie, pp. 173-186.

–, 1987, « Le creuset moyen-oriental des techniques d'équitation », in : KOECHLIN, B., SIGAUT, F., THOMAS, J. M. C. & TOFFIN, G., ed., *De la voûte céleste au terroir, du Jardin au foyer. Mosaïque sociographique offerte à Lucien Bernot*, Paris, Ed. de l'École des hautes études en sciences sociales, pp. 613-618.

–, 1988, « Jalons pour une anthropologie de la domestication animale », *L'Homme*, n° 108 (t. XXVIII, n° 4), pp. 27-58.

–, 1988, *Des chevaux et des hommes. Équitation et société*, Lausanne, Favre/Caracole, pp. 107-115.

–, 1989, « Du nouveau en technologie ? », *L'Homme*, n° 109 (vol. XXIX, n° 1), pp. 130-145.

DIGARD, J.-P., PLANHOL, X. DE, & BAZIN, L., 1982, « Éléments turcs dans le vocabulaire pastoral baxtyâri », *Production pastorale et société*, n° 11, pp. 5-11.

DIGBY, S., 1971, *War Horse and Elephant in the Delhi Sultanate : a Study of Military Supplies*, Oxford.

DONKIN, R. A., 1977, « Spanish red. An Ethnogeographical Study of Cochineal and the Opuntia Cactus », *Transactions of the American Philosophical Society*, vol. LXVII, n° 5, pp. 1-84.

–, 1985, *The Peccary – with Observations on the Introduction of Pigs of the New World*, Philadelphie, The American Philosophical Association.

–, 1989, *The Muscovy Duck*, Cairina moschata domestica. *Origins, Dispersai, and Associated Problems of the Geography of Domestication*, Rotterdam, A. A. Balkema.

DORÉ, F. Y., 1983, *L'Apprentissage. Une approche psycho-éthologique*, Montréal, Chenelière et Stanké & Paris, Maloine.

DOUGLASS, C. B., 1984, « Toro muerte, vaca es : an interpretation of the Spanish bullfight », *American Ethnologist*, vol. XI, n° 2, pp. 242-258.

DOWNS, J. F., 1960, « Domestication : an Examination of the Changing Social Relationships Between Man and Animals », *Kroeber Anthropological Society Papers* (Berkeley), n° 20, pp. 18-67.

DRESZER, M.-A., 1988, « L'exercice du droit de propriété sur l'animal », in : *Homme, animal, société :* II. *Droit et animal*, Toulouse, Presses de l'Institut d'études politiques, pp. 251-257.

DUCOS, P., 1969, *L'Origine des animaux domestiques en Palestine*, Paris, Delmas (« Travaux de l'Institut de préhistoire de l'université de Bordeaux »).

DUPAIGNE, B., 1984, « L'élevage des vers à soie au Cambodge », *Asie du Sud-Est et Monde Insulindien*, vol. XV, n°s 1-4, pp. 111-131.

DUPIRE, M., 1962, *Peuls nomades. Étude descriptive des* Wodaabe *du Sahel nigérien*, Paris, Institut d'ethnologie (« Travaux et Mémoires », LXIV).

DUPLAN, J.-M., 1986, « Le gayal : un bovin mutualiste ? », *Anthropozoologica*, n° 4, pp. 25-29.

DURAND, J.-M. & CHARPIN, D., 1980, « Remarques sur l'élevage intensif dans l'Iraq ancien », in : BARRELET, M.-Th., éd., *L'Archéologie de l'Iraq* [...]. *Perspectives et limites de l'interprétation anthropologique des documents*, Paris, Éd. du CNRS (« Colloques internationaux »), pp. 131-156.

DUVIGNEAUD, P., 1974, *La Synthèse écologique*, Paris, Doin.

EISENMANN, V., 1980, *Les Chevaux* (Equus sensu lato) *fossiles et actuels : crânes et dents jugales supérieures*, Paris, Éd. du CNRS (« Cahiers de paléontologie »).

EKVALL, R. B., 1963, « Role of the Dog in Tibetan Nomadic Society », *Central Asiatic Journal*, vol. VIII, pp. 163-173.

–, 1968, *Fields on the Hoof. Nexus of Tibetan Nomadic Pastoralism*, Londres, Holt, Rinehart & Winston.

ELAM, Y., 1974, « Fighting of bulls as Symbolic Expression of Divisions in the Hima Camp », *Africa*, vol. XLIV, n° 2, pp. 136-150.

EL ANDALUSY, A. b. A. b. Hodeïl, 1924, *La Parure des cavaliers et l'insigne des preux*, trad. L. Mercier, Paris, Paul Geuthner.

EL-BOKHÂRI, 1977, *Les Traditions islamiques*, Paris, Adrien Maisonneuve, t. IV.

ELIAS, N. 1986, « An Essay on Sport and Violence », in : ELIAS, N., & DUNNING, E., ed., *Quest for Excitement. Sport and Leisure in the Civilizing Process*, Oxford, Basil Blackwell, pp. 150-174.

ELLUL, J., 1983, *Le Coutumier rituel des capteurs d'éléphants de l'ouest du Cambodge*, thèse de doctorat en ethnologie, Paris, École des hautes études en sciences sociales.

ENGELS, F., 1884, *L'Origine de la famille, de la propriété privée et de l'État*, Paris, Éditions Sociales, 1983.

EPSTEIN, H., 1969, *Domestic Animals of China*, Farnham Royal, Commonwealth Agricultural Bureaux.

EPSTEIN, H., avec la coll. de MASON, I. L., 1971, *The Origin of the Domestic Animals of Africa*, New York-Londres-Munich, Africana Publishing Corporation, 2 vol.

Équipe écologie et anthropologie des sociétés pastorales, ed., 1979, *Pastoral Production and Society/Production pastorale et société*, Cambridge, Cambridge University Press & Paris, Éd. de la Maison des sciences de l'homme.

ERIKSON, P., 1987, « De l'apprivoisement à l'approvisionnement : chasse, alliance et familiarisation en Amazonie amérindienne », *Techniques et culture*, n° 9, pp. 105-140.

–, 1988, « Apprivoisement et habitat chez les Amérindiens Matis (langue pano, Amazonas, Brésil) », *Anthropozoologica*, n° 9, pp. 25-35.

ERNLE, Lord, 1952, *Histoire rurale de l'Angleterre*, Paris, Gallimard (1912).

Etnozootechnie, 1976, *Le Yak. Son rôle dans la vie matérielle et culturelle des éleveurs d'Asie centrale*, n° spécial *Ethnozootechnie*, n° 15.

–, 1980, *Le Lapin. Aspects historiques, culturels et sociaux, ibid.*, n° 27.

–, 1981, *Les Concours de bétail, ibid.*, n° 28.

–, 1984, *Races domestiques en péril, ibid.*, n° 33.

–, 1987, *Les Palmipèdes sauvages et domestiques, ibid.*, n° 39.

EVANS, E. P., 1987, *The Criminal Prosecution and Capital Punishment of Animals*, Londres, Faber.

EVANS, J. G., 1969, « The Exploitation of Molluscs », in : UCKO, P. J., & DIMBLEBY, G. W., ed., *The Domestication and Exploitation of Plants and Animals*, Chicago, Aldine-Atherton, pp. 479-484.

EVANS-PRITCHARD, E.E., 1968, *Les Nuer. Description des modes de vie et des institutions politiques d'un peuple nilote*, Paris, Gallimard (« Bibliothèque des sciences humaines ») (éd. originale : *The Nuer. A Description of the Modes of Livelihood and Political Institutions of a Nilotic People*, Oxford, Clarendon Press, 1940).

EWERS, J. C, 1955, *The Horse in Blackfoot Indian Culture, with Comparative Material from other Western Tribes*, Washington, Smithsonian Institution, Bureau of American Ethnology (Publication n° 159).

FABRE, C. & FABRE, D., 1978, « Le testament du cochon », *Via Domitia. Annales de l'Université de Toulouse-Le Mirail*, pp. 121-156.

FAO, 1982, *Animal Energy in Agriculture in Africa and Asia*, Rome, FAO (« Animal Production and Health Paper », n° 42).

FIELDING, D., 1987, « Donkey Power in African Rural Transport », *World Animal Review*, n° 63, pp. 23-30.

FLAMANT, J.-C., 1988, « La dimension humaine des schémas d'amélioration génétique des races ovines », in : *Homme, animal, société* : I. *Biologie et animal*, Toulouse, Presses de l'Institut d'études politiques, pp. 347-365.

FLAUBERT, G., 1884, *Bouvard et Pécuchet*, Paris, Flammarion, 1966.

FLORES OCHOA, J. A., 1978, « Classification et dénomination des Camélidés sudaméricains », *Annales : économies, sociétés, civilisations*, XXXIVe année, nos 5-6, pp. 1006-1017.

FÖLDES, L., ed., 1969, *Viehmrtschaft und Hirtenkultur*, Budapest, Akademiai Kiado.

FORD, J., 1973, *The Role of Tripanosomiases in African Ecology. A Study of the Tsetse-Fly*, Oxford, Clarendon Press.

FOSTER, G., 1960, *Culture and Conquest : America's Spanish Heritage*, Washington, Wenner-Gren Foundation for Anthropological Research.

FRANK, B., 1965, *Die Rolle des Hundes in afrikanischen Kulturen*, Wiesbaden, Franz Steiner Verlag (« Studien zur Kulturkunde », vol. XVII).

FOX, M. W., 1975, *The Behaviour of Wolves, Dogs and Related Canids*, Londres, Jonathan Cape.

FRANKLIN, A., 1897, *La Vie privée d'autrefois. Arts et métiers, modes, mœurs, usages des Parisiens du XIIe au XVIIIe siècle d'après des documents originaux ou inédits : les animaux*, Paris, E. Plon, Nourrit et Cie.

FRASER, A. F., 1980, *Farm Animal Behaviour. An Introduction to Behaviour in The Common Farm Species*, Londres, Baillière Tindall (1974).

FRASER, H. M., 1958, *History of Beekeeping in Britain*, Londres.

FRENCH, M. H., 1971, *Observations sur la chèvre*, Rome, FAO (« Études agricoles de la FAO », n° 80).

FRIEDBERG, C, 1987, « Les études d'ethnoscience », *Le Courrier du CNRS*, supplément au n° 67, pp. 19-24.

FRISCH-GAUTHIER, J. & LOUCHET, P., 1961, *La Colombophilie chez les mineurs du Nord*, Paris, Éd. du CNRS.

FRONZAROLI, P., 1969, « Studi sul lessico comune semitico : VI. La natura domestica », *Academia nazionale dei lincei. Rendiconti della classe di scienze morali, storiche e filologiche*, série VIII, vol. XXIV, fasc. 7-12, pp. 1-36.

GACHON, L., 1970, *La Vie rurale en France*, Paris, Presses Universitaires de France (« Que sais-je ? », n° 242).

GADE, D. W., 1967, « The Guinea Pig in Andean Folk Culture », *Geographical Review*, pp. 213-224.

GALTON, F., 1865. « The First Steps Towards the Domestication of Animals », *Transactions of the Ethnological Society of London*, N.S., vol. III, pp. 122-138.

GARREL, B., 1975, « Les dernières expériences d'élevage des animaux sauvages en Afrique », in : *L'Homme et l'animal*, Paris, Institut international d'ethnosciences, pp. 431-436.

GASTOU, F.-R., 1987, *Sur les traces des montreurs d'ours des Pyrénées et d'ailleurs*, Toulouse, Loubatière.

GAYOT, E., 1848-1850, *La France chevaline : I. Institutions hippiques*, 4 vol., Paris, Comptoir des éditeurs unis & Bureau du journal des Haras (pour le vol. I), Mme Vve Bouchard-Huzard & Bureau du Journal des Haras (pour les vol. II à IV).

GEOFFROY SAINT-HILAIRE, I., 1861, *Acclimatation et domestication des animaux utiles*, Paris, La Maison rustique (rééd. en fac-similé : Paris, Flammarion, 1986).

GESSAIN, M. & KINZLER, T., 1975, « Miel et insectes à miel chez les Bassari et d'autres populations du Sénégal oriental », in : *L'Homme et l'animal*, Paris, Institut international d'ethnosciences, pp. 247-254.

GESSAIN, R., 1981, *Ovibos. La grande aventure des hommes et des bœufs musqués*, Paris, Robert Laffont.

GILLET, H., 1982, « Exploitation comparée des pâturages par la faune sauvage et le bétail en Afrique tropicale aride », *Production pastorale et société*, n° 11, pp. 69-75.

GIRARD, M., 1877, *La Domestication des blattes*, Paris, Imprimerie Émile Martinet.

GODELIER, M., 1985, *L'Idéel et le matériel. Pensée, économies, sociétés*, Paris, Fayard.

GOE, M. R., 1982, « Current status of research on animal traction », *World Animal Review*, n° 45, pp. 2-17.

GOE, M. R. & HAILU, M., 1983, *Animal Traction, a Selected Bibliography*, Addis Abeba, International Livestock Center for Africa.

GOLDBERG, J., 1972, *L'Homme et l'animal*, Paris, Centre d'étude et de la promotion de la lecture.

GOUBERT, P., 1984, *Initiation à l'histoire de France*, Paris, Fayard/Tallandier.

GRANGE, Y., 1981, *Le Cheval oublié. Essai sur les aspects politiques de la relation de l'homme et du cheval*, thèse de 3e cycle, Grenoble, Institut d'études politiques.

GRIFFIN, D. R., 1988, *La Pensée animale*, Paris, Denoël.

GROFFIER, V., 1900, « La production de la soie dans le monde », *Annales de géographie*, vol. IX.

GROVES, C. P., 1983, « Pigs : East of the Wallace Line », *Journal de la société des océanistes*, t. XXXIX, n° 77, pp. 105-119.

–, 1984, « Of Mice and Men and Pigs in the Indo-Australian Archipelago », *Canberra Anthropology*, vol. VII, nos 1-2, pp. 1-19.

GUERRIER DE DUMAST, Baron, 1855, « Mémoire sur la nécessité d'en arriver, quoique d'une façon normale et sans choquer les règles de la dérivation française, à imposer aux nouveaux animaux, soit acclimatés, soit regardés comme acclimatables, des noms commodes et réellement susceptibles de devenir vulgaires », *Bulletin de la société régionale d'acclimatation du Nord-Est*.

GUILAINE, J., 1976, *Premiers bergers et paysans de l'Occident méditerranéen*, Paris-La Haye, Mouton.

GUYENOT, E., 1961, *L'Origine des espèces*, Paris, Presses Universitaires de France (« Que sais-je ? », n° 141).

HACHET-SOUPLET, P., 1897, *Le Dressage des animaux et les combats de bêtes*, Paris, Firmin-Didot.

HAFEZ, E. S. E., ed., 1968, *Adaptation of Domestic Animals*, Philadelphie, Lea and Febriger.

–, 1969, *The Behaviour of Domestic Animals*, Londres, Baillière Tindall.

HAHN, E., 1896, *Die Haustiere und ihre Beziehungen zur Wirtschaft des Menschen. Eine geographische Skizre*, Leipzig.

HAINARD, J. & KAEHR, R., ed., 1987, *Des animaux et des hommes*, Neuchâtel, Musée d'ethnographie.

HAINES, F., 1938, « How did the Plains Indians Get their Horses? », *American Anthropologist*, vol. XL, pp. 112-117.

HALE, E. B., 1969, « Domestication and evolution of behaviour », in : HAFEZ, E. S. E., ed., *The Behaviour of Domestic Animals*, Londres, Baillière Tindall, pp. 22-42.

HALLIDAY, W. R., 1922, « Animal Pets in Ancient Greece », *Discovery*, n° 3, pp. 151-154.

HALLOWELL, I., 1926, « Bear Ceremonialism in the Northern Hemisphere », *American Anthropologist*, N. S., vol. I, n° 1, pp. 1-175.

HANČAR, F., 1955, *Das Pferd in prähistorischer und früher historischer Zeit*, Vienne.

HARRIS, M., 1965, « The Myth of the Sacred Cow », in : LEEDS, A. & VAYDA, P., ed., *Man, Culture and Animals. The Role of Animals in Human Ecological Adjustments*, Washington D.C., American Association for Advancement of Sciences, pp. 215-228.

–, 1985, *The Sacred Cow and the Abominable Pig*, New York, Simon and Schuster.

HARRISON, L., MATTHEWS, R., CARRINGTON, R., *et alii*, 1971, *Le Monde étrange et fascinant des animaux*, Paris & Bruxelles, Sélection du Reader's Digest.

HAUDRICOURT, A.-G., 1962, « Domestication des animaux, culture des plantes et traitement d'autrui », *L'Homme*, t. II, n° 1, pp. 40-50.

–, 1977, « Note d'ethnozoologie : le rôle des excrétats dans la domestication », *L'Homme*, t. XVII, n°s 2-3, pp. 125-126.

–, 1986, « Note sur le statut familial des animaux », *L'Homme*, n° 99, t. XXVI, n° 3, pp. 119-120.

HAUDRICOURT, A.-G. & HÉDIN, L., 1987, *L'Homme et les plantes cultivées*, Paris, A.-M. Métailié (1943).

HAUDRICOURT, A.-G. & DIBIE, P., 1988, « Que savons-nous des animaux domestiques? », *L'Homme*, n° 108, t. XXVIII, n° 4, pp. 72-83.

HEDIGER, H., 1934, « Zur Biologie und Psychologie der Flucht bei Tieren », *Biologische Zentralblatt*, n° 54 n, pp. 21-40.

–, 1953, *Les Animaux sauvages en captivité*, Paris, Payot.

–, 1968, *The Domestication of Animals in Zoos and Circuses*, New York, Dover.

HÉLIAS, P. J., 1975, *Le Cheval d'orgueil. Mémoires d'un Breton du pays bigouden*, Paris, Plon (« Terre Humaine »).

HENNINGER, J., 1982, « Nouveaux débats sur l'interdiction du porc dans l'islam », in : DIGARD, J.-P., ed., *Le Cuisinier et le philosophe, hommage à Maxime Rodinson. Études d'ethnographie historique du Proche-Orient*, Paris, Maisonneuve et Larose, pp. 29-40.

HÉRAN, F., 1989, « Chats contre chiens. Éléments statistiques pour une histoire sociale des intellectuels », in : *Homme, animal, société : III. Histoire et animal*, Toulouse, Presses de. l'Institut d'études politiques, vol. I, pp. 373-383.

HERRE, W. & RÖHRS, M., 1973, *Haustiere – zoologisch Gesehen*, Stuttgart, Gustav Fischer Verlag.

HERVIEUX, 1734, *Nouveau traité des serins de Canarie*, Paris, Claude Prudhomme.

HESS, E. H., 1973, *Imprinting. Early Experience and Developmental Psychobiology of Attachement*, New York, Van Nostrand, Reinhold and Co.

HESSE, B., 1980, « Slaughter patterns and domestication : the beginning of pastoralism in Western Iran », *Man*, vol. XVII, n° 3, pp. 403-417.

HIGGS, E. C, 1976, « Les origines de la domestication », *La Recherche*, n° 66, pp. 308-315.

HILL, A., 1983, « Hyaenas and Early Hominids », in : CLUTTON-BROCK J. & GRIGSON, C., ed., *Animals and Archaeology*, vol. I, Londres, International Council for Archaeozoology, pp. 87-92.

HILZEIMER, M., 1936, « Sheep », *Antiquity*, vol. X, n° 38, pp. 193-206.

HOLLYMAN, K. J., 1972, « La patte du chien. Un épisode de l'acculturation en Nouvelle-Guinée », in : THOMAS, J. M.-C. & BERNOT, L., ed., *Langues et techniques, nature et société : II. Approche ethnologique, approche naturaliste*, Paris, Klincksieck, pp. 317-323.

HOLTZ, J., 1984, « Réponse à J.-P. Digard », *Production pastorale et société*, n° 14, pp. 127-129.

L'Homme, 1988, *Les Animaux : domestication et représentations*, n° spécial, *L'Homme*, n° 108 (vol. XXVIII, n° 4), octobre-décembre.

Homme, animal, société, 1988, I. *Biologie et animal*, Toulouse, Presses de l'Institut d'études politiques.

–,1988, II. *Droit et animal, ibid.*

–, 1989, III. *Histoire et animal, ibid.*, 2 vol.

L'homme et l'animal, 1975, *L'Homme et l'animal. Premier colloque d'ethnozoologie*, Paris, Institut international d'ethnosciences.

HONACKI, J. H., KINMAN, K. E. & KOEPPL, J. W., 1982, *Mammals Species of the World*, Lawrence (Kansas), Allen Press & The Asssociation of Systematics Collections.

HOFFPAUIR, R., 1982, « The Water Buffalo : India's Other Bovine », *Anthropos*, vol. LXXVII, n°s 1-2, pp. 215-238.

HOUËL, E., 1848, *Histoire du cheval chez tous les peuples de la terre depuis les temps les plus anciens jusqu'à nos jours*, Paris, Bureau national des Haras.

HUMPHREY, C, 1974, « Horse Brands of the Mongolians. A System of Signs in a Nomadic Culture », *American Anthropologist*, pp. 473-488

HUMPHREY, J. H., 1986, *Roman Circuses, Arenas for Chars et Racing*, Londres, B. T. Batsford.

HUSS, D. L., 1982, « Small Animals for Small Farms in Latin America », *World Animal Review*, n° 43, pp. 24-29.

IBN MANGLÎ, 1984, *De la chasse. Commerce des grands de ce monde avec les bêtes sauvages des déserts sans onde*, traduction F. Viré, Paris, Sindbad.

INGOLD, T., 1980, *Hunters, Pastoralists and Ranchers*, Cambridge, Cambridge University Press.

INGOLD, T., ed., 1988, *What is an Animal?*, Londres, Allen & Unwin.

ISAAC, E., 1970, *Geography of Domestication*, Englewood Cliffs (New Jersey), Prentice Hall.

JÂHIZ, 1988, *Le Cadi et la mouche. Anthologie du Livre des animaux*, traduction L. Souami, Paris, Sindbad.

JEWELL, P. A., 1969, « Wild Mammals and their Potential for New Domestication », in : UCKO, P. J. & DIMBLEBY, G. W., ed., *The Domestication and Exploitation of Plants and Animals*, Chicago, Aldine-Atherton Inc., pp. 101-109.

JOHNSON, D. L., 1969, *The Nature of Nomadism. A Comparative Study of Pastoral Migrations in Southwestern Asia and Northern Africa*, Chicago, University of Chicago, Department of Geography (« Research Paper », n° 118).

JOUBIN, L. & ROBIN, A., 1923, *Les Animaux*, Paris, Larousse.

Journal officiel, 1984, *Protection de l'animal*, Paris, Journal officiel de la République française (brochure n° 1530).

KHAZANOV, A. M., 1984, *Nomads and the Outside World*, Cambridge, Cambridge University Press.

KOLARS, J., 1966, « Locational Aspects of Cultural Ecology : the Case of the Goat in non-Western Agriculture », *The Geographical Review*, n° 55, pp. 578-584.

KONOPNICKI, G., 1986, *La France du tiercé. Ordre et désordre d'une passion populaire*, Lyon, La Manufacture.

KYLE, R., 1972, *Meat Production in Africa – the Case for New Domestic Species*, Bristol, University of Bristol.

LABOULAYE, Ch., 1877, *Dictionnaire des arts et manufactures et de l'agriculture*, Paris, Librairie du dictionnaire, 5 vol.

LAGOUTTE, J., 1989, « L'usage des sciences dans les milieux équestres français », in : DIGARD, J.-P., ed., *Des chevaux et des hommes*, Lausanne, Favre, pp. 143-152.

LAMBLARD, J.-M., 1975, « Les étapes de la domestication de la pintade *Numida meleagris* Linné », in : *L'Homme et l'animal*, Paris, Institut international d'ethnosciences, pp. 421-430.

LA QUERRIÈRE, A., 1894, *De l'alimentation du cheval par les substances animales et principalement par le biscuit-viande*, Paris, Imprimerie Noizette.

LARIVIÈRE, J., 1980, *Les Animaux et l'homme*, Paris, Fernand Nathan.

LATTES, J.-M., 1988, « Le droit de l'utilisation de l'animal dans les spectacles », in : *Homme, animal, société :* II. *Droit et animal*, Toulouse, Presses de l'Institut d'études politiques, pp. 235-247.

LATTIMORE, O., 1962, « La civilisation, mère de barbarie ? », *Annales : Économies, Sociétés, Civilisations*, n° 1, pp. 95-108.

LAUFER, B., 1919, *Sino-Iranica. Chinese Contributions to the History of Civilisation in Ancient Iran, with Special Reference to the History of Cultivated Plants and Products*, Chicago, Field Museum of Natural History (« Anthropological Series », n° 3).

–, 1927, « Methods in the Study of Domestications », *The Scientific Monthly*, vol. XXV, pp. 251-255.

–, 1927, *Insect Musicians and Cricket Champions of China*, Chicago, Field Museum of Natural History.

–, 1931, *The Domestication of the Cormorant in China and Japan*, Chicago, Field Museum of Natural History (« Anthropological Series », n° 18).

LAURANS, R., 1975, « Chiens de garde et chiens de conduite des troupeaux », *Ethnozootechnie*, n° 12, pp. 15-18.

–, 1988, « Évolution et protection des races animales domestiques », in : *Homme, animal, société*, I : *Biologie et animal*, Toulouse, Presses de l'Institut d'études politiques, pp. 331-338.

LAVALLÉE, D., JULIEN, M. & WHEELER, J., 1985, « Préhistoire des hautes Andes : de la chasse à l'élevage », *Pour la Science*, n° 88, pp. 12-21.

LAVALLÊE, D., JULIEN, M., WHEELER, J. & KARLIN, C, 1985, *Telarmachay, Chasseurs et pasteurs préhistoriques des Andes*, Paris, Recherche sur les civilisations & Lima, Institut français d'études andines.

Lawrence E., 1982, *Rodeo : An Anthropologist Looks at the Wild and the Tante*, Chicago, University of Chicago Press.

Leach, E., 1964, « Anthropological Aspects of Language : Animal Categories and Verbal Abuses », in : Lennberg, E. H., ed., *New Directions in the Study of Language*, Cambridge (Mass.) The MIT Press, pp. 23-63.

Leclerc, J. & Tarrête, J., 1988, « Domestication », in : Leroi-Gourhan, A., ed., *Dictionnaire de la préhistoire*, Paris, Presses Universitaires de France, p. 312.

Leeds, A., 1965, « Reindeer Herding and Chukchi Social Institutions », in : Leeds A. & Vayda, P., ed., *Man, Culture and Animals, The Role of Animal in Human Ecological Adjustments*, Washington D. C., American Association for Advancement of Sciences.

Leeds, A. & Vayda, P., ed., 1965, *Man, Culture, and Animals, The Role of Animal in Human Ecological Adjustments*, Washington D.C., American Association for Advancement of Sciences.

Lefébure, M., 1905, « Les abeilles dans l'Afrique du Nord, d'après les documents anciens », *Bulletin philosophique et historique du Comité des travaux historiques et scientifiques*, pp. 272-311.

Lefebvre des Noëttes, 1931, *L'Attelage et le cheval de selle à travers les âges. Contribution à l'histoire de l'esclavage*, Paris, Picard, 2 vol.

Legault, C, 1976, « Particularités zootechniques des porcs élevés en République Populaire de Chine », *Ethnozootechnie*, n° 16, pp. 54-76.

Lemonnier, P., 1983, « L'étude des systèmes techniques : une urgence en technologie culturelle », *Techniques et culture*, n° 1, pp. 11-26.

– 1989, « Bark Capes, Arrow Heads and Concorde : on Social Representations of Technology », in : Hodder, I., ed., *The Meaning of Thing. Material Culture and Symbolic Expression*, Londres, Unwin Hyman, pp. 156-171.

Leroi-Gourhan, A., 1936, *La Civilisation du renne*, Paris, Gallimard (« Géographie humaine »).

–, 1943, *Évolution et techniques : I. L'homme et la matière*, Paris, Albin Michel.

–, 1949, « Note sur l'étude historique des animaux domestiques », in : *Livre jubiliaire offert à Maurice Zimmermann*, Lyon, Imprimerie M. Audin, pp. 379-388 (rééd. in *Production pastorale et société*, n° 18, 1986, pp. 5-13).

–, 1950-1952, *Cours de géographie humaine*, Paris, Institut d'ethnologie (polycopié).

–, 1957, « L'animal et l'homme », in : *Qu'est-ce que la vie ?*, Paris, Pierre Horay, pp. 86-96.

–, 1964, *Les Religions de la préhistoire*, Paris, Presses Universitaires de France.

–, 1964, *Le Geste et la parole : I. Technique et langage*, Paris, Albin Michel.

–, 1965, *Le Geste et la parole : II. La mémoire et les rythmes*, Paris, Albin Michel.

–, 1966, « Chronologie zoologique », in : Leroi-Gourhan, A. *et al., La Préhistoire*, Paris, Presses Universitaires de France, pp. 298-305.

Leroi-Gourhan, Arl. & Leroi-Gourhan, A., 1989, *Un voyage chez les Aïnous, Hokkaïdo-1938*, Paris, Albin Michel.

Lévine, B.N., 1985, « The Pet Business », *American Demographics*, vol. VII, n° 12.

Lévi-Strauss, C, 1962, *La Pensée sauvage*, Paris, Plon.

–, 1973, *Anthropologie structurale deux*, Paris, Plon.
LÉVI-STRAUSS, C., ed., 1977, *L'Identité*, Paris, Presses Universitaires de France (« Quadrige »).
LHOTTE, H., 1987, *Chameau et dromadaire en Afrique du Nord et au Sahara. Recherches sur leurs origines*, Alger, Office national des approvisionnements et des services agricoles.
LIAS, G., 1956, *Kazak Exodus*, Londres, Evans Brothers.
LICART, Lt., 1930, *Le Cheval barbe et son redressage*, Paris, Berger-Levrault.
LIGER, Sieur, 1767, *La Nouvelle Maison rustique ou Économie générale de tous les biens de la campagne : la manière de les entretenir et de les multiplier*, Paris, Librairie Savoye, 2 vol.
LINTON, R., 1936, *The Study ofMan : an Introduction*, New York, Appleton-Century-Crofts.
LIZET, B., 1975, « La relation homme-cheval », in : *L'Homme et l'animal*, Paris, Institut international d'ethnosciences, pp. 341-349.
–, 1982, *Le Cheval dans la vie quotidienne. Techniques et représentations du cheval de travail dans l'Europe industrielle*, Paris, Berger-Levrault.
–, 1986, « "C'est la montagne qui le donne". Le pottock, petit cheval du Pays basque », *Production pastorale et société*, n° 18, pp. 72-90.
–, 1989, *La Bête noire. A la recherche du cheval parfait*, Paris, ministère de la Culture & Éd. de la Maison des sciences de l'homme (« Ethnologie de la France »).
LODRICK, D.O., 1982, « Man and Mangoose in Indian Culture », *Anthropos*, vol. LXXVII, n° 1-2, pp. 191-214.
LORENZ, K.Z., 1935, « Der Kumpan in der Umwelt des Vogels. Der Artgenosse als auslösendes Moment sozialer Verhaltensweisen », *Journal fur Ornithologie*, n° 83, pp. 137-213, 289-413 (trad. franc. dans LORENZ 1970).
–, 1954, *Évolution et modification du comportement : l'inné et l'acquis*, Paris, Payot.
–, 1970, *Essais sur le comportement animal et humain*, Paris, Seuil.
LOT-FALK, E., 1953, *Les Rites de chasse chez les peuples sibériens*, Paris, Gallimard.
LOUIS, P., 1970, « La domestication des animaux à l'époque d'Aristote », *Revue d'histoire des sciences*, vol. XXIII, pp. 189-201.
LUTZ, G., 1984, « Techniques pastorales d'hier et d'aujourd'hui : chiens de conduite et chiens de défense dans les Amériques », *Études rurales*, n°s 95-96, pp. 315-330.
LYDDEKER, R., 1912, *The Ox and its Kindred*, Londres.
–, 1912, *The Sheep and its Cousins, ibid.*
MAC KNIGHT, T., 1964, *Ferai livestock in Anglo-America*, Los Angeles, University of California Press (University of California Publications in Geography, XVI).
MAC NAUGHTON, S.J., 1976, « Serengeti Migratory Wild Beasts. Facilitation of Energy Flow by Grazing », *Science*, n° 191, pp. 92-94.
MALHER, X. & DENIS, B., 1989, « Le chien, animal de boucherie », *Ethnozootechnie*, n° 43, pp. 81-84.
MALEPEYRE Aîné, ed., 1886, *Maison rustique du XIXe siècle. Encyclopédie d'agriculture pratique.* T. III : *Arts agricoles*, Paris, La Maison rustique.
MARAIS, E., 1939, *My Friends the Baboons*, Londres, Methuen & Co.
MARCHENAY, P., 1984, *L'Homme et l'abeille*, Paris, Berger-Levrault (1979).
MARTIN, J.-C., 1978, *La Basse-cour simplifiée*, Paris, La Maison rustique.

MARVIN, G.R., 1982, *La Corrida de Toros : an Anthropological Study of Animal and Human Nature in Andalucia*, Ph. D., University of Wales.

–, 1984, « The Cock-Fight in Andalusian Spain : Images of the Truly Male », *Anthropological Quarterly*, vol. LVII, n° 2, pp. 60-70.

MARX, K., 1845, *Misère de la philosophie*, Paris, Éd. Sociales, 1961.

–, 1867, *Le Capital. Critique de l'économie politique*, Paris, Éd. Sociales, 1950-1973, 3 livres en 8 tomes.

MASON, I.L., 1951, *A World Dictionary of Breeds, Types and Varieties of Livestok*, Farnham Royal, Commonwealth Bureau of Animal Breeding and Genetics.

MASON, I.L., ed, 1985, *Evolution of Domesticated Animals*, London & New York, Longman.

MASON, P., 1987, « Notes on Cormorant Fishing : Europe and its Others », *Ibero-Amerikanisches Archiv*, vol. XIII, n° 2, pp. 147-174.

MATHIEU, R., 1984, « La patte de l'ours », *L'Homme*, vol. XXIV, n°l, pp. 5-42.

MAUSS, M., 1967, *Manuel d'ethnographie*, Paris, Payot (« Petite Bibliothèque »).

MÉNEGAUX, A., 1912, *Élevage de l'autruche*, Paris.

MENNESSIER DE LA LANCE, Gal, 1915-1921, *Essai de bibliographie hippique, donnant la description détaillée des ouvrages publiés ou traduits en latin et en français sur le cheval et la cavalerie*, Paris, Librairie Lucien Dorbon, 2 vol. (1915) et supplément (1921) (rééd. en fac-similé : Nieuwkoop, B. De Graaf, 1971).

MESSENT, P.R. & HORSFIELD, S., 1983, « Pet Population and the Pet-Bond », in : *The Human-Pet Relationship*, Vienne, Austrian Academy of Sciences, pp. 7-17.

MÉTAILIÉ, G., 1988, « Les animaux d'agrément en Chine », *Anthropozoologica*, n° 8, pp. 53-63.

MICHÉA, J., 1968, « La technologie culturelle : essai de systématique », in : J. POIRIER, ed., *Ethnologie générale*, Paris, Gallimard (« Encyclopédie de la Pléiade »), pp. 823-880.

MILLIET, J., 1987, « Un allaitement insolite », in : HAINARD, J. & KAEHR, R., ed., *Des animaux et des hommes*, Neuchâtel, Musée d'ethnographie, pp. 87-118.

MILLIET, J. & DIGARD, J.-P., 1989, « Une enquête sur les nouvelles sensibilités à l'égard des animaux domestiques », *Anthropozoologica*, n° 10, pp. 31-47.

MIRAFUENTES GALVAN, B.J.L., 1984, *La Province du Sonora au XVIIIe siècle. Limites et problèmes de la colonisation espagnole dans une région frontalière*, thèse de doctorat, Paris, École des hautes études en sciences sociales.

MONTAGNER, H., 1988, *L'Attachement, les débuts de la tendresse*, Paris, Odile Jacob.

MONTAIGNE, M. DE, 1580, *Essais*, Paris, La Pléiade.

MONTANDON, G., 1934, *L'Ologenèse culturelle. Traité d'ethnologie cycloculturelle et d'ergologie systématique*, Paris, Payot.

MONTEILHET, H., 1981, *Les Queues de Kallinaos*, Paris, J.-J. Pauvert & Ramsay.

MONTIÈRE, L., 1908, « L'élevage de l'autruche et les indigènes algériens », *Revue du monde musulman*, vol. VI, pp. 130-135.

MOREAU, H., 1891, *L'Amateur d'oiseaux de volière*, Paris, J.-B. Baillière.

MORGAN, L.H., 1877, *La Société archaïque*, Paris, Anthropos, 1985.

MORRIS, D., 1968, *Le Singe nu*, Paris, Grasset.
–, 1987, *Le Chien révélé*, Paris, Calmann-Lévy.
–, 1988, *Le Cheval révélé*, Paris, Calmann-Lévy.
MORTON, J., 1984, « The Domestication of the Savage Pig : the Role of Peccaries of Tropical South America and their Relevance for the Understanding of Pig Domestication in Melanesia », *Canberra Anthropology*, vol. VII, n°s 1-4, pp. 20-70.
MOSCOVICI, S., 1984, « Une vie d'objet d'art », *Autrement*, n° 56, pp. 54-57.
MOURANT, A.E. & ZEUNER, F., ed., 1963, *Man and Cattle*, Londres, Royal Anthropological Institute.
MULLIEZ, J., 1983, *Les Chevaux du royaume. Histoire de l'élevage du cheval de selle et de la création des haras*, Paris, Montalba.
–, 1984, « Pratiques populaires et science bourgeoise : l'élevage des gros bestiaux en France de 1750 à 1850 », in : *L'Élevage et la vie pastorale dans les montagnes de l'Europe au Moyen Age et à l'époque moderne*, Clermont-Ferrand, Institut d'études du Massif central, pp. 289-301.
MURRA, J.V., 1965, « Herds and Herders in the Inca State », in : LEEDS A. & VAYDA, A. P., ed., *Man, Culture and Animals : the Role of Animals in Human Ecological Adjustments*, Washington, American Association for Advancement of Science, pp. 185-215.
MUSIL, A., 1928, *The Manners and Customs of the Rwala Bedouins*, New York, American Geographical Society (« Oriental Explorations and Studies », VI).
MUZZOLINI, A., 1989, « Les débuts de la domestication des animaux en Afrique : faits et problèmes », *Ethnozootechnie*, n° 42, pp. 7-22.
NEUBERT, H., 1975, « Die Bedeutung des Yaks (*Bos grunniens*) und seiner Kreuzungen für die Bevölkerung in den Hochgebirgszonen Zentralasiens », *Jahrbuch des Museums für Volkerkunde zu Leipzig*, vol. XXX, pp. 93-100.
NOBLE, D., 1969, « The Mesopotamian Onager as a Draught Animal », in : UCKO P. J. & DIMBLEBY, G. W., ed., *The Domestication and Exploitation of Plants and Animals*, Chicago, Aldine-Atherton, pp. 485-488.
NORDENSKIÖLD, E., 1922, *Deductions Suggested by the Geographical Distribution of Some Post-Columbian Words Used by the Indians of South America*, Göteborg (rééd. : New York, AMS Press, 1979).
NOUET, J.-Cl., 1986, « Emergence de la Déclaration universelle des Droits de l'animal », *Milieux* (Le Creusot), n° 26, pp. 6-11.
NOVIKOV, Y., 1978, *L'Élevage de demain : évolution ou révolution ?*, Moscou, Éd. Mir (1975).
O'BRIEN, P.K., 1987, « Quelle a été exactement la contribution de l'aristocratie britannique au progrès de l'agriculture entre 1688 et 1789 ? », *Annales : économies, sociétés, civilisations*, n° 6, pp. 1391-1409.
OLLIVIER, L., 1982, « La notion de race vue par le généticien quantitatif », *Ethnozootechnie*, n° 29, pp. 39-42.
OUDINOT, Lt-général marquis, 1842, *Des remontes de l'armée, de leurs rapports avec l'administration des haras*, Paris, G. Laguionée.
OUDOT, J., 1880, *Le Fermage des autruches en Algérie*, Paris.
OWEN, C, 1969, « The Domestication of the Ferret », in : UCKO P. J. & DIMBLEBY, G. W., ed., *The Domestication and Exploitation of Plants and Animals*, Chicago, Aldine-Atherton Inc., pp. 489-493.
PALLAS, 1793, *Voyages en différentes provinces [...] de Russie*, Paris, vol. V.

PANZAC, D., 1986, *Quarantaines et lazarets (l'Europe et la peste d'Orient)*, Aix-en-Provence, Édisud.

PARIZET, E., 1880, *La Soie dans le monde*, Lyon.

PARKES, P., 1987, « Livestock Symbolism and Pastoral Ideology among the Kafirs of the Hindu Kush », *Man*, vol. XXII, n° 4, pp. 637-660.

PATON, D., 1925, *Animals in Ancient Egypt*, Princeton, Princeton University Press.

PAUCKE, F., 1943, *Hacia allá y para acá (una estada entre los Indios Mocobies, 1749-1767)*, Tucuman-Buenos Aires, 4 vol.

PELLETIER, F., 1975, « Symbiose entre l'Amrig et le dauphin sur la côte mauritanienne », in : *L'Homme et l'animal*, Paris, Institut international d'ethnosciences, pp. 171-176.

PELOSSE, J., 1982, *État sauvage, état d'apprivoisement (signification des relations comportementales réciproques entre l'homme et l'animal d'après l'observation du Renne et de l'Élan)*, Paris, Institut international d'ethnosciences.

PELOSSE, V., 1981, « Imaginaire social et protection de l'animal. Des amis des bêtes de l'an X au législateur de 1850 (1ère partie) », *L'Homme*, t. XXI, n° 4, pp. 5-33

–, 1982, « Imaginaire social [...] (2e partie) », *L'Homme*, t. XXII, n° 1, pp. 33-51

–, 1989, « Un discours savant des Lumières sur la domestication : Buffon », in : *Homme, animal, société : III. Histoire et société*, Toulouse, Presses de l'Institut d'études politiques de Toulouse, vol. II, pp. 241-251.

PERPILLOU, A., 1964, *L'Élevage du mouton*, Paris, Centre de Documentation Universitaire (« Les Cours de Sorbonne »).

PERRIN, J., 1985, « Corridas », *Le Monde*, 14-15 juillet, p. 9.

PETRIDES, G.A., 1974, « The Overgrazing Cycle, a Characteristic of Tropical Savannas and Grasslands in Africa », in : CAVE, A. J., ed., *Structure, Functioning, and Management of Ecosystems. Proceedings of the First International Congress of Ecology*, Wageningen, Pudoc, pp.86-91.

PICON, F., 1983, *Pasteurs du Nouveau Monde. Adoption de l'élevage chez les Indiens Guajiros*, Paris, Éd. de la Maison des sciences de l'homme.

PLANHOL, X. DE, 1962, « Les caractères généraux de la vie montagnarde dans le Proche-Orient et dans l'Afrique du Nord », *Annales de géographie*, vol. LXXI, n° 384, pp. 113-130.

–, 1968, *Les Fondements géographiques de l'histoire de l'islam*, Paris, Flammarion.

–, 1969, « Le bœuf porteur dans le Proche-Orient et l'Afrique du Nord », *Journal of the Economic and Social History of the Orient*, vol. XII, n° 3, pp. 298-321.

–, 1969, « Le Chien de berger : développement et signification géographique d'une technique pastorale », *Bulletin de l'Association des géographes français*, n° 370, pp. 355-368.

–, 1977, « Rayonnement urbain et sélection animale ; une solution nouvelle du problème de la chèvre d'Angora », *Bulletin de la section de géographie, Comité des travaux historiques et scientifiques* (1975-1977), t. LXXXII, pp. 179-196.

–, 1988, *Géographie historique de la France*, Paris, Fayard.

PLANHOL, X. DE & ROGNON, P., 1970, *Les Zones tropicales arides et subtropicales*, Paris, Armand Colin (« Collection U »).

PLANIEL, M., 1928, *Droit civil*, Paris, Librairie générale de droit et de jurisprudence.

POCIELLO, C., 1983, « "La force, l'énergie, la grâce et les réflexes" : le jeu complexe des dispositions culturelles et sportives », in : POCIELLO, C, ed., *Sports et société : approche socio-culturelle des pratiques*, Paris, Vigot, pp. 171-337.

POPLIN, F., 1976, « Origine du porc », *Ethnozootechnie*, n° 16, pp. 6-13.

–, 1979, « Origine du Mouflon de Corse dans une nouvelle perspective paléontologique : par marronnage », *Annales de génétique et de sélection animales*, vol. XI, pp. 133-143.

–, 1983, « Paléontologie des Bovinae et origine des Bovins domestiques », *Ethnozootechnie*, n° 32, pp. 6-15.

–, 1983, « La faune et l'os devant l'archéologie », *Nouvelles de l'archéologie*, n° 11, pp. 7-11.

–, 1983, « Préambule sur les relations de la faune et de l'homme préhistorique : la conjoncture de leur étude », in : *L'Homme et la faune préhistoriques, dix études en hommage à Jean Bouchud, Mémoires de la Société préhistorique de France*, n° 16, pp. 9-13.

–, 1984, « Les Encyclopédistes et le renouveau de la relation homme-animal dans le monde occidental », *Anthropozoologica*, n° 1, pp. 43-57.

–, 1986, « Le problème des fonctions du chien au Néolithique », in : DEMOULE, J.-P. & GUILAINE, J., ed., *Le Néolithique de la France*, Paris, Picard, pp. 46-49.

–, 1987, « Domestication du chat? D'Orient en Occident, sans oublier le chat d'Islam », *Ethnozootechnie*, n° 40, pp. 45-56.

–, 1988, « Essai sur l'anthropocentrisme des tabous alimentaires dans l'héritage de l'Ancien Testament », in : BODSON, L., ed., *L'Animal dans l'alimentation humaine : les critères de choix*, n°spécial *Anthropozoologica*, pp. 163-170.

POSSELT, J., 1963, « The Domestication of the Eland », *Rhodesian Journal of Agricultural Ressources*, n° 2, 1963, pp. 81-89.

PRESTWICH, A.A., 1950-1951, *Records of Parrots Bred in Captivity*, Londres, éd. par l'auteur, 6 vol.

Production pastorale et société (Comité de rédaction de), 1987, « Quatorze années de recherches sur les sociétés pastorales », *Production pastorale et société*, n° 20, pp. 3-8.

QUITTET, E., 1963, *Races bovines françaises*, Paris, La Maison rustique

–, 1965, *Races ovines françaises, ibid.*

RAWSON, J., 1977, *Animals in Art*, Londres, British Museum.

REBEYROL, Y., 1987, « Entre chien et loup », *Le Monde*, 18 mars, pp. 19-20.

REBOUL, C, 1977, « Déterminants sociaux de la fertilité des sols », *Actes de la recherche en sciences sociales*, n°s 17-18, pp. 85-112.

REYNIERS, A., 1988, « Les "compagnons du buisson". Le hérisson au pays des Tsiganes », *Terrain*, n° 10, pp. 63-73.

RICHARD, G., 1968, « Domestication », in : *Encyclopaedia Universalis*, Paris, vol. V, pp. 748-752.

RICHARD DU CANTAL, M., 1854, « Animaux domestiques », in : *Dictionnaire raisonné d'agriculture*, Paris, t. I, p. 118.

RINGELMANN, M., 1930, *Génie rural appliqué aux Colonies*, Paris, Société d'Éditions géographiques, maritimes et coloniales (1908).

ROBERT, P., 1981, *Dictionnaire alphabétique et analogique de la langue française*, Paris, Société du Nouveau Littré, 7 vol.

ROBINET, J., 1946, *Compagnons de labour. Le roman d'un paysan et de ses chevaux*, Paris, Flammarion (1983).

ROE, F. G., 1939, « From Dogs to Horses among the Western Indian Tribes », *Proceedings and Transactions of the Royal Society of Canada*, 3 rd Series, vol. XXXIII, n° 11, pp. 209-279.

–, 1955, *The Indian and the Horse*, Norman, The University of Oklahoma Press.

ROSTAND, J., 1978, *Esquisse d'une histoire de la biologie*, Paris, Gallimard (1945).

ROTHSCHILD, M., 1983, *Dear Lord Rothschild : Birds, Butterflies, and History*, Philadelphia/Rehovet (Pa.), Balaban & Londres, Hutchinson.

ROUÉ, M. M., ed., 1983, *L'Élevage du renne chez les Lapons*, n° spécial *Production pastorale et société*, n° 12.

ROUGEOT, J., 1978, « L'évolution des caractères de la toison du mouton », – *Ethnozootechnie*, n° 21, pp. 25-32.

RUBEL, P. G., 1969, « Herd Composition and Social Structure : on Building Models of Nomadic Pastoral Societies », *Man*, vol. IV, n° 2, pp. 268-273.

RUDGE, M. R., 1986, « A Role for Ferai Mammals in Conserving the Genetic Diversity of Livestock », *Bulletin d'information sur les ressources génétiques animales* (FAO), n° 5.

RUFFIÉ, J., 1982, *Traité du vivant*, Paris, Flammarion, 2 vol.

RYDER, M. L., 1969, « Changes in the Fleece of Sheep Following Domestication (with a Note on the Coat of Cattle) », in : UCKO P. J. & DIMBLEBY, G. W., ed., *The Domestication and Exploitation of Plants and Animals*, Chicago, Aldine-Atherton, pp. 495-521.

–, 1982, *Sheep and Man*, Londres, Duckworth.

SACHS, I., 1974, « Environnement et styles de développement », *Annales : économies, sociétés, civilisations*, n° 3, pp. 553-570.

SAHLINS, M., 1977, *The Use and Abuse of Biology. An Anthropological Critique of Sociobiology*, Ann Arbor, The University of Michigan Press & Londres, Tavistock (trad. fr. : *Critique de la sociobiologie*, Paris, Gallimard, 1980).

–, 1980, *Au cœur des sociétés. Raison utilitaire et raison culturelle*, Paris, Flammarion (« Bibliothèque des sciences humaines ») (1976).

SALMONA, M. & VRIES, H. DE, 1974, « Résultats d'une enquête psychologique de l'éleveur ovin », *Économie Rurale*, vol. LI, n° 3, pp. 43-50.

SANSON, A., 1867, *Économie du bétail*, Paris, La Maison rustique, 4 vol. (rééd. sous un autre titre : *Traité de zootechnie*, même éditeur, 1888).

SAUER, C. O., 1952, *Agricultural Origins and Dispersais, The Domestication of Animals and Foodstuffs*, Cambridge (Mass.), The MIT Press.

–, 1969, *Seeds, Spades, Hearths, and Herds. The Domestication of Animals and Foodstuffs, ibid.*, (nouvelle éd. du précédent, sous un autre titre).

SCHUMACHER, E. F., 1978, *A la mesure de l'homme*, Paris, Seuil (éd. orig. : *Small is beautiful*, 1973).

SCULLARD, H. H., 1974, *The Elephant in Greek and Roman World*, Londres, Thames and Hudson.

SÉBILLOT, P., 1984, *Le Folklore de France. V : La Faune*, Paris, Imago (1904-1906).

SERPELL, J., 1986, *In the Company of Animals. A Study of Human-Animal Relationships*, Oxford, Basil Blackwell.

SHANKLIN, E., 1985, « Sustenance and Symbol : Anthropological Studies of Domesticated Animals », *Annual Review of Anthropology*, vol. XIV, pp. 375-403.

SIGAUT, F., 1980, « Un tableau des produits animaux et deux hypothèses qui en découlent », *Production pastorale et société*, n° 7, pp. 20-36.

–, 1982, « Les débuts du cheval de labour en Europe », *Ethnozootechnie*, n° 30, pp. 33-46.

–, 1984, « La répartition géographique des animaux de bât en France », in : *Bestiaire poitevin*, Prahecq, Edition U.P.C.P./Geste paysanne, pp. 123-126.

–, 1988, « Critique de la notion de domestication », *L'Homme*, n° 108 (vol. XXVIII, n° 4), pp. 59-70.

SILVA CASTILLO, J., 1974, « El ganado ovino en los textos de Mari. Problemas metodológicos », *Estudios Orientales*, vol. IX, n° 1-2, pp. 45-60.

SIMMONS, I. G., 1979, *Biogeography : Natural and Cultural*, Londres, Edward Arnold.

SIMOONS, F. & BALDWIN, J. A., 1982, « Breast-Feeding of Animals by Women : its Social-Cultural context and Geographie Occurrence », *Anthropos*, vol. LXXVII, n°s 3-4, pp. 421-448.

SIMOONS, F. & SIMOONS, J., 1968, *A Ceremonial Ox of India – the Mithan in Nature, Culture, and History – with Notes on the Domestication of Common Cattle*, Madison, University of Wisconsin Press.

SIRA-KAWA, 1868, *Yô-san-sin-sets. Traité de l'éducation des vers à soie au Japon*, traduction L. de Rosny, Paris, Imprimerie impériale.

SMITH, A. H., 1981, « Draught Animal Research, a Neglected Subject », *World Animal Review*, n° 40, pp. 43-48.

SMITH, H. S., 1969, « Animal Domestication and Animal Cult in Dynastic Egypt », in : UCKO P. J. & DIMBLEBY, G. W., eds., *The Domestication and Exploitation of Plants and Animals*, Chicago, Aldine-Atherton, pp. 307-314.

SPOONER, B., 1973, *The Cultural Ecology of Pastoral Nomads*, Reading (Mass.), Addison-Wesley Publishing Co.

SPRUYTTE, J., 1979, *Études expérimentales sur l'attelage. Contribution à l'histoire de cheval*, Paris, Crépin-Leblond.

STEFANSSON, V., 1945, *The Arctic in Fact and Fable*, New York, Foreign Policy Association.

SWEET, L. E., 1965, « Camel Raiding Among the North Arabian Bedouin : A Mechanism of Ecological Adaptation », *American Anthropologist*, vol. LXVII, n° 5, pp. 1132-1150.

SZASZ, K., 1968, *Petishism : Pet Cuits of the Western World*, Londres, Hutchinson.

TAMBIAH, S. J., 1969, « Animals are Good to Think about and Good to Prohibit », *Ethnology*, vol. VIII, n° 4, pp. 423-459.

TANI, Y., 1987, « Two Types of Human Interventions into the Sheep Flock : Intervention into the Mother-Offspring Relationship, and Raising the Flock Leader – their Geographie Distribution and Meanings among Southwest Eurasian Pastoralists », in : TANI, Y., ed., *Domesticated Plants and Animals of the Southwest Eurasian Agro-Pastoral Culture Complex : II. Pastoralism*, Kyoto, Kyoto University, The Research Institute for Humanistic Studies, pp. 1-42.

TAPPER, R., 1985, « One Hump or two? Hybrid Camels and Pastoral Cultures », *Production pastorale et société*, n° 16, pp. 55-69.

–, 1988, « Animality, humanity, morality, society », in : Ingold, T., ed., *What is an Animal?*, Londres, Allen and Unwin.

Taussig, S., 1937, « La notion de race dans la zootechnie moderne », *Bulletin mensuel de renseignements techniques*, n° 5, pp. 178-192.

Terrain, 1988, *Des hommes et des bêtes*, n° spécial, *Terrain*, n° 10, avril.

Testart, A., 1987, « Deux modèles du rapport entre l'homme et l'animal dans les systèmes de représentations », *Études rurales*, n°s 107-108, pp. 171-193.

Tétry, A., ed., 1974, *Zoologie IV. Tétrapodes, domaines faunistiques, zoogéographie*, Paris, Gallimard (« Encyclopédie de la Pléiade »).

Théret, M., 1983, « L'introduction des races britanniques dans le cheptel bovin français et ses conséquences », *Ethnozootechnie*, n° 32, pp. 161-173.

Thévenin, R., 1960, *L'Origine des animaux domestiques*, Paris, Presses Universitaires de France (« Que sais-je », n° 271) (1947).

Thirsk, J., 1978, *Horses in Early Modem England : for Service, for Pleasure, for Power*, Reading, The University of Reading Press.

Thomas, G., 1985, *Au nom de la loi, histoires pour rire et pour pleurer*, Paris, éd. n° 1.

Thomas, K., 1985, *Dans le jardin de la nature. La mutation des sensibilités en Angleterre à l'époque moderne (1500-1800)*, Paris, Gallimard (« Bibliothèque des histoires ») (éd. orig. : *Man and the Natural World. Changing Attitudes in England 1500-1800*, Harmondsworth, Penguin Books, 1983).

Thuillier, P., 1982, « La "révolution scientifique" du xiie siècle », *La Recherche*, n° 136, pp. 1018-1033.

Todorov, T., 1988, *Nous et les autres. La réflexion française sur la diversité humaine*, Paris, Seuil.

Turner, D. C. & Bateson, P. P. G., ed., 1987, *The Behaviour and Ecology of the Domestic Cat*, New York, John Hopkins University Press.

Turner, J., 1980, *Reckoning with the Beast. Animals, Pain, and Humanity in the Victorian Mind*, Baltimore & Londres, The John Hopkins University Press.

Ucko, P. J. & Dimbleby, G. W., ed., 1969, *The Domestication and Exploitation of Plants and Animals*, Chicago, Aldine-Atherton Inc.

Unesco, Pnue & Fao, 1981, *Ecosystèmes pâturés tropicaux. Un rapport sur l'état des connaissances*, Paris, Unesco (« Recherches sur les ressources naturelles », vol. XVI).

Vainshtein, S., 1980, *Nomads of South Siberia. The Pastoral Economies of Tuva*, Cambridge, Cambridge University Press (« Cambridge Studies in Social Anthropology », XXV).

Vajda, L. 1968, *Untersuschungen zur Geschichte der Hirtenkulturen*, Wiesbaden, Otto Harrassowitz.

Valière, M., 1969, « L'acte de naissance du mulet en Poitou : le brelandage », *Bulletin folklorique d'Ile-de-France*, vol. XXXI, n° 4, pp. 172-176.

Van den Brick, F. H., 1967, *Guide des mammifères sauvages de l'Europe occidentale*, Neuchâtel, Delachaux et Niestlé.

Vandier d'Abadie, J., 1964-1966 « Les singes familiers dans l'Égypte ancienne », *Revue d'égyptologie*, vol. XVI, pp. 146-177 ; vol. XVII, pp. 177-188 ; vol. XVIII, pp. 143-201.

Vellard, J., 1939, *Une Civilisation du miel : les Indiens Guayakis du Paraguay*, Paris, Gallimard (« Géographie humaine »).

Veyret, P., 1951, *Géographie de l'élevage*, Paris, Gallimard (« Géographie humaine »).

VIALLES, N., 1987, *Le Sang et la chair. Les abattoirs des pays de l'Adour*, Paris, ministère de la Culture et de la Communication, mission du Patrimoine & Éd. de la Maison des sciences de l'homme (« Ethnologie de la France »).

VIGNE, J.-D., 1988, « Les grandes étapes de la domestication de la chèvre : une proposition d'explication de son statut en Europe occidentale », *Ethnozootechnie*, n° 41, pp. 1-13.

–, 1988, « Biogéographie insulaire et anthropozoologie des sociétés néolithiques méditerranéennes : hérisson, renard et micromammifères »,*Anthropozoologica*, n° 8, pp. 31-52.

VIGNERON, P., 1968, *Le Cheval dans l'Antiquité gréco-romaine (des guerres médiques aux grandes invasions). Contribution à l'histoire des techniques*, Nancy, Annales de l'Est, publiées par la Faculté des lettres et des sciences humaines de l'Université de Nancy (« Mémoires », n° 35), 2 vol.

VIRÉ, F., 1973, « A propos des chiens de chasse *salûqî* et *zagârî* », *Revue des études islamiques*, vol. XIL, n° 2, pp. 231-240 (rééd. in : *Production pastorale et société*, n° 16, 1985, pp. 71-77).

–, 1977, « Essai de détermination des oiseaux-de-vol mentionnés dans les principaux manuscrits arabes médiévaux sur la fauconnerie », *Arabica*, vol. XXIV, n° 2, pp. 138-149.

–, 1982, « Ghanam », in : *Encyclopédie de l'islam*, 2e éd., Leyde, E. J. Brill, supplément 5-6, pp. 316-321.

WACHTEL, N., 1971, *La Vision des vaincus. Les Indiens du Pérou devant la conquête espagnole, 1530-1570*, Paris, Gallimard (« Bibliothèque des histoires »).

WAGNER, V. A., 1954, « Training the African Elephant », *African Wildlife*, n° 8, pp. 223-235.

WANG, Y., 1981, « Aperçu historique de l'élevage des poulets », *Journal d'agriculture traditionnelle et de botanique appliquée*, vol. XXVIII, nos 3-4, pp. 253-258.

WATSON, A. M., 1983, *Agricultural Innovation in the Early Islamic World. The Diffusion of Crops and Farming Techniques, 700-1100*, Cambridge, Cambridge University Press.

WESTPHAL-HELLSBUCH, S. & WESTPHAL, H., 1968, *Zur Geschichte und Kultur der Jat*, Berlin, Duncker und Humblot.

WHEELER, J., 1984, « On the Origin and Early Development of Camelid Pastoralism in the Andes », in : CLUTTON-BROCK, J. & GRIGSON, C, ed., *Animals and Archaeology*, vol. IV, Oxford, British Archaeological Reports, pp. 1-13.

WHITE, K. D., 1970, *Roman Farming*, New York, Ithaca.

WHITE Jr, L., 1969, *Technologie médiévale et transformations sociales*, Paris, Mouton (1962).

WILKINSON, P. F., 1972, « The History of Musk-Ox Domestication », *The Polar Record*, vol. XXVII, n° 106, pp. 13-22.

WILSON, E. O., 1975, *Sociobiology : the New Synthesis*, Belknap, Harvard University Press (version fr. abrégée : *La Sociobiologie*, Paris, Éd. du Rocher, 1987).

WING, E. S., 1978, « Animal Domestication in the Andes », in : REED, C. A., ed., *Origins of agriculture*, La Haye, Mouton, pp. 837-859.

WISSLER, C., 1914, « The Influence of the Horse in the Development of Plains Culture », *American Anthropologist*, N.S., vol. XVI, pp. 1-25.

WISSMANN, H. VON & KUSSMAUL, F., 1960, « Badw. Histoire des origines du nomadisme et ses aspects géographiques », in : *Encyclopédie de l'islam*, Leyde, E. J. Brill, 2e éd., vol. I, pp. 899-906.

WOLKOWITSCH, M., 1966, *L'Élevage dans le monde*, Paris, Armand Colin.

YAZAN, Y. & Y. KNORRE, 1964, « Domesticating Elk in a Russian National Park », *Oryx*, n° 7, pp. 301-304.

YONNET, P., 1985, *Jeux, modes et masses. Les Français et le moderne, 1945-1985*, Paris, Gallimard (« Bibliothèque des sciences humaines »).

YOUNG, A., 1860, *Voyages en France dans les années 1787, 1788 et 1789*, trad. Lesage, Paris, Guillaumin et Cie, 2 vol. (éd. orig. en anglais : 1792-1794, 2 vol. ; nouv. éd. en français, trad. H. Sée : Paris, Armand Colin, 1976 ; éd. abrégée : Union générale d'éditions, 10/18, 1970).

ZEUNER, F. E., 1963, *A History of Domesticated Animals*, Londres, Hutchinson.

ZOLA, E., 1876, *Les Rougon-Macquart. Histoire naturelle et sociale d'une famille sous le Second Empire*, t. II, Paris, Gallimard (« Bibliothèque de la Pléiade »), 1961.

Index

Table des figures

Table des matières

DEUXIÈME PARTIE :
QUI SONT LES ANIMAUX DOMESTIQUES ?

TROISIÈME PARTIE :
CONSOMMER ET PRODUIRE DE LA DOMESTICATION